U0318179

让名著融入我们的生活
无障碍阅读
价值读物

| 爱阅读的孩子 | 前途无可估量 |

昆虫记

〔法〕法布尔（Fabre, J. H.）/著
韩 婷/编译

打造高价值读物

线装书局

图书在版编目(CIP)数据

昆虫记/(法)法布尔(Fabre,J. H.)著;韩婷编译.—北京:线装书局,2010.10(2019.7)
(语文新课标名家选)
ISBN 978-7-5120-0163-3

Ⅰ.①昆… Ⅱ.①法…②韩… Ⅲ.①昆虫学—青少年读物 Ⅳ.①Q96-49

中国版本图书馆 CIP 数据核字(2010)第 196358 号

昆虫记

著　　者: (法)法布尔(Fabre,J. H.)
编　　译: 韩　婷
责任编辑: 赵安民　朱　华
排　　版: 腾飞文化
出版发行: 线装书局
　地　址:北京市丰台区方庄日月天地大厦 B 座 17 层(100078)
　电　话:010-58077126(发行部)　010-58076938(总编室)
　网　址:www.zgxzsj.com
经　　销: 新华书店
印　　刷: 天津久佳雅创印刷有限公司
开　　本: 710mm×1000mm　1/16
印　　张: 13
字　　数: 186 千字
版　　次: 2019 年 7 月第 1 版第 3 次印刷
印　　数: 20001-30000
定　　价: 29.80 元

线装书局官方微信

目录
Contents

导读 ………………………………………… 1
知识链接 …………………………………… 1

昆虫的习性

蝉和蚂蚁的寓言 ……………………………… 2
蝉和蚂蚁 ……………………………………… 6
蝉出地洞 ……………………………………… 11
螳螂捕食 ……………………………………… 17
灰蝗虫 ………………………………………… 23
绿蚱蜢 ………………………………………… 31
大孔雀蝶 ……………………………………… 34
小阔条纹蝶 …………………………………… 46
象态橡栗象 …………………………………… 53
豌豆象 ………………………………………… 63
菜豆象 ………………………………………… 76
金步甲的婚俗 ………………………………… 86

松树鳃角金龟 …………………………… 90
意大利蟋蟀 ……………………………… 94
田野地头的蟋蟀 ………………………… 97

昆虫的生活

圣甲虫 ………………………………… 104
圣甲虫的梨形粪球 …………………… 113
圣甲虫的造型术 ……………………… 121
西班牙蜣螂 …………………………… 126
米诺多蒂菲 …………………………… 133
南美潘帕斯草原的食粪虫 …………… 140
粪金龟和公共卫生 …………………… 146
隧　蜂 ………………………………… 151
隧蜂门卫 ……………………………… 157
老象虫 ………………………………… 163
朗格多克蝎的家庭 …………………… 171
朗格多克蝎 …………………………… 181
附录　法布尔一生大事记 …………… 192

导读

《昆虫记》也叫作《昆虫物语》《昆虫学札记》和《昆虫世界》，英文名称是《The Records about Insects》，是法国杰出昆虫学家法布尔的传世佳作，亦是一部不朽的著作。它不仅是一部文学巨著，也是一部科学百科。

《昆虫记》共十卷，每卷由若干章节组成，绝大部分完成于荒石园。1878 年第一卷发行，此后大约每三年发行一卷。

原著内容如其名，首先最直观的就是对昆虫的研究记录。作者数十年间，不局限于传统的解剖和分类方法，直接在野地里实地对法国南部普罗旺斯种类繁多的昆虫进行观察，或者将昆虫带回自己家中培养，生动详尽地记录下这些小生命的体貌特征、习性、喜好、生存技巧、蜕变、繁衍和死亡，然后将观察记录结合思考所得，写成详细丰富的笔记。

但《昆虫记》不同于一般科学小品或百科全书，它散发着浓郁的文学气息。

首先，它并不以全面系统地提供有关昆虫的知识为唯一目的。除了介绍自然科学知识以外，作者利用自身的学识，通过生动的描写以及拟人的修辞手法，将昆虫的生活与人类社会巧妙地联系起来，把人类社会的道德和认识体系搬到了笔下的昆虫世界里。他通过被赋予了人性的昆虫反观社会，传达观察中的个人体验与思考得出的对人类社会的见解，无形中指引着读者在昆虫的“伦理”和“社会生活”中重新认识人类思想、道德与认知的准则。这是一般学术文章中所没有的，但却是文学创作中常见的。不同于许多文学作品的是，《昆虫记》不是作家笔下创造出来的世界，所叙述的事件都来自于他对昆虫生活的直接观察，有时甚至是某种昆虫习性的细枝末节。

其次，虽然全文用大量笔墨着重介绍了昆虫的生活习性，但并不像学术论著一般枯燥乏味，本书行文优美，堪称一部出色的文学作品。作者的语言朴实清新，生动活泼，语调轻松诙谐，充满了盎然的情趣和诗意。作者对自然界动植物声、色、形、气息多方面恰到好处地描绘，令读者融入了 19 世纪法国南部普罗旺斯迷人的田园风光中。作者在描写中使用大量栩栩如生的比喻，此外，他凭借自己拉丁文和希腊文的基础，在文中引用希腊神话、历史事件以及《圣经》中的典故，字里行间还时而穿插着普罗旺斯语或拉丁文的诗歌。法布尔之所以被誉为“昆虫界的荷马”，并曾获得诺贝尔文学奖的提名，除了《昆虫记》那浩大的篇幅和包罗万象的内容之外，优美且富有诗意的语言想必也是其中原因之一。

《昆虫记》融合了科学与文学，这也意味着它既有科学的理性，又有文学的感性。书中不时语露机锋，提出对生命价值的深度思考，试图在科学中融入更深层的含义。作品中的理性成分体现在作者的研究与思考中。法布尔在对昆虫的观察研究中，反复试验，并考证多方资料，对主流学术观点敢于质疑，探求真相，追求真理，竭尽自己之所能对知识结构不断探索和补充，对自己的观察结果不轻易下定论，同时表明自己的怀疑态度与自身的局限。他在观察昆虫之余抒发感想时，清醒地认识到人类的自大，机械化社会的野蛮，话语间时常讥讽人类僵硬不化的成见，并谨慎地对社会现状进行冷静的思索。这部作品中的感性成分，不仅反映在作品的内容与语言表达上，甚至还反映在作者的研究与思考中。从行文来看，作品充满了拟人化的昆虫生活，从用人类着装来形容昆虫的外部特征，到用婚礼来象征昆虫求偶交配的过程，再到对它们对自然界做出贡献的歌颂，作者的情感随着昆虫的命运而变化。

此外，在研究记录之余，作者在字里行间也提及自己清贫快乐的乡间生活、所居住的庭院、外出捕虫的经历，向读者介绍膝下的儿女，乃至他的家犬，这正符合了“回忆”二字，充满了人情味。而作者在研究与思考过程中，使用野外实验法与观察法等研究方法，研究活着的昆虫，悉心观察生命，这与解剖分类相比，本身就带上了感性的色彩。他在许多观察之后的想法也无不与生命有关，建立在对生命的尊重与热爱之上。可以说，这部作品的感性基调以及动力，就是一种对生命的敬畏和关爱，一种对生存的清醒认识，一种对生活的深厚感情。而科学的理性就是得到了这种感性的支持，才能持续下去。作者由热爱自然、热爱生命而产生了对生命的好奇，于是在观察中认真体验生命的每一种表现，并陶醉其中，乐此不疲，这继而又支撑了学者一心探求真相的科学精神。

如果说法布尔的《昆虫记》是一般文学作品或一般科学作品所无法企及的，那么严格来说，它也有自己的局限性。以专业的标准来衡量，法布尔是个博物学家，“非专业”的昆虫学家，其文学手法也不能超越当时所有卓越的文学作品。在作品中，人作为观察者，用文学的笔调让昆虫带上了“人性”的色彩，却不足以成为社会学或伦理学的专著。总之，单独从昆虫学、社会学或伦理学的任何一个角度来看，这部作品都是有局限的。同时，我们更应该承认，将科学研究成果与文学写作相结合，历史上并非只有法布尔一人。然而，《昆虫记》以自己的特色，获得了极大的影响与声誉。

《昆虫记》并非刻意写就，而是作者自得其乐地观察与写作的成果。这便定下了作品的基调：看似平平淡淡，但却无时无刻不在反映出作者珍爱生命、热爱生活的情感，一如其朴实清贫，但宁静美好的乡间生活。他留下的观察记录是不变的，但给读者的思索却是灵活可变的，他没有强迫他人接受自己的观点，只是给读者带去了知识、趣味、美感以及思想的享受。

《昆虫记》原著问世以来，已被译为多种文字，在上个世纪二十年代就已经有了汉译本，引发了当时广大读者浓厚的兴趣。到了九十年代末，中国读书界再度掀起“法布尔热”，出现了多种《昆虫记》的摘译本、缩编本，甚至全译本。《昆虫记》原著长达十卷，每一卷均由许多章节组成，每一种昆虫所占的篇幅不尽相同，而且有关不同昆虫的章节之间并无不可分割的联系。因此它不同于小说，不受情节的局限。这种结构体裁，决定了精选本仍然能保有原作的风格与趣味。

法布尔

让·亨利·卡西米尔·法布尔(1823~1915年),法国昆虫学家、动物行为学家、文学家。1823年出生于法国南部普罗旺斯的圣莱昂的一户农家。此后的几年间,法布尔是在离该村不远的马拉瓦尔祖父母家中度过的,当时年幼的他已被乡间的蝴蝶与蝈蝈这些可爱的昆虫所吸引。

拥有多重身份的法布尔的作品种类繁多:作为博物学家,他留下了许多动植物学术论著,其中包括《茜草:专利与论文》《阿维尼翁的动物》《块菰》《橄榄树上的伞菌》《葡萄根瘤蚜》等;作为教师,他曾编写过多册化学、物理课本;作为诗人,他用法国南部的普罗旺斯语写下了许多诗歌,被当地人亲切地称为"牛虻诗人"。此外,他还将某些普罗旺斯诗人的作品翻译成法语;闲暇之余,他还曾用自己的小口琴谱下一些小曲。然而,法布尔作品中篇幅最长、地位最重要、最为世人所知的仍是《昆虫记》。这部作品不但展现了他科学观察研究方面的才能和文学才华,同时还向读者传达了他的人文精神以及对生命的无比热爱。

作品影响

《昆虫记》是法国杰出昆虫学家、文学家法布尔的传世佳作,亦是一部不朽的著作,不仅是一部文学巨著,也是一部科学百科。它熔作者毕生研究成果和人生感悟于一炉,以人性观照虫性,将昆虫世界化作供人类获得知识、趣味、美感和思想的美文。一个人耗费一生的光阴来观察、研究"虫子",已经算是奇迹了;一个人一生专为"虫子"写出十卷大部头的书,更不能不说是奇迹;而这些写"虫子"的书居然一版再版,先后被翻译成50多种文字,直到百年之后还能在读书界一次又一次引起轰动,更是奇迹中的奇迹。这些奇迹的创造者就是《昆虫记》的作者法布尔。法布尔拥有"哲学家一般的思,美术家一般的看,文学家一般的感受与抒写"。在本书中,作者将专业知识与人生感悟熔于一炉,娓娓道来,在对一种种昆虫日常生活习性、特征的描述中体现出作者对生活世事特有的眼光。

字里行间洋溢着作者本人对生命的尊重与热爱。本书的问世被看作动物心理学的诞生。《昆虫记》不仅是一部研究昆虫的科学巨著,同时也是一部讴歌生命的宏伟诗篇,法布尔也由此获得了"科学诗人""昆虫荷马""昆虫世界的维吉尔"等桂冠。人类并不是一个孤立的存在,地球上的所有生命,包括"蜘蛛""黄蜂""蝎子""象鼻虫"在内,都在同一个紧密联系的系统之中,昆虫也是地球生物链上不可缺少的一环,昆虫的生命也应当得到尊重。《昆虫记》的确是一个奇迹,是由人类杰出的代表法布尔与自然界众多的平凡子民——昆虫,共同谱写的一部生命的乐章,一部永远解读不尽的书。

昆虫的习性

蝉和蚂蚁的寓言

不论人还是动物,他们的名声大多是靠故事和传说而来的,而童话比这些故事和传说就更胜一筹了。

特别是昆虫,不论它们怎样吸引了我们的注意,就是因为很多关于它的传说和故事,而这种传说的真伪则不是那么重要。比如,大家都知道蝉吧?最少也是知道一点的吧。在昆虫的家族里,没有比它名声更大的了吧?在我们的记忆深处,有着只顾歌唱而不管以后的印象。人们用简短易懂的诗句来揶揄它们:当寒风呼啸,严寒来临时,一无所有的蝉跑到它的邻居蚂蚁那儿讨食物。

乞食者四处碰壁,得到让它很难堪的讥笑挖苦,这反而让它声名大噪。蚂蚁说了两句粗俗残酷的话:您唱了又唱!我听着不错,好吧,现在您就跳吧。这两句话给蝉带来的名声远大于它精湛的唱功带来的声誉,这深深地印入了孩子内心深处,是永不会磨灭的。

蝉生活在油橄榄树上,很多人并不熟悉它歌唱的本事,但它在蚂蚁面前的窘困,大家却知道得一清二楚。

名声即缘于此!一个就如自然史一般的其道德遭蹂躏的故事,一个好处只在于奶妈讲的短小精湛的故事,它成为一种名声的基础,而这种名声会像《小拇指》中的靴子和《小红风帽》中的烙饼一样紧紧地保存着岁月留下来的一些记忆痕迹。儿童的记忆非常好。

习惯、传统等一旦进入脑子,就再也忘不掉了。蝉的名声应归功于儿童,使他们牙牙学语时,结结巴巴地说出了蝉的悲惨遭遇。那些组成寓言内容的荒谬浅薄的东西因它们而保存下来:每当冬天到来,蝉将忍受饥寒交迫的困难,尽管冬天已没有了蝉;蝉将永远乞讨几颗粮食,尽管它那柔软的吸管根本不能吃这种食物;蝉还将讨些苍蝇和蜜蜂,尽管它从来不吃这些。

这些荒谬的错误应该由谁来承担呢?拉封丹[1],他的大多数寓言都描写得

---

[1] 让·德·拉封丹(1621~1695年),法国古典文学的代表作家之一,著名的寓言诗人。

细致入微而让我们牢记,不过对蝉的描述却是一带而过。他非常熟悉他早期寓言里的那些主角,如狐狸、狼、猫、山羊、乌鸦、老鼠、黄鼠狼以及其他各种各样的动物,所以他在描写它们时,非常生动,入木三分。

它们都是高地动物,他非常熟悉它们。他每时每刻都能观察到它们所有的生活,不论是公开的还是秘密的,不过,在兔子亚诺欢蹦乱跳的地方,蝉却是难得一见的。

拉封丹从未听过它唱歌,也一直没与它谋过面。他觉得,这个著名的歌唱家肯定是一只蚱蜢。

尽管格兰维尔的插图与拉封丹寓言配合得完美无缺,不过他也犯了一样的错误。在他的插图中,蚂蚁是一副勤俭持家的主妇打扮,站在门槛上,身边有成袋成袋的小麦,鄙视地背对着伸手的乞讨者。戴着18世纪阔边女帽,胳膊下夹着吉他。第二个人物形象是在寒风中瑟瑟发抖的蝉,与蚱蜢一个模样。

格兰维尔也不清楚蝉的真实模样,他生动地再现了那个以讹传讹的错误。

在这个毫不生动的小故事里,拉封丹也只不过是个转载者。蝉备受蚂蚁嘲讽的传说在很久以前就流传开了。古雅典的儿童在上学的路上已经开始嘟囔着这个早已妇孺皆知的故事了:"冬天,辛勤的蚂蚁在太阳下晾晒自己受潮的食物。一只饥寒交迫的蝉前来想讨要几颗粮食,小气的蚂蚁这样回答:'你夏日里唱歌,那冬日里就蹦跳吧。'"尽管故事有些无趣,不过那正是拉封丹有悖常理的主题。这个寓言出自古希腊,那里是著名的油橄榄和蝉的故乡。伊索真的是这个寓言的作者吗?这令人难以相信,但也没有关系,因为讲这个故事的人是希腊人,是蝉的老乡,他应该很了解蝉。我们村子里没有这么无知的农民,他们知道冬天根本没有蝉。冬天的时候,人们用锨给油橄榄培土时,会挖出蝉的幼体来。他们经常在小路旁见到它,当夏季来临时,这个幼体会从自己修建的圆洞中爬出地面,爬到细枝上,背上裂开一条缝,蜕去硬硬的外壳,颜色由浅慢慢变深,最后变成了一只蝉。阿蒂卡的农民并不愚钝,他们都注意到了连目光最短浅的人也能看出来的情形,他们也同样知道我那些乡村邻居所清楚的东西。不管这则寓言是谁作的,他都处于很有利的条件,想必对这件事也是了如指掌的。那么,他故事中的错误是怎么来的呢?

拉封丹不必深究,但古希腊的那位作家则是不可原谅的,他只了解书上的蝉,却不了解树上近在眼前的振翅鸣唱的蝉。他注重实在,却因袭守旧,他只是古老故事讲述者的跟随者。他在复述源自各种文明的可敬之母——印度的某种传说。他根本没有弄明白印度人所讲述的无远见生活会导致什么样的危险这一主旨,却以为编成故事的动物场景比蝉和蚂蚁的对谈更贴近真实。印度人作为动物的伟大朋友,是不会犯这种错误的。种种迹象说明,我们的蝉并不是原先故事里的主人公,主人公是另一种动物——或者说是昆虫,其习性与所编的故事情节非常吻合。

这篇古老的故事在过去很长时间里让印度河流域的贤哲们深思,让那里的孩子们回味无穷,它也许像历史上某个族长第一次提出勤俭持家一样历史久远,并代代相传,内容大都还是忠实的,但也像所有的传说一样,由于要适应当时高地的情况,故事中的细节便在岁月中被无情地扭曲了。印度人所描述的这种昆虫在希腊这里找不到,人们便牵强附会地把蝉加进了故事,就如同现代雅典——巴黎一样,依然会把蝉与蚱蜢混淆。错已铸成,从此,谬误便深深地刻进了孩子们的记忆中,无法抹去。于是黑白颠倒,真假难辨。让我们尝试为这个曾被寓言诬蔑的歌手翻案吧。我首先得承认,它这个邻居有时确实挺令人讨厌的。每年的夏天,我家门前的两棵高大茂盛的法国梧桐都会将它们吸引过来,成群结队地到这里来安家落户,从早到晚此起彼伏地叫个不停,震得我头昏脑涨。在这片吵闹声中我无法静下心来,思绪杂乱无章。

如果我不早起做事,那么这一天就完全泡汤了。啊!这些该死的虫子,我原本想可以安静地待着,而你却成了我住所的一大祸害。雅典人竟然把你养在笼子里,惬意地听你歌唱。如果是饭后小憩,一只蝉轻唱也还可以,但如果是上百只在一起聒噪,那便是震耳欲聋的效果了。你无法聚精会神,这真是让人难以忍受啊!你振振有词,说你先到这里的,所以有权歌唱。在我来这里居住之前,那两棵法国梧桐已经完全属于你了,而我倒成了这树荫下的不速之客。但我要先告诉你:为了体谅给你写故事的人,你得先在你那响钹上装个降音器,来降低你的歌声。事实真相把寓言作家向我们讲述的东西作为肆意杜撰而摒除了。现在毫无疑问了,蚂蚁和蝉在有些时候有着一些关系,不过,这种关系和人们传说的正好相反。这些关系并不是蝉主动的,它总是自食其力,而蚂蚁是个贪心的掠夺者,它把任何可以吃的东西都搬进了自己的仓库。不管什么时候,蝉都不可能跑到蚂蚁这来讨饭吃,更不会一本正经地承诺过后连本带息一起偿还。恰好相反,事实上是蚂蚁饿得实在不行了,才跑去跟我们这个歌唱家乞讨的。注意我说的是“乞讨”!掠夺者的字典中是从来没有借这个字的。蚂蚁剥削蝉,毫无羞耻地把它掠夺一空。我们要说说这种掠夺,这是至今尚未揭晓的一件历史悬案。七月骄阳似火,午后酷暑难耐,很多的昆虫都非常干渴,在叶已枯萎打卷的花上爬来爬去,想寻觅些水来解渴,但普遍存在的水荒对蝉来说是不屑一顾的。它使用自己钻头般的细嘴,从那源源不绝的泉眼中吸出水来。它不停地歌唱着,落在一棵小树的细枝上,钻透那坚硬光滑、被太阳晒得要浸出水的树皮。然后它把吸管插进钻孔里,接着就聚精会神、自鸣得意地沉浸在汁液与歌唱的甜美之中。

如果我们多看它一眼,也许能看到一些意外的悲惨事情。果然,一大群干渴难耐的家伙在这口井附近溜达着,井边流出的汁液暴露了自己的位置。它们蜂拥而上,一开始还异常小心的,只是咂咂流出来的汁液。我看到许多的胡蜂、苍蝇、球螋、泥蜂、蛛蜂、金匠花金龟拥挤在甜蜜井口附近,其中数蚂蚁最多。

最小的一只,为了靠近这口井,它竟然从蝉的肚子下面钻了过去,宽宏大量的蝉便抬起爪子,以方便这些不请自来之客通过。个头儿大的急得抓耳挠腮,飞速地挤上前去,快速地舔上一口,再退出来,到附近的树枝上转悠一圈,然后又更加大胆地回来。不请自来之客的贪心迅速膨胀:开始还小心翼翼的它们,现在突然变成了一群无法无天的乱哄哄的侵略者,它们一心要从井边赶走掘井者。在这群不顾一切的强盗中,蚂蚁最胆大也最放肆。我见过一些蚂蚁在咬蝉爪,还有一些蚂蚁在扯拉蝉翼,甚至还有爬到蝉的背上,拽蝉的触角。一只胆大妄为的蚂蚁就在我的眼前咬住蝉的吸管,拼命地想把它从树枝里拽出来。

最后这些蚂蚁把巨蝉折腾得毫无办法了,只能弃井而去。它离开时还向这群可耻的侵略者撒了一泡尿。蝉高傲的蔑视对蚂蚁来说算不得什么!现在它的目的已经达到了——这口井属于它了。不过,井泵已经不再运转了,自然井没过多长时间也干枯了。井水虽少,但却甘甜。一旦机会来了它们还会用同样的办法再喝上几大口。大家都看到了,事情真相已经将寓言臆想出来的角色完全颠倒过来了。蚂蚁是厚颜无耻的强盗,而蝉才是心甘情愿与受苦者分享甘露的劳动者。能够将颠倒的事情扭转的还有一点。五六个星期悠长的欢唱过后,歌手的生命已经走到了终点,它从大树高处掉了下来。烈日晒干了它的身体,人们从上面踩踏而过。蚂蚁寻找粮食的时候碰见了它。蚂蚁马上将这美食撕碎、分解、弄烂,运到自己充盈的仓库里去。我们甚至能看到蝉已奄奄一息,翼却在尘土中抖动的情景,这时的蝉我见犹怜。看到这同釜相煎后,就很容易看出这两种昆虫之间的关系究竟怎样了。古希腊和罗马对蝉的评价都是非常高的。被称为“希腊贝朗瑞”的阿纳克雷翁就曾经深情地为蝉写了一首颂歌。他写道:“你宛如诸神。”不过诗人称颂蝉的理由却不合适,按他的说法说蝉有以下三个特点:生于地下,不知疼痛,有肉无血。我们不必对这位诗人犯的错误吹毛求疵,因为这些看法在当时相当普遍,而且在有人仔细地观察之前,这种说法流行一时。再说,在这种注重对仗押韵的小诗句中,人们对这点并不过多关注。时至今日,这些普罗旺斯①的诗人们和阿纳克雷翁同样对蝉很熟悉,在赞扬他们视之为代表的这种昆虫时,也没有仔细关注真正的蝉。不过,这种指责却与我的一个朋友毫无关联,他是一个痴迷的观察者,一个谨慎的务实派。

他允许我从他的活页本中抽出一页普罗旺斯语的诗,他以认认真真的科学态度重新描述了蝉和蚂蚁的关系。诗中的意象和道德评价责任在他,我的博物学园地上开不出如此娇艳的花朵,但是,我只得承认他所描写的真实性与每年夏天我在花园中的丁香上所看到的情况一样。我把他的诗翻译成法语附在下面,但意思只是相似而已,因为法语中并没有所有普罗旺斯语的对应词。

蝉和蚂蚁

一

上帝啊,酷暑逼得人无处躲闪!
可此时正是蝉的好时间,
它如痴如狂,放声欢唱。
七月如火,收割正忙。
麦穗翻滚,好似波浪,辛劳的人们弯腰弓背,辛勤劳动不歌唱;
他们口干舌燥,有歌难唱。
现在正是你的好时光,就请放声歌唱,
玲珑可爱的蝉,

① 普罗旺斯是罗马帝国的一个行省,英文简称PACA,现为法国东南部的一个地区,毗邻地中海,和意大利接壤。

鼓动你的翅膀，
拧动你的身躯，擦亮你的乐器。
农夫挥舞镰刀割下麦秆，
刀光在麦浪中闪亮。
水壶在农夫腰间摇晃，
罐里装满水，罐口塞着草。
磨刀石在凉爽的木盒里躺，
有水不断淋润着，
而农夫在烈日下挥汗如雨，
只感觉骨髓都要被晒沸了。
可你，蝉儿，你是有泉水来解渴的；
你用尖尖的吸管钻透树皮，
挖掘一眼甘甜多汁的水井。
汁液顺着细细的吸管流出。
泉水源源流淌，
你甜甜地吮吸来享。
啊！美好时光总不会很长！
环顾左右皆是强盗，
还有那些游手好闲流浪儿，
都发现了你掘了一口甘井。
它们干渴难耐，痛苦地蜂拥而来，
想要分享你的一点甜浆。
小心点儿哦，我的小蝉儿。
这群饥渴难耐的盗贼，
先是彬彬有礼，
转眼就变为了无耻暴徒。
它们先是润润嘴唇，
接着便不满于你的残羹剩饭，
它们昂起头来，想全部占有。
它们将会得偿所愿。
它们爪似钩，摆弄你的翅膀。

在你宽阔的后背上，
爬来爬去不停忙，
挠你的嘴，拽你的角，撕你的脚趾。
它们把你扯向四方，
让你发怒又惆怅。
你滋地一泡尿，
喷向这帮列强，
你便离开树枝。
远远地离开这群无赖，
可它们抢占了你的甜水井，
狂笑不止，尽情欢畅，
津津有味地舔着玉露琼浆。
而这帮贪得无厌的流浪汉中
尤数蚂蚁最强。
苍蝇、黄边胡蜂、胡蜂、鳃角金龟，
等等各色无赖、骗子，
都是烈日被逼无奈跑到你的井旁，
只有蚂蚁是铆足劲儿地要把你伤害。
踩你的脚趾，抓你的脸，
捏你的鼻子，在你腹下乘凉，
凡此种种，唯它最强。
这无赖拿你的爪子当梯，
大胆地爬上你的翅膀，
荡来荡去，趾高气扬，
上下奔忙。

二

现在讲述一个不足为信的故事。
早年，老人们曾对我们说，
冬季某天，你饥肠辘辘，低着头，

偷偷向前
窥视蚂蚁的地下粮仓。
富裕的蚂蚁把晚上寒露打湿的麦粒
摊晒在太阳下,
以备储于粮仓中。
麦粒已晒干,蚂蚁在装袋。
你眼噙泪水,突然而至。
你恳求它说:“天寒地冻,北风凛冽,我快饿死了。
你余粮颇丰,
借我一点儿,
甜瓜成熟时节,
我一定奉还。
借我些麦粒吧。”
你还是回去吧。
你幻想着它会借给你,
那就是痴人说梦了。
那大堆大堆的粮食,
休想弄到一点点儿。
“走开吧,刮碗底去吧。
你夏天唱得那么起劲,
到冬天就活该挨饿!”
古老的寓言就是这样讲的,
它告诉我们做个小气鬼,
紧紧看护好钱包……
让那些懒蛋挨饿才好!
寓言作家实在是天马行空,
竟然说你冬天去寻找
苍蝇、虫子、麦粒,
可这些都不是你的食谱。
麦粒!天哪,你要它干什么!
你自有你的甘泉,

他物无所求。
寒冬与你无缘！你的子孙后代
在地下酣眠，
而你也将离开人间。
你的身体落下，一命呜呼。
有一天，觅食的蚂蚁，看到了它。
在你空空的躯体上，
讨厌的蚂蚁在争抢，
掏空了你的胸腔，把你撕成了碎片，
当作腌货储存，
冬日大雪纷飞，这可是美味佳肴。

三

这才是事实的真相，
与寓言说的大相径庭。
该死的，你们做何感想！
啊，占小便宜的家伙，
尖爪利钩，挺胸腆肚，
带着保险箱横行世上。
混账的，你们反唇相讥，
说艺术家从不劳动，
懒蛋活该遭殃。
闭上嘴巴吧，
蝉在吸风饮露，
你们却偷吃偷喝，
直到它死亡，你们还不肯放。

我的朋友用善于表达的普罗旺斯方言，这样为被寓言污蔑的蝉平了反。

蝉出地洞

夏至快到的时候,第一批蝉现身了。在行人熙攘、被太阳炙烤、踩得结实的小路上,地面上张开着一些大拇指大小的孔洞,这是蝉的幼虫爬出地面时留下的。

除了耕过的土地,这样的洞遍地都是。这些洞一般在干燥的地方,特别是在道路两边。

出洞的幼虫都有锋利的工具,必要时可以穿透那些泥沙和干黏土,所以它钟情于最硬的地方。

一堵朝南的墙反射过来的阳光又照在我家花园的一条甬道上,仿佛到了塞内加尔①,那里可以发现很多蝉出洞时留下的圆洞口。

六月的末尾几天,我检查了这些不久前被遗弃的洞穴。地面非常坚实,我需要用镐来刨。

洞口是圆的,直径大概2.5厘米。

洞口的四周,没发现一点儿浮土,更没有推出洞外的小土堆。

事情显而易见:蝉的洞跟粪金龟这帮挖掘工的洞不同,上面堆着一个小土堆。两者不一样的工作程序造成了两种洞的差别。

食粪虫是从地面开始向下挖掘,他先挖洞口接着往下挖洞身,然后把浮土推到地面上来,堆成小土丘。

而蝉的幼虫恰恰相反,它是先从地下钻出地面,最后才钻开洞口,洞口是最后的一道程序,洞打开后自然不用清理浮土,因为根本就没有浮土可清理。食粪虫是挖土进洞,所以会在洞口留下一个小土丘;而蝉的幼虫是从洞里钻出来,没法在没有做成的洞口旁边堆积任何东西。

蝉洞深大概四十厘米。

---

① 塞内加尔,英文全称 the Republic of Senegal,位于非洲西部凸出部位的最西端,首都达喀尔。北接毛里塔尼亚,东邻马里,南接几内亚和几内亚比绍,西濒大西洋,属热带草原气候。

洞是圆柱形的，随地势变化而扭曲，但不会太偏离垂直线，因为这样是最短的。洞中间畅行无阻，想在洞里找到挖洞时留下的浮土是不可能的，无论哪儿都找不到浮土。洞底是个死巷子，做成了一个敞亮的小房间，四周光滑，没有与别的通道相连的痕迹。从洞的长度与直径推算，大约要挖出二百立方厘米的土。挖出的土去哪儿了呢？在干燥的土中挖洞，如果只钻孔而不做防护措施的话，洞身和洞底的墙壁应该是粉末状的，非常容易塌方。可我却奇怪地发现洞壁被粉刷过，涂了一层泥浆。实际上洞壁称不上光洁，但是，粗糙的洞壁已经被一层泥浆糊住了。

洞壁那容易散开的土被粘住了，就不容易脱落了。

蝉的幼虫可以从地面到洞底小屋上上下下，来去自如。而锋利的爪子一点不碰到洞壁。否则就会堵塞通道，往上走很困难，回头也不容易。矿工使用支柱与横梁支撑坑道；地铁建设者用钢筋水泥加固隧道；蝉的幼虫这个出色的工程师用泥浆粉刷四壁，让洞穴可以使用很久而不堵塞。

如果我打扰了从洞中爬出来，在近处的一根树枝上蜕变成蝉的幼虫的话，它会马上小心地从树枝上爬下来，毫无费事地爬回自己的洞底小屋去，这就表明这个洞就算被永远遗弃，但不会被浮土堵塞。

这个洞穴不是幼虫急于出来而草草而就的，这是一座货真价实的地下小城堡，是幼虫长期居住生活的地方。洞里这些经过粉刷的墙壁就能很好地证明这一点。如果一个简单的出口在弄好没多长时间就要废弃的话，那就用不着这么费事了。毋庸置疑，它还有一个作用，即作为气象观测站，即便在洞里依旧能对洞外的天气情况一清二楚。幼虫长大，成熟了，就要爬到外面去，但是身处洞穴的它没有办法就洞外的天气是否合适做出正确的判断。地下的气候变化有些慢，所以幼虫无法知道外面的天气情况，可是此时正好是幼虫成长过程最重要的阶段——在太阳照射下蜕变成蝉而必须要知晓的。

在连续几周，有时甚至是好几个月的时间里，幼虫都在非常耐心地做挖土、清理通道这些工作，并加固垂直的洞壁，不过它却并不把地表挖透，而是和外面保持着一层有一指厚的土层相隔的状态。它还在洞底建造了一个小屋，在这花的精力比其他的地方都多。这小屋既是他的容身之所，也是它的起居室。

若根据气象报告所述，它的搬家需要延后，它就在这小屋里休息。一旦微微感觉到外面的天气风和日丽，它就要从洞底爬到高处，透过那层薄薄的土层来对洞外的温度和湿度情况进行探测。狂风暴雨会对幼虫的蜕变造成非常严重的威胁，如果天气情况不适宜，那谨小慎微的小家伙就又回到洞底屋中继续静候着。相反，如果气候条件适宜，幼虫便用爪子将这层薄薄的土层捅破，从洞里钻出来。

种种现象都说明，蝉的洞穴是个等候室，也是做气象观测站用的，幼虫长时间地待在洞里，有时会爬到地表下面探测一下洞外的天气状况，有时就藏在洞底把自己更好地隐蔽起来。这便是蝉在地洞深处建有一个舒适的休息地，并将洞壁涂上涂料来防止塌落的原因。

但是，有几点比较难以解释，即挖出的浮土都跑到哪儿去了？一个洞平均也得有二百立方厘米的浮土，怎么会全部消失不见了呢？洞外找不到这么多的浮土，洞内也见不着它们。还有，这些干燥的泥土就像炉灰一样，是如何混合成泥浆然后涂在洞壁上的呢？天牛和吉丁等这些蛀蚀木头的虫子的幼虫，似乎可以对第一个问题做出回答。此类幼虫可以在树干里钻洞，一边挖，一边还能吃了那些挖出来的东西。这样的话，挖出来的东西便从挖洞者的一头经过，到了另一头，滤出很少的营养后，将剩下的排泄掉，留在幼虫身后，通道就被完全堵塞了，幼虫无法再次返回或者通过。由胃或颚进行的这种最后的分解，把消化过的物质压缩得更加紧密，导致幼虫前面出现一块小空地儿，幼虫可以在那里干活儿。这片小空地非常狭小，只够关在里面的这个囚徒行动。

蝉的幼虫是否也用相似的办法挖掘地洞呢？当然，蝉的幼虫体内是无法通过浮土的，况且，即使是最松软的腐殖土，也无法成为蝉的幼虫的食物。但无论怎么说，挖出来的浮土会随着工程的进展被逐渐地抛到幼虫身后。蝉要在地下待四年，如此漫长的地下生活当然不会是在被粉刷过的洞底小屋中度过。

幼虫是从比较远的地方流浪来的，它把自己的吸管从一个树根插到另一个树根。当它为了逃离冬天寒冷的上层土壤，或者为了定居于一个更好的处所而搬迁时，它便为自己开出一条道来，同时把用颚挖出的土抛在身后，这一点是毫无疑问的。

如同天牛和吉丁的幼虫一样，这个流浪儿在移动时只需很小的一部分空间就足够了。一些潮湿、松软容易压缩的土对于它来说就如同天牛和吉丁幼虫消化过后的木质糊糊。这种泥土极易被压缩堆积起来，腾出空间。困难来自于另一个地方，蝉洞是在干燥的土中挖掘而成的，只要土一直保持干燥，就极不容易压实、压紧。如果开始挖掘通道时，幼虫已经把一部分浮土抛到自己身后一条先前已经挖好但是现在看不见的通道里，这种想法也是非常有可能的，尽管还没有发现可以说明此点的一些现象。但是,如果考虑一下洞的容量,还有找个能够存放如此多的浮土的地方的难度这些问题,你就又会琢磨开来,心里想:"浮土这么多,要有足够大的空间才可以,但是挖成这个空间也会产生很多浮土,这些浮土的储存同样十分困难。这样的话还得有很大的空间存放大量的浮土,结果便循环不止。"如此反复,没有尽头。因此,光是把压紧压实的浮土抛到身后尚无法解释这个空间所出现的难题。怎样清理这碍事的浮土,蝉定会另有锦囊。我们试着解开这个锦囊。仔细观察一只正爬出洞来的幼虫,它或多或少会带上点或干或湿的泥土。有许多颗粒附着在它的挖掘工具——前爪尖上,身体其他部位也仿佛戴上了泥手套,背部也盖了一层泥被子。它就像一个下水道的清洁工。身上这么多的污泥让人惊讶不已,因为它是从干燥的土里爬出来的。本来觉得它会满身尘土,谁知却是满身污泥。沿着这个线索一直探究下去,蝉洞的秘密便揭开了。我把一只正在挖掘洞穴的幼虫挖了出来。我运气很好,幼虫正在挖掘时我便有了惊人的发现。大拇指长的洞,没有任何阻塞物,洞底是一间休息室,目前全部的工程就集中在这里。这位勤勤恳恳的工人就是下面这种情况:它比我在它们出洞时捉到的那些幼虫苍白得多。眼睛大而白,且浑浊不清,也不能识别东西。在地下视力又有什么用处呢?而出了洞的幼虫,眼睛黑而亮,说明能看得见东西。未来出现在阳光下的蝉必须学会寻找,甚至还要到离洞口很远的地方去寻找适合它在上面蜕变的悬挂树枝。而这时候视力便显得特别重要。这种在准备蜕变期间完成的视力成熟足以说明幼虫的上行通道并非仓促成就,而是它兢兢业业辛勤劳动的成果。

另外,苍白盲目的幼虫的体形要比它成熟时的大。它如同患了水肿一样,体内充满液体。手指用力掐它,清凉的液体便会从它的尾部渗出来,弄得全身湿漉漉的。这种由肠内排出来的液体是尿液,还是吸收液汁的胃消化后的残汁?我无法判断,为了方便说明我们姑且叫它尿吧!这个尿泉就是锦囊妙计了。幼虫在向前挖掘时,便浸湿了身边的泥土,使之成为糊状,然后把成了糊状的泥紧贴在墙壁上。这具有弹性的湿土便糊在了原先干燥的土上,形成泥浆,渗进粗糙的泥土缝隙中去。最稀的泥浆渗进最里层,剩下的则被幼虫再次挤压堆积,涂在空余的间隙中。这样一来,坑道便毫无阻碍了,浮土和成的泥浆比原先的没被钻透的泥土更密实、匀称。

幼虫便是在到处是潮湿黏糊的泥浆的环境中干活的,因此在它从非常干燥的土层中钻出来时却浑身都是泥污,这就让人觉得奇怪了。成虫虽然已经彻底不用干这些如同矿工一样的脏活累活了,但是它却没完全丢弃这尿袋,剩下的尿液被它储存起来以做自卫之用。如果谁要接近它以便仔细观察,那它便会将尿液没有丝毫迟疑地射向这个冒失鬼。蝉尽管喜欢干燥,但它在两种形态中,却都是了不起的浇灌者。不过,尽管幼虫体内积满了液体,但它还是缺少能把整个地洞挖出的浮土彻底弄湿并压实的尿液,蓄水池干涸了就要再次蓄水。水从何处来,又是怎样摄入的呢?我隐约能够找到问题的答案了。我小心谨慎地把几个洞口整个挖开,发现洞底小屋壁上嵌着一些生命力旺盛的树根须须,有的像铅笔粗细,有的如麦秸秆一般。露进洞可以目测的树根须须很短,只有几毫米,而根须的其余部分全都植于周围的土里。这样的泉眼是偶然邂逅还是幼虫的刻意寻找呢?我倾向于后一种答案,因为至少当我小心挖掘蝉洞时,总会见到这么一种根须。是这样的:要挖洞筑室的蝉,开始筹建未来的地洞时,总要在一个新鲜的小树根旁边仔细寻找。它把一点根须刨出来,嵌入洞壁而又不突出壁外。这墙壁上的生命之源,我想就是液汁泉,幼虫的尿袋需要补充时便能从那里摄取了。如果用尿和泥而把尿液用完了,幼虫小矿工便返回自己的小屋里去,把吸管插进根须,从那取之不尽的泉眼里吸足水。尿袋灌满之后,它又重新爬上去,继续劳动,把硬土弄湿,用爪子拍打,再把身边的泥浆拍实、压紧、抹平,畅通无阻的通道便做成了。情况大概就是这样。虽然无法直接观察到,因为不能跑到地洞里去观察,但是逻辑推理和种种情况都证实了这一结论。如果根须这个大泉眼不存在,而且幼虫体内的蓄水池又没水了,那时的情况会如何呢?

那就让我们通过下面的这个实验来了解一下吧。我捉了一只正从地下往上爬的幼虫,把它放进一个试管的底端,然后用一些松软的干土填满试管,现在幼虫便被埋在土里了。这个土柱子高一分米半,幼虫刚刚离开的那个地洞比试管长出三倍,虽说土质是一样的,但试管里的土要比地洞里面的土松软得多。幼虫现在被埋在我那短小的粉状土柱子里,它能否重新爬到试管外面来呢?如果它努力的话,一定可以爬出来的。对于身经百战的幼虫来说,一个并不坚固的堡垒会成为有力的障碍吗?

然而我却略有怀疑。为了顶开把它与外界隔开的最后那道屏障,幼虫已经把储备的液体消耗殆尽。它的尿袋干了,因为没有活的须根使它再把尿袋灌满。我对它能否成功的怀疑并不是没有道理的,正如所料,三天后,我看到被埋着的幼虫耗尽了体力,终未能爬上一拇指高。浮土被动过,但是因没有黏合剂而无法当场黏合，也就没办法固定住，刚拨开，便又塌下来了。就这样反复地挖、爬，但总也没有多大的成效。第四天，幼虫就死了。

假如幼虫的尿袋是满的，结果就会不一样了。我用一只尿袋满满甚至全身浸满液体的幼虫进行了一样的实验。这工作对它来说手到擒来，松软的土几乎没有任何阻力。

幼虫稍稍用尿袋的汁液湿润身体，就将土和成了泥浆黏合在一块，接着将它们分开、抹平。于是地道成了，不过不是很规则，随着幼虫一点点往上爬，它身后几乎给合上了。幼虫好像知道自己没法补充水分，于是为了尽快离开陌生的环境，它只能节约使用体内的每一滴水。不到万不得已时绝不使用。在这样精打细算的情况下，十几天后它终于胜利地爬了出来。

出来之后，它张着大嘴待在那里，就像被粗钻头钻出的孔。幼虫爬出洞来在附近转悠一番，寻找一个空中楼阁，比如细荆条、百里香丛、禾蒿秆儿、灌木枝杈什么的，便爬上去昂着头用前爪结实地抓住，假如树枝还能容纳其他的爪子，那它就会毫不客气地全都抓住；要是树枝上没有位置再接纳其他爪子，它的两只前爪钩住也绰绰有余了。接着休息一会儿，让挂着的爪子变硬，成为结实的支撑点。这时中间从背部裂开，蝉从壳中钻了出来，前后大约半个小时。蝉从壳中钻出来后，面目全非！双翼湿润、沉重、透明，上面有一条条的浅绿色脉络。胸部为褐色，身体的其他部分为浅绿色，有一处处的白斑。在长时间的空气和阳光沐浴下，这羸弱的小生命的身体开始强壮、着色。差不多两个小时过去了，还是没有什么明显的变化。它只是用前爪抓住自己的旧躯壳，稍微有点动静，就非常惊慌。它一直显得那么脆弱，一直都是绿色的。终于，他的体色开始变深，最终变成了黑色，就这样它完成了它的体色转变过程。这个转变过程大概耗时半小时，蝉儿上午九点开始在树枝上，到十二点半的时候，我看见它飞走了。

旧壳除了背部那条口子外，其他没有任何破损，还牢牢地挂在那根树枝上，秋天的风雨也没有将它打落。经常能够见到有的蝉壳一挂就是好几个月，甚至整个冬天都没有掉，姿态还如幼虫蜕变的时候。旧壳质地坚硬，就像干羊皮，就像蝉的替身那样守望它的前世今生。

啊！如果我愿意相信那些农村邻居的传说，那么有关蝉儿的故事我就有讲不完的故事了。我就只讲一个从他们那里得到的故事吧，就这一个。

你曾受过肾衰之苦吗？你曾因水肿而走路摇摇晃晃吗？你想得到治疗它

的特效药吗？农村就有治疗这种病的特效偏方，这就是蝉了。

夏天，把成虫的蝉收集起来串成一串儿在太阳底下晒干，晒干后摆放在衣柜角落里。如果在七月里一个家庭主妇忘了把蝉串起来晒干收藏，那么连她自己也会责备自己健忘的。你是否感到肾脏突然有点发炎，小便有些不顺畅？就用蝉熬汤药吧。

据说它的效果非常好。有一次，我不知哪里出了问题，浑身不舒服。一位好心人就拿这种汤药让我喝，一开始我并不知道那是什么，事后别人才告诉我的。

我很感谢这位好心人，但我对这种偏方持怀疑态度。令我非常惊奇的是，阿那扎巴的老医生迪约斯科里德也建议用此药方，他说："蝉，干嚼吃下，能治膀胱痛。"从佛塞来的希腊人把蝉和橄榄树、无花果树、葡萄等带到普罗旺斯以后，普罗旺斯的农民就视如珍宝。稍有变化，迪约斯科里德就建议把蝉烧着吃。现在大家把蝉用来煨汤，作为煎剂。

说这个偏方可以利尿，纯属天真无知。谁若想抓蝉，它就马上向谁脸上撒尿，然后飞走，这是妇孺皆知的事。于是他就告诉我们其利尿的功能，以致迪约斯科里德及其同时代的人便以这为根据推行这一秘方，而我们普罗旺斯的农民时至今日还这样认为。

啊，善良的人们！如果你们知晓蝉的幼虫可以用尿和泥来建自己的气象站的话，你们又会怎么想呢！拉伯雷这样描述：卡冈都亚坐在巴黎圣母院的钟楼上，从自己巨大的膀胱里往外撒尿，淹死了巴黎的闲散人等，以减少人数。你们知晓这个故事后，还能信以为真吗？

螳螂捕食

还有一种南方的昆虫，它同样让人产生浓厚的兴趣。不过它的名声和蝉比起来，那就有天壤之别了，原因就是它一直都很寂静。如果上天给予了它一副讨人喜欢的好嗓子，再加上它这奇怪的形体和特别的习性，那它的名声定然会使蝉变得默默无闻。这里的人们叫它"祷上帝"，学名为螳螂。拉丁文名为"修女袍"。

科学术语与农民朴素的口语在这儿是意见一致的，都将这种奇特的生命看作能传达神谕的女预言家，一个沉浸在神秘信仰里的修女。这种比喻渊源甚长。古希腊人很早就将这种昆虫叫作“占卜者”“先知”。乡下农人在比喻方面也是不甘落后的，他们对所见的模糊情景添油加醋。

有一只仪态奇异的昆虫半仰着身子庄严地站在烈日暴晒的草地上。只见它那宽大薄透的绿翼如亚麻长裙似的遮在身后，两只前腿也可以说是胳膊伸向天空，一副祈祷的姿势。到此为止，剩下的由百姓们的想象来完成。于是自古以来荆棘丛中便住满了这些传达神谕的女预言者、向上苍祷告的苦修女了。

啊，天真善良而又幼稚的人们，它们把你蒙骗得多深啊！它好像祈祷的姿态下隐藏着多么残暴的本性啊，那两只祈求的前臂是可怕的捕食武器：它并不转动念珠，而是要捕捉所有从附近路过的猎物。

人们想不到螳螂是直翅目食草昆虫中的一个特殊，它专吃活物。它是昆虫和平世界里的老虎，埋伏着伺机捕猎新鲜的肉食。可以想象，它的凶狠残暴、力大无比，和坚硬锐利的前臂，让它能称霸一方。“祷上帝”是真正的凶神恶煞的刽子手。

除了螳螂可以置昆虫于死地的前臂，它实际上并不可怕。它看上去甚至有些温文尔雅的气质，你看它矫健的身体、浅绿的体色、优雅的外表，还有它那修长的薄翼。它没有如剪刀一般的凶狠大颚，反倒是一张尖尖的小嘴，好像生来就是用它来啄食的。

借着从前胸伸出的柔软脖子，它的头可以左右旋转，俯仰自便。昆虫之中只有螳螂可以引导目光，可以观察，可以打量，甚至还有面部表情。

它那安静的身躯，跟被称为捕猎工具的前爪对比，反差很大。它的腰肢修长而有力，其作用就是往前探出狼夹子，不是坐享其成，而是主动出击去捉拿猎物。前臂略带修饰，非常好看。腰肢内侧饰有一个漂亮的黑圆点，中间有白斑，圆点四周衬托着几排细珍珠。

它的长腿就好像是扁平的纺锤，前半段里边有两行尖利的齿刺。里面一行有十二颗长短不等的齿刺，长的黑，短的绿。

这种长短齿刺相间增加了咬合点，使利器更加锐不可当。外面的一行则简单得多，只有四颗齿刺。两行齿刺最后有三颗最长的。总之，大腿像一把双排平行刃口的钢锯，其间隔着一条细槽，小腿屈起可藏入其间。

关节连着大腿与小腿，整条腿都活动自如，它也是一把双排刃口钢锯，齿刺比大腿上的钢锯小一些,但数量更多。末端有一硬钩,其锋利程度与最好的钢针不相上下,钩下有一个小槽,槽内两边是双刃弯刀或截枝剪。

这硬钩是精密的穿刺切割工具,让我一看就觉得非常害怕。我捕捉这个小东西时,不知道被它用那硬钩伤过多少次了,我的手解脱不出来,只能让别人来帮助我摆脱开这个坚固的枷锁!谁要是硬把螳螂从中拽开,而不先把这刺在肉里的硬钩设法弄出来的话,那他的手一定会出现一条条的伤疤,就如被玫瑰花的刺扎到一样。

这世界上大概没有比它更难对付的昆虫了。这家伙用截枝剪抓你,用尖钩刺你,用钳子钳你,让你毫无还手之力,除非你用拇指结果它,停止战斗,但那样做你就没有办法得到活着的螳螂了。

螳螂休息时,前臂折叠起放在胸前,看上去并不会伤害任何人,只是一副祈祷的样子。但是,如果猎物出现,它就会立刻结束它的祈祷。将前臂上那三段长构件猛地伸展开来,末端伸到最远处,牢牢抓住猎物后再收回来,把猎物送到两把钢锯之间。手臂似的老虎钳夹紧猎物,于是大功告成了:蝗虫、蚱蜢或其他更厉害的昆虫,一旦被夹在那四排交错的尖齿之中,便小命呜呼了。不管它如何挣扎,螳螂那恐怖的凶器就是牢牢地咬着不松口。

倘若对螳螂的习性进行系统研究的话,那么一定要在家中饲养,因为在野外它可以来去自如的情况下,是研究不出结果来的。饲养并不是什么难事,因为只要给它好吃好喝,它并不在意被囚在钟形罩中。

我们每天为它更换精美的菜式,那它便不太会因失去荆棘丛而感觉遗憾了。

为了关押我的囚徒,我准备了十来只宽大的金属网罩,同饭桌上罩饭菜防苍蝇的网罩一样。每一个罩子下面都扣一个装满沙子的瓦罐。笼里放一束百里香、一块为它将来产卵用的平石头,这就是它的全部家当。于是我动物实验室的大桌子上便排列了一座座的小屋,那里大部分时间阳光充足。我把我的俘虏们关在笼子里,有的单独囚禁,有的集体关押。我是八月下旬在路边干草堆中和荆棘丛里发现成年螳螂的。

大腹便便的雌性螳螂日见增多。细脚伶仃的雄性伴侣却比较少见,我要花很大的力气才能为我的雌性俘虏找到配偶,因为囚笼中那些雄性小个子经常被悲惨地吃掉。这些惨事我就暂且先不提了,先来说说这些雌性螳螂吧。

雌性螳螂的胃口是非常好的,喂养了长达数月的时间,期间要提供足够的食物这件事并不是那么容易办到的。差不多天天都要替换它们的食物，而且食物中的大部分，它们都是稍微尝几口就弃之如敝屣。我敢断定，螳螂在它们的出生地荆棘丛中，会更注意节约些。因为没有足够的猎物，它们会把辛辛苦苦捕来的猎物吃得干干净净。而在我的笼子里它们就铺张浪费起来，常常是咬上几口便把鲜美的食物撇下不管了。它们可能在以这种方式排遣囚禁之苦吧。

为了解决这种奢侈浪费，我必须寻求援助了。附近两三个无所事事的小家伙在我的面包片和甜瓜块的引诱下，每天早晚跑到附近的草丛中去摆放用芦苇编成的装着活蹦乱跳的蝗虫、蚱蜢的小笼子。

当然我也没闲着，手拿网子，每天在围墙周围转悠，盼着能为我的住客们找到点新鲜猎物。

这些美食是我想用来了解螳螂的胆量和力气究竟有多大的。在这些美味之中，大灰蝗虫的个头儿要比吃它的螳螂大得多；白额螽斯[1]的大颚更有力，我们的指头都怕被它咬伤；蚱蜢相貌奇特，扣着金字塔形的帽子；葡萄树距螽音钹声嘎嘎响，圆乎乎的肚腹上还长有一把大刀。

除了这些难以下嘴的野味外，还有两种可怕的猎物：一个是圆网蛛，肚子似圆盘，带有彩花边饰，大小跟一枚二十苏的硬币差不多；另一个是冠冕蛛，样子凶恶，鼓腹腆肚，令人望而生畏。

当我看到笼子里的螳螂一见到面前的各种猎物便迅猛地冲上前去的劲头儿，我便毫不怀疑它们在野外遇见相近的对手时也会这样勇猛无惧。就像在我的金属网罩中它尽享我无私奉上的美食一样，在荆棘丛中，它一定也毫不留情地享受送上门来的美味佳肴。对大猎物的捕食充满危险，它绝非心血来潮，这该是它习以为常的事。

不过，这种捕猎的机会并不多，这或许是螳螂的一大遗憾。

种类繁多的蝗虫以及蝴蝶、蜻蜓、大苍蝇、蜜蜂等其他一些不太出名的昆虫，都是它平时能够捕捉来的猎物。反正，在我这儿的笼子里，无所畏惧的女猎手从没有退缩过，不论遇到什么猎物。

不管是灰蝗虫还是螽斯，也不论是冠冕蛛还是圆网蛛，都最终逃离不了它的魔掌，都是在它的锯齿里面不能动弹，随后便被它津津有味地吃掉了。这种

---

① 螽斯也被称为蝈蝈，是鸣虫中体型较大的一种，体长在四十毫米左右，身体草绿色，覆翅膜质，也有短翅或无翅种类。雄虫前翅具发音器，前足胫节基部具一对听器。后足腿节十分发达，足跗节四节。尾须短小，产卵器刀状或剑状。

情形是值得描述一番的。一看见罩壁上傻乎乎靠近的大蝗虫，螳螂痉挛似的一颤，忽然露出凶猛的模样。就算被电击也不会有这么快的反应。那转变如此突然，样子如此慑人，以致会让一个没有经验的观察者马上迟疑起来，把手缩回来，害怕发生意外。就算像我这样对这种情形司空见惯的人，倘若心不在焉的话，遇到这种情况也不免胆战心惊。这就像从一个盒子里突然跳出妖魔鬼怪一样吓人。鞘翅[1]随即张开，斜拖在两侧；双翼完全展开，仿佛立着的两张平行的帆，宛若脊背上竖起宽大的鸡冠；腹端蜷成曲棍状，先翘起来，接着放下，再突然一抖，放松下来，随即发出“噗、噗”的声音，仿佛火鸡展屏时发出的声音一样，又像是突然受惊的游蛇吐信儿时的声响。

四条后腿支撑着傲岸的身子，上身差不多是垂直的。先前收缩相互贴在胸前的劫持爪，此时已完全张开，呈十字形挺出，露出装点着排排珍珠粒的腋窝，中间还露出一个白心黑圆点。这黑的圆点就如同孔雀尾羽上的斑点，配合着象牙质的细小凸纹，是它战斗时的法宝，平常是谨小慎微地密藏着的，只是为了在战斗时显得凶狠残暴、盛气凌人，才展现出来的。

螳螂用这种特别的姿势安静地等待着，目光紧紧地盯住大蝗虫，它的脑袋随着对方位置的变化而不断地改变方向。这种架势的目的是很明显的：螳螂是想震慑、吓退强壮的猎物，假如没有得逞，那么结果将不堪设想。

它最终成功了吗？谁也弄不清楚螽斯光亮的脑袋里或者蝗虫长长的脸后面到底在思考些什么东西。我们始终没有在它们的脸上发现一丝害怕的表情，但能够确定的是被威胁的它们已经感受到危险的存在。

它看见了自己面前这个高举双钩，挺立着，时刻准备扑过来的怪物，它显然感受到了死亡在威胁着它，但是在有机会逃脱的时候它却并没有逃走。它长袖善舞地跳蹦着，可以容易地跳出对方利爪的范围，但是它却偏偏呆若木鸡似的原地不动，甚至还慢慢地移向对方附近。

据说，蛇张开的大嘴会吓瘫小鸟，蛇的凶狠目光使它难以动弹，任凭对方吞食。多数时候，蝗虫似乎也是此种情形。现在它已落进对方威慑的范围。螳螂把两只大弯钩猛压下来，爪子一抓，双锯合拢、夹紧。

可怜的蝗虫已经无路可逃了：它的大颚够不到螳螂，后腿不停地乱蹬乱踢。一条小命就这样结束了。螳螂收起了它的战旗——翅膀，恢复常态，开始享受

---

① 甲虫的革质或骨化前翅，静止时覆盖后翅，常在背中相遇成一直线。

美食。

捕捉蚱蜢和距螽时,因为它们不如大蝗虫和螽斯这样的昆虫危险,所以螳螂魔鬼一样的架势便没有那般咄咄逼人了,时间也不会持续太长。它只需伸出自己的大弯钩便可以解决问题。它也是这样对付蜘蛛的,只要拦腰逮住蜘蛛,那蜘蛛的毒钩便用不上了,当然也就不用操心了。而对于平常食物里那些不起眼的蝗虫,不管在野外还是笼中,螳螂都很少使用它的震慑法,它只是随手抓住闯进它势力范围的冒失鬼而已。

当要捕食的对象可能会进行顽强的反抗时,螳螂就不敢疏忽了,它使用震慑、恫吓的手段,使自己的利钩稳稳地钩住对方的心。随后,它便用狼钳子夹紧吓得无力还手的受害者。它就是以这种凶猛的魔怪般的姿态把自己的猎物吓瘫了的。双翅在这种近乎怪诞的姿势中起了十分重要的作用。螳螂的翅膀很宽广,外边缘呈现绿色,别的地方是无色半透明的。纵向上有很多经翅脉,呈现扇面状辐射开来。还有一些更细小的、横向的翅脉,成90度与纵向翅脉相切,互相构成数不清的网眼。在呈魔鬼姿态时,翅膀张开,分立成两个平行的平面,几乎可以互相触及,好像白天休憩的蝴蝶的翅膀一样。两翅之间,翘卷着的腹端忽然剧烈抖动起来。肚腹摩擦翅脉,便会发出一种喘息声,我把它比作处于防御的游蛇吐信儿的声音。假若要模仿这种声响,只需用指尖迅速擦过伸展开的翅膀的正面即可。饥饿的螳螂,能瞬间把和它大小相同或比它大的灰蝗虫整个吃掉,只剩下其翅膀,因为翅膀太硬无法消化。吃完这些猎物,没到两个小时,但这样狼吞虎咽的情况极其少见。我曾经见到过一两次,我当时就一直想不通,这个饕餮[1]者是怎样找到足够存放这么多食物的地方的呢?容量小于容积的原理是怎样反过来为螳螂服务的呢?我对它胃的高超特性感到惊奇,竟可以让食物立即消化、溶解,穿肠而过。

在我的笼子里,蝗虫是螳螂的日常便饭,大小不一,种类不同。看着它吞食劫持爪上的那对钳子夹住的蝗虫,确实是一件乐事。虽然说它那尖尖的小嘴并不是为大吃大喝所生的,但有一点必须得承认:猎物却是被它吃光了,只余下双翅,甚至连翅根上有少许肉的地方也没有放过。爪子、硬皮全部穿肠而过。有时,螳螂抓住一条肥大的后大腿,放到嘴边,津津有味地品尝着,一副心满意足的姿态。蝗虫的肥硕大腿对它而言是上等好肉,就如同我们对好肉的感觉。螳

① 读音 tāo tiè,是传说中的龙的第五子,是一种想象中的神秘怪兽,十分贪吃。后来形容贪婪之人叫"饕餮"。

螂喜欢从猎物的颈部下口。当一只劫持爪拦腰逮住猎物时,另一只就按住后者的头,让对方的脖颈上方断开。于是,螳螂便把尖嘴从这失去护甲的部位插进去,锲而不舍地咬下去。猎物颈部断开大口,头部淋巴已遭破坏,蹬踢也随着停止,猎物便成为案板上的肉,任螳螂自由宰割,想吃哪儿便吃哪儿了。

灰蝗虫

我刚发现一件令人激动的事:一只蝗虫正在蜕皮,成虫从幼虫的壳套中钻出来,情形非常壮观。我发现的是一只灰蝗虫,它在整个蝗虫族类中是个巨人,在葡萄收获的九月份,在葡萄树上经常能够发现它。它身体足有一指长,所以比别的蝗虫更容易观察。

幼虫肥胖丑陋,不过已初显成虫模样,通常呈嫩绿色,也有的呈现青绿色、淡黄色、红褐色,甚至有的已像成虫那样成灰色了。它的前胸是明显的流线型,还有圆齿,并有小的白点,多疣;后腿已如成年蝗虫一样粗壮有力,红色纹路装点其上,而长长的腿上长有双面锯齿。再过几天鞘翅便可以超过肚腹很多,可是现在依旧有两片看不大出来的三角形的小羽翼,上端紧挨呈流线的前胸,下端边缘往上突起,呈现尖形披檐状。鞘翅勉强能遮住裸着的蝗虫背部,就如西服的垂尾,因为料子不够的缘故只好将尺寸缩小而粗糙制成的。鞘翅遮掩着的是两条细长的小带子,那是翅膀的胚芽,和鞘翅比起来更为短小。

尽管很快就要变成灵活而美丽的羽翼了,可是目前仍是两块为了节省布料而被剪得破烂不堪的布头。这堆破烂东西里会有什么东西跑出来呢?是一对十分宽大而漂亮的翅膀。

我们首先仔细地观察一下事情的经过。当幼虫感觉自己已经成熟,可以进行蜕变时,就用后爪和关节部位抓住网纱,而前腿却缩回,交叉于胸前待命,用以支撑背朝下躺着的成虫翻转身来。鞘翅的鞘——三角形小翼成直角伸展开其尖帆,那两条翅膀胚芽的细长小带子在展露出的间隔处的中间竖起,并微微分开。到此蜕皮的准备工作已经稳稳当当地完成了。

首先必须使旧外套裂开。在前胸前端的下端,因为反复收放的缘由,因此产生了推动力。在颈部的前部,可能在要裂开的外壳掩盖下的全身都在进行着这种收放运动。关节部分的薄膜很薄,所以人能够清楚看见这些裸露部位的收放活动,但因为前胸中央部分有护甲挡着的缘故,就看不见了。血液在蝗虫中央部位一涌一退地流淌着。血液涌上时就像液压打桩机那样一上一下地打击着。血液的此种撞击,机体集中精力产生的此种喷射,使得外皮最终沿着因生命的精确预见而准备好的一条阻力最小的细线开裂。沿着整个前胸的流线体所张开的裂缝,仿佛从两个对称部分的焊接线断裂开来似的。因为外套的其他部分都贴合得很紧密而无法挣开,所以不得不选择从这个比较薄弱的中间部位裂开了。裂缝稍微向后延伸了一点,下到翅膀的连接处,然后再转至头部,达到触须底部,从这里分为左右短叉。

背部自这个裂口显露出来,软嫩苍白而又略带灰色。背部也缓慢地拱起,越来越高,最终完全拱出来。外壳完好无损地留在了原处,只是两只玻璃状的眼睛却什么也看不见了,样子非常奇怪。触须的套子看不到一丝皱纹,全部为自然状态,没有丝毫异常。它垂在这张变得半透明而又毫无生气的脸上。

触须在从紧致窄小的外套中钻出来时也未遭遇任何阻力,所以外套并未翻转、变形,甚至连丝毫褶皱都没弄出来。触须的体积与外壳大小相同,而且一样是有节瘤的,可是它同样没有对外壳造成一点破损,便轻易地从中钻了出来,就仿佛一个光滑无比的东西从一个畅通无阻的管子里滑落出来一样。伸出后腿时也同样轻而易举,且更使人感到震撼。

现在轮到前腿和关节部位摆脱臂铠和护手甲了,依旧没有看到任何撕裂、褶皱或者是自然位置的变异。这会儿蝗虫仅用长长的后腿的爪子抓住网罩。它大头朝下垂直悬着,我碰一下纱网,它便会如钟摆似的摆动起来。四个细小的弯钩便是它的悬吊支点。

倘若四个弯钩一不留神松开了,那么这只蝗虫的生命也就在此结束了,因为它的巨大翅膀在空中以外的任何地方都是无法张开的。但是,它们抓得很牢,那是由于在它们从外壳伸出来之前,生命本身就赋予了其坚韧、牢靠的个性,它可以稳稳当当地承担起随后的挣脱外壳的使命。

现在鞘翅和翅膀在出来。那是四个窄小的破片,一些条纹隐约可见,形状如同被撕裂的小纸绳,最多也只有发育成熟时长度的四分之一。

它们还很柔弱,无法支撑起自身重量,耷拉在头朝下的身子两侧。翅膀末端无所依傍,原本该冲着后部,但现在却冲着倒挂的蝗虫的头部。现在看到蝗虫的飞行器官这样的惨相,宛若四片肉乎乎的小叶子被暴风雨摧残过后的破落不堪的悲惨样子。

为了让自己日渐完美,必须进行一项深入细致的工作。这项机体内的工作甚至已经在充分地进行着,也就是把黏液凝固,让不成形的结构定型,可是,从外面是丝毫发现不了里面在进行这种神奇的实验的。从外表看上去的蝗虫就仿佛已经死去了,一点生气都没有。在这段时间里,粗大的后腿挣脱、呈现出来,向内的一侧呈浅粉红色,然而不久就变成了鲜艳的胭脂红。后腿出来很容易,把收缩的骨头一伸,道路便毫无阻碍了。

可是小腿却大不相同。当蝗虫长成成虫时,整条小腿上竖着两排坚硬锋利的小刺。另外,下部顶端有四个有力的弯钩。这把锯名副其实,它有着两排平行锯齿,非常强壮有力,没有这几个小点的话,那简直能跟采石工人的大锯相媲美。

幼虫的小腿结构相同,所以也是裹在有着相同装置的外套里。每个弯钩都嵌在一个同样的钩壳之中,每个锯齿都与另一个同样的锯齿相啮合,并且咬合得相当紧密,就算是用刷子在上面刷层清漆来代替这要蜕的外壳,也比不上它们咬合得那样严丝合缝。但是,胫骨的这把锯子从中蜕出来时紧贴着外壳的任何地方都丝毫未损。倘若不是我一而再、再而三地认真观察后,我也是很难相信的。留下来的小腿护甲毫发无损,完整无缺。不论末端的弯钩还是双排锯齿都没有弄坏一点柔软的外壳。那细嫩的外壳吹弹可破,而尖利的大耙在其间滑动却没有留下一点的擦伤痕迹。

这种情况我始终没有料到。我看到那披着刺棘的铠甲时,我就以为小腿上的外壳会像死皮似的自己一块块脱落,或者被擦碰掉下。但事情完全出乎我的意料!

弯钩和刺棘不费吹灰之力地从薄膜里出来了,而它们却是能让小腿形如一把可锯断软木头的锯子呀。脱下来的衣服靠着其爪状外皮,钩在网罩的圆顶上,没有丝毫的褶皱和裂缝,即使用放大镜也找不到任何硬擦伤。外壳蜕皮前后一模一样。那蜕下的护胫也同那条真腿一样,无丝毫的不同。

谁要是让我们把一把锯子从紧贴着它的很薄的薄膜套里抽出来而又不让薄膜套有所损伤,我们必然会一笑置之,觉得这是痴心妄想。但生命却嘲弄了这类一笑置之,生命在必要时有办法实现荒诞的事情,蝗虫的爪子便向我们说明了此点。胫骨锯既然刚出套就是那样的坚硬,那么要是不弄破紧紧裹着的套子,它就根本没办法出来。但困难被它绕开来了,因为胫甲是它唯一的悬挂带,必须保证它的完好无损,否则无法给它提供稳固的支撑直至完全摆脱出来。

正在努力挣脱的腿还不能行走,它还没有达到随后不久的那种坚硬度。它很软,非常容易被弯曲。我对它的蜕皮部分做了实验,我把网罩倾斜,便会看到已经蜕皮部分因受重力影响,随我的意愿在弯曲,呈细小的带状弹性胶质也失去了弹性。不过,用不了几分钟它就会坚硬起来,达到它所必需的硬度。再往前找,在我所看不见的被外套遮住的部分里,小腿肯定要软,处于一种非常有弹性的状态,或者可以说是流体状的,致使它几乎能像液体似的从通道中流出来。

小腿这时候已有锯齿,但不像它出来以后那么锋利。确实,我能够用小刀尖为小腿部分剔去外壳,并拔除被模子紧裹着的小刺。这些小刺是锯齿的胚芽,是柔嫩的肉芽,微使外力就会弯曲,外力一除又立刻恢复原状。

这些小刺全部向后仰倒方便蜕出,而随着小腿向外伸出,它们也在逐渐地竖起、变硬。我不是单纯地观察把护腿套蜕去,露出在盔甲中已成形的胫骨,而是进一步观察一种令我惊讶不已的迅速的诞生过程。

螯虾的钳子在蜕皮时从坚若石头的旧套中把两只手指的嫩肉挣脱出来时,情况几乎也是如此,但细腻精准的程度却比蝗虫差远了。

现在,小腿终于解脱了。它们软软地折进大腿的股沟里,一动不动地成长起来。肚腹上的皮蜕了,它那件精巧漂亮的外衣有了皱纹,一直往上蜕到顶端,只是还需在这壳里卡一会儿,除了这里,蝗虫整个身体已经都在外面了。

它垂直地悬挂着,头朝下,由现已空了的小腿护甲的钩爪钩住。

破烂衣衫固定着的蝗虫一动不动。它的肚子胀得宛若一只圆底锅,看上去又仿佛是被贮存的机体液体撑起来一样,这些液体用不了多久就会被翅膀和鞘翅用上了。蝗虫在养精蓄锐,前后大概持续20分钟。

接着,只见它脊椎一着力,由倒悬成正挂,用前跗节牢牢抓住挂在头上的旧壳。即使那些杂技演员,在用脚倒挂高空秋千,想要把身子正过来时,腰部也不会用这么大的力气的。如此用力的一个翻转之后,其他就没什么难做的了。

蝗虫依靠自已抓住支撑物后,稍微往上爬,便碰到了罩子的网纱,这网纱恍若在野地里蜕变时所依托的灌木丛。它用四只前爪把自己固定在网纱上,这样肚腹末端就完全解脱了,然后又用力最后一挣,旧壳便掉了下去。

我对这蜕去的旧壳是非常感兴趣的,它使我想起了蝉衣在凛冽的寒风中怎样坚强地牢牢地挂在小树枝上而不掉下去。蝗虫的蜕变方式与蝉差不多完全相同,可蝗虫的悬挂点怎会如此不牢靠呢?

挺身动作一做完它便全身摇动起来，一旦稍微一动便脱落下来。足见这时的平衡很不稳定，这就再一次说明蝗虫从外套中出来是何等的精确无误啊。

由于我没有找到更好的术语，因此只好用“挺身”这个词了，但事实上这不是完完全全贴合的。“挺身”意味着猛烈，但是这个动作中没有猛烈，由于平衡不稳定，只要稍微用点力，蝗虫便会摔下来，一命呜呼干死在那儿，或者至少它的飞行器官因无法展开而将成为一堆破烂。蝗虫并非一根筋地硬闯出来，而是小心谨慎地从外套中滑动出来，似乎有一根柔细的弹簧轻轻地把它弹出来。

现在我们再来看看那些蜕去外壳之后外表上未见任何变化的鞘翅和翅膀吧。它们依然残缺不全，几乎像是上面有细竖条纹的小绳头。它们要等到幼虫完全蜕皮并恢复正常状况之后才会展开。我们刚才看到蝗虫翻转身子，头朝上了。这种翻身动作完全可以使鞘翅和翅膀恢复到正常位置。原先它们非常柔软地因自身重量而弯曲地垂着，自由的一端朝着倒置的头部。此刻，它们仍然因自己的重量而被修正着姿势，处于正常方向。已不再有弯曲的花瓣，颠倒的位置也调整了过来，可是这并没有改变它们不起眼的外表。翅膀完全张开时呈扇形，一束轮辐状的粗壮翅脉横贯翅膀，成为收缩自如的翅膀构架。翅脉间，有无数横向排列的小支架层层叠起，使整个翅膀形成一个带矩形网眼的网络。鞘翅短小粗糙，也是这种网络结构，但网眼是方块形的。

鞘翅和翅膀状若小绳头时，都看不出这种带网眼的结构来。上面仅仅是几条皱纹，几条弯曲的小沟，说明这些残废肢体是经精巧折叠使体积达到最小的织物构成的东西。

翅膀的展开是从肩部旁边开始的。起初并不见那里有什么变化，但很快便出现一块半透明的纹区，有着清楚而漂亮的网络。

逐渐地，这块纹区用一种连放大镜都无法观测到的缓慢速度在一点点扩展，以致末端那不成形状的胖东西在相应地缩小。在逐渐扩展和已经扩展的这两部分的连接处，我怎么也没能看出个头绪来，就好像我看不出来一滴水中有什么东西一样。但是，少安毋躁，用不了多久那方块网络组织就会很清晰地凸显出来了。倘若我们根据初步观察来做出判断的话，我们一定会觉得是一种能够组成实体的液体突然凝结成了带有肋条的网络。我们还会以为眼前的是一种晶体，因其突如其来，颇像显微镜载玻片上的溶化盐似的。而事实却不是这样：生命在其创作中是不会出现这种突如其来的状况的。

我将一个已经发育了一半的翅膀折断，在大倍数的显微镜下对它做仔细的观察。这一次我非常满意。在逐渐结网的两部分的交接处,这个网络实际上已预先存在着。我能清楚地辨别出其中的已经粗壮的竖翅脉,我甚至还能看见其中横向排着的支架,即使它们依旧苍白又不凸显。我成功地把末端的几块碎片展开来,如愿地发现了我想要找的一切。

这已经证实了。翅膀此刻并不是织布机上由电动梭子生产出来的一块布料,而是一块已经完全织成了的成品布料。它只是缺乏柔韧性和伸展性,用不了费多大事,只要像拿熨斗来熨烫衣服时稍微一熨就平展了。三小时过后,鞘翅和翅膀便全部展开了。它们竖立在蝗虫背上,呈一张大帆状,一会儿是嫩绿,一会儿又成无色了,就如同蝉翼开始时的情形。想到此前它们像个不起眼的小包袱,现在却展开得这么宽大,真令人拍案叫绝。小包袱里怎能装下这么多物件!

小说中曾讲过一粒大麻籽儿里装着一位公主的整套衣服,而我们这儿所见的是另一粒更加惊人的籽儿。小说里的那粒大麻籽儿为了发芽不停地增长、繁殖,用了很多年才长出办嫁妆所需要的那么多的大麻来,而蝗虫的这粒“籽儿”,只用了非常短的时间就长出一对漂亮的大翅膀。

这竖着四块平板的美妙的大翅膀在慢慢地变得坚硬起来,另外还增添了色彩。到了第二天,那颜色就已经定型了。翅膀第一次折合成一把扇子,贴在自己应在的位置,鞘翅则把外边缘弯成一道钩贴在身体一侧,于是蜕变完成了。大灰蝗虫只剩下使自己在灿烂的阳光下变得更加茁壮,把自己外套制成灰色的过程了。且让它先享受着自己的快乐,我们回头再来看它。

先前提到过的,紧身甲顺着底部中线裂开后不久便从外套中出来了四个残缺不全的东西,包括有翅脉网络的鞘翅和翅膀,这网即使谈不上完美无缺,但至少从整体看来很多细部已经基本定型。为打开这寒碜的包袱,让它变成美丽的翅膀,只要使有着压力泵作用的机体把为此刻而储存的液汁注入已经准备好的那里就行了,而此刻是最艰苦的时刻。通过这个事先备好的管道,翅膀便被一股细流给撑开了。

但是,仍旧包裹在外套里的这四片薄纱到底情况如何呢?幼虫翅膀的镘刀、三角翼端是不是一些模具,按照它们那弯曲折叠的皱襞模样,把包裹着的东西加工定型,从而组织出来的鞘翅和翅膀的网络?

如果我们看到的不是个真正的模具,我们就可以稍微休息一下了。我们会想:用模具铸出来的东西跟凹模一样是很简单的。但是,我们脑子的歇息只是表面的，因为我们一定会想，模具那么复杂的结构也得有它的出处呀！我们也不必穷追不舍。对我们来说，这一切可能都是混沌不堪的。我们只涉及我们所观察到的情况就可以了。

我在放大镜下仔细观察已成熟的要蜕变的幼虫的一个翼端。我看到上面有一束呈扇形辐射开来的粗壮翅脉。其中还夹着其他一些细小而且苍白的翅脉。最末，还有很多极短的横线，更加微小，弯成了人字形状，将这个组织补全了。

鞘翅的粗略雏形已算基本形成。它与成熟的鞘翅相比几乎是天壤之别！与似建筑物梁木的翅脉的辐射状布局完全不同，由横翅脉构成的网络丝毫不像未来的复杂结构。成熟的鞘翅是在粗糙基础上日臻完善的复杂构造。翅膀的翼及其结果，即最终的翅的情况也与此相同。

当准备状态和最终状态都展现在眼前时，一切就都一目了然了：幼虫的小翼并不是按其模样加工材料并按照其凹模来制作鞘翅的简单模具。这个雏形当中尚未出现我们所期待的包裹状薄膜，这个包裹打开之后，其组织之庞大、结构之复杂足能够令我们瞠目结舌。或是更确切地说，这个包裹状薄膜就位于雏形中，只不过一直是潜在的状态。在变成真正的实物之前，它仅是处于可以成为实物的虚拟形态。它位于雏形之中，就好像橡树位于橡栗之中一样。翅膀的镘刀和鞘翅的翼端被无法固定着的边缘为一圈半透明的小肉球所包围。当放到高倍放大镜下放大之后，便可以看到其中有几个隐隐约约的未来锯齿的雏形。这里非常有可能是生命使物质运动的工地。没有任何表象能够让人感觉到那个神奇网络的存在，我们所感觉到的这个网络的任何一个网眼，都一样会有自己明确的形状及其准确的位置。因此，能够使这种可以组织起来的材料具有薄纱状，并可以使脉序组成一个难以走出的迷宫，肯定会有比模具更精细更高级的结构，必定有一张标准的平面图形，存在一个让每一个原子进入规定位置的理想的施工说明书。于动用材料之前，外形便已明确地被勾勒出来，供塑性液体流动的管道业早已铺就完成。我们建筑物的砾石均已摆放整齐了，是依照建筑师想好的施工说明书来的。它们首先按照设想的安置，接着便开始实实在在地垒砌。与之类似，蝗虫翅膀这个自不起眼的外套中挣脱出来的美丽的花边薄翼，让我们明白了有另一位建筑师，它勾画了一系列平面图，生命便依照它们去铸造。

生物有形形色色的诞生方式，当然还有比蝗虫更使人惊叹不已的，不过，那些均是在时间这张巨大的帷幕笼罩下潜移默化地进行的。假使我们不具备持之以恒的精神,我们就无法看见那神秘缓慢的进程中最动人心魄的场面。再加上这蝗虫的蜕变经过非常之快,所以更需要聚精会神,就算是在迟疑的时刻也不能丝毫放松警惕。

谁若是不想枯燥乏味地等待看一看生命是以多么不可思议的巧妙在工作的话,那就去观察葡萄树上的大蝗虫好了。种子发芽,叶子舒展,花朵绽放都那么缓慢,我们一时无法满足自已的好奇心,但是葡萄树上的大蝗虫却可以帮助我们,替代它们以使我们的心愿得到满足。我们无法看到小草缓慢生长,但我们却可以非常清晰地观察到蝗虫的鞘翅和翅膀的蜕变过程。

看到这个大麻籽儿几个小时就成为一张美丽的大帆,真使人目瞪口呆。啊！生命编织蝗虫的翅膀时,真称得上是个能工巧匠,而蝗虫仅是那些微不足道的昆虫中的一种而已。老博物学家普林尼[①]在谈及它的时候曾经说道:“葡萄树蝗虫对这个刚向我们指出的鲜为人知的角落里,显示出它是如此强大、聪明和完美!”

听说一位博学的研究者认为生命无非是物理力和化学力的一种冲突而已,他绞尽脑汁,盼望有一天能够用人工的方式得到能够加以组织的东西,即行话中所说的“原生质”。倘若我有这种能力,我定会急于满足这位雄心勃勃的人的。

喏,就是如此,你准备好了形形色色的原生质。在深思熟虑、深入钻研、耐心细致、谨慎细致之后,你的夙愿实现了;你自你的实验仪器中提取到了一种易腐败、过几天就会发臭的蛋白质黏液,一语概括之,就是一种污秽的物体。你将如何处理你的产品?

你是否会把它组织起来呢？你是否会给它活的建筑构造呢？你是否会用一种注射器将它注入两片不会搏动的薄片中间去,以取得哪怕是一只小飞虫的翅膀？蝗虫大概就是按此种办法操作的。它将它的原生质注入那小翅膀的两个胚层之间,材料便在那里变成了鞘翅,那是由于在它那儿有我们前面所提到的原型作为指导。它在自己行程的迷宫中依照先于它存在并且已经制定好的施工说明书行动。

你的注射器里是否有这种对形状进行调整的原型呢？是否有这个先前存

---

① 盖乌斯·普林尼·塞孔都斯(Gaius Plinius Secundus,公元23或24~79年),又称老普林尼,古代罗马的百科全书式的作家,以其所著《博物志》一书著称。

在的调节物呢？没有！所以说你就将你的产品丢弃吧。生命肯定无法从这种化学垃圾中迸发出来。

绿蚱蜢

时届七月中旬,从气象学上来讲,三伏天正好才开始,但事实上酷暑赶在日历的前面来到了,这几周来,简直算得上是骄阳似火。

今夜,村子里正在举行国庆晚会。村里的孩子们正围在一堆旺火周围兴高采烈地舞蹈着,我隐约地看见火光照到了教堂的钟楼上,"嘭啪嘭啪"的鼓声随着"钻天猴"的烟火"唰唰"作响,我独自一人在晚上九点钟左右那习习凉风中,躲在无人处,仔细倾听田野间那欢快的音乐会,那是欢庆丰收的音乐会,比正在村中广场上的烟花、篝火、纸灯笼,尤其是劣质烧酒组成的节日晚会更加庄严壮丽,它虽朴素但更加美丽,虽恬静但又颇具威力。

夜已很深,蝉鸣早止。白天的它们饱受骄阳的炙烤,无休止地尽情地歌唱,而在夜幕降临时它们更加需要休憩了,可它们却经常被搅扰得无法安睡。于梧桐树那浓密的枝杈中,会猛然传来一声如哀鸣般的闷响,短促却又凄惨。这便是被绿蚱蜢突然袭击的蝉的绝望哀号。绿蚱蜢算得上是夜间凶猛凌厉的猎手,它向蝉扑去并将其拦腰抱住,将其开膛破肚,挖心取肺。欢歌曼舞的背后,居然是杀戮。在我的居所周围,仿佛并不常见绿蚱蜢。在去年,我曾计划要认真研究一番这种昆虫,可就是一直无法找到它。于是便恳求一位看林人帮忙,他终于助我从拉加尔德高原弄到两对绿蚱蜢。那儿是严寒地区,山毛榉也许正开始往旺杜峰长上去。

好运往往要先捉弄一番,才会向坚忍不拔者微笑。在去年找了许久都没发现的绿蚱蜢,今年夏天便到处都能见到了。我都用不着走出我这个窄小的园子就能将它们抓到,想捉多少有多少。每天晚上我都可以听见它们躲在茂盛的树丛中鸣唱。把握好这个好机会,机不可失,时不再来。

从六月份开始,我便把将我捉到的足以用来研究的那一对对绿蚱蜢放进了一只有着金属网的钟形罩下,里面是只瓦罐,铺了一层沙子当作底。这俊秀的昆虫实在太棒了,浑身淡绿色,身体两侧是两条淡白色的饰带。它体态高雅、轻盈健硕,两只罗纱大翅膀,属于蝗虫科昆虫中最优雅漂亮的。我为能捉到这样的俘虏而沾沾自喜。它们能够使我知道些什么呢?走着看吧。现在需要把它们喂养好。

我拿莴苣叶去喂养这些囚徒。它们果真在啃咬,只是吃得很少,完全是不屑的样子。于是我很快明白我养的是一帮不甘吃素的贪心鬼。它们仍需要别的,看上去是要捕捉活食了。但究竟何种活食让它牵肠挂肚呢?一个偶然的机会我了解了这一秘密。

破晓时候,我在门前转悠,忽然发现旁边一棵梧桐树上掉下点什么东西,还在吱吱地叫。我急忙跑上前去,是一只蚱蜢在掏空被其抓住的一只蝉的肚腹。蝉在徒劳地鸣叫、挣扎,却依旧被蚱蜢紧咬不放,内脏也正被深入它腹中的蚱蜢的脑袋一口口地撕拽。我顿时明白了:蚱蜢是早上在树的高处趁蝉休息时发动袭击的,受袭的被活活地开膛的蝉大吃一惊,随即进攻者和被袭者便扭成一团跌落下来。在那次之后,我曾多次看见过相似的屠杀场景。

我甚至曾见过胆量过人的蚱蜢蹿起追扑晕头转向仓皇逃窜的蝉,仿佛在高空中追逐云雀的苍鹰。比起这胆量超人的蚱蜢,猛禽也要略逊一筹了。苍鹰是专门攻击弱小于自己的动物,但蝗虫类则恰恰相反,它们喜欢攻击远较自己高大威猛的庞然大物,而这场个头儿相差很大的肉搏的结果却往往小个头儿必赢无疑。蚱蜢拥有极强的下颚和利爪,很少有对手能逃得出被开膛破肚的命运,而后者由于没有武器,往往仅有哀号和挣扎的份儿了。

最紧要的是要把猎物攥住,这对它们来说很简单,趁夜间猎物打盹儿的工夫下手就可以了。凡是那些被夜巡的凶暴的蚱蜢撞上的蝉都死得很难看。这便能够解释为什么夜深人静,蝉声停止之时,会猛然听见树冠中传出吱吱的惨叫声了。那便是身着淡绿色衣服的强盗刚刚捉住一只睡梦中的蝉。

我找到了我的食客们所需的食物了,于是我便用蝉来喂养它们。它们非常喜欢我为它们准备的美味珍馐,因此两三周过后,我那个笼子里就满眼狼藉了,蝉的脑袋、空的胸壳、断的翅膀、断肢残爪随处可见。只有肚子几乎整个儿地不见了。肚腹是块好肉,虽然营养成分不高,但看来味道相当不错。

确实,蝉腹中的嗉囊里储存着糖浆,那是蝉用自己的小钻从嫩树皮里汲出来的甘美液汁。是否就是这种蜜饯的缘故,蝉的肚腹才成为猎人的首选?可能性很大。

为了让食谱多样化,我其实还专门挑选一些水果喂它吃,例如梨片、葡萄、甜瓜片等等。它们非常喜欢吃这些水果,绿蚱蜢就如同英国人:它非常钟情于这上面浇着果酱的牛排。这或许便是它为何一旦抓了蝉,便往往会将蝉开膛破肚的原因,肚子里满是裹着果酱的鲜美肉食。

并非在所有地方都能吃到这种美味的甜蝉。北面的世界里,绿蚱蜢遍处可见,它们想要找到在我们这里所喜爱的这种美味,可能性会较小。它们可能还有其他的吃食。

为了能够弄明白这个问题,我喂它们吃细毛鳃角金龟,这是与春季鳃角金龟一样的夏季鳃角金龟。这种鞘翅昆虫到了笼里,绿蚱蜢们便毫不犹豫地扑了上去,吃得仅剩下鞘翅、脑袋以及爪子。我又放进肥美的松树鳃角金龟,结果也一样,第二天我便发现它早已被那帮凶神恶煞之类给开膛破肚了。

这便证明蚱蜢是个嗜肉主义者,尤其钟爱吃没有太硬的甲胄保护的那些昆虫,不过又和螳螂一样只吃自己捕获的猎物。这个蝉的刽子手还了解用素食来调剂肉食的高热量。它吃完肉喝光血后,还会加点水果来调节一下,若是没有能够享用的水果,某些草来吃也是可以的。不过,同根相煎仍然存在。只是我还从未看到我笼中的飞蝗有螳螂那样的野蛮行径,后者时常拿自己的情敌开刀,吞咬自己的情侣。只是,倘若笼里有哪个弱小的飞蝗倒下了,其他幸存者便会将它当一般猎物看待,毫不犹豫地扑上去,它们并不是因食物匮乏而拿同伴充饥。无论怎样说,凡是身有佩刀的昆虫均不同程度上有掠吃伤残同伴的癖好。

除了这些,我笼子里的飞蝗们倒还相安无事地生活着。它们之间从不穷打恶斗,最多为食物争斗上一番。我刚投进一片梨,一只飞蝗便立即霸占了。由于害怕别人争抢,它便会踢腿蹬脚,以防别人靠近。自私自利显露无遗。只有在它吃饱了才会将位置让给别人,后者随即便霸道地占着这片业已残缺的梨片。笼中的食客就如此一个接一个地飞上去占上一番。酒足饭饱之后,大家就用大颚尖挠挠脚掌,用爪子蘸点唾沫擦拭额头和眼睛,随后就会悠然自得地用爪子抓住网纱或躺在沙地上,故作沉思地消化。白天,多数时间它们都是酣睡,特别是炎热的季节,就更会这样。在日薄西山,夜幕降临之后,这群家伙便兴奋起来。九点钟上下,折腾最欢。上蹿下跳,毫不安宁。大家叫嚷着来来去去,于环形道上蹦蹦跳跳,即使是遇到好吃的也仅是咬上几口,依然不安静下来。雄性绿蚱蜢待在一边,使用触须挑逗路过的雌性。那些未来的母亲们半抬着佩刀庄严地踱着步子。对于那些猴急的狂热雄性而言,交配可是眼前的大事。有经验者一看便了解它们想做什么。

这亦是我所观察的主要内容。我的愿望得到满足,因为下面的好事拖得太久,我未能看到最后的一幕。那最后的一幕通常要等到深夜或凌晨。我所看到的那一点点仅仅局限于没完没了的序幕那一段。热恋中的情侣面对面,几乎头碰头地使用各自的柔软触角相互触摸,相互试探。它们仿佛两个用花剑击来击去以示友好的对手。雄性时不时地鸣叫几声,使用琴弓拉上几下,此后便寂然无声,可能是过于激动而没有接着拉下去的缘故。11 点了,求爱依旧没有结束。我实在是困乏得很了,颇为遗憾地留下了这对情侣回去休息。

次日清晨,雌性产卵管根部下方吊挂着一个奇特的东西,这就是装着精子的口袋,仿佛一只乳白色的小灯泡,有天平砝码差不多大小,隐约地分为数量不多的长圆形囊泡。在雌性绿蚱蜢走动时,那小灯泡挨着地,沾上些许沙粒。然后,它将这个受孕的小灯泡当作盛宴,慢慢地把其中的东西吸尽,然后咬住干薄皮囊,长时间地反复咀嚼,最后才全部吞咽下去。没有半天工夫,那乳白色的赘物就全消失了,就连渣渣末末都被它美滋滋地吃光了。

这种难以想象的盛宴仿佛是从外星球传入的,因为它与地球上的宴席习惯全然不同。蝗虫科昆虫确实是个奇特的世界,它们属于陆地动物中的最古老的动物物种之一,并且和蜈蚣以及头足纲昆虫一样,是古代习性沿用至今的一个显著代表。

大孔雀蝶

大孔雀蝶晚会是非常令人难忘的晚会。有谁不晓得这名满天下的美丽蝴蝶呢?它可是欧洲最大的蝴蝶,身着栗色天鹅绒外衣,系挂着白色皮毛领带。白色的字形线条穿过满是灰白相间的斑点的翅膀,线条周边呈现烟灰白,翅膀中央是一个圆形斑点,仿佛一只黑色的大眼睛,瞳仁中闪烁的是黑、白、栗、鸡冠花红色的呈彩虹状变幻莫测的色调。它模糊泛黄的毛虫体色也一样讨人喜欢。青绿色的珍珠镶嵌于它那稀疏地环绕着一圈黑纤毛的体节末端。它那粗壮的褐色茧形状尤其奇特,口部仿佛渔民的捕鱼篓,通常紧贴于老巴旦杏树根部的树皮上。这种树的树叶便是此毛虫的美味佳肴。

五月六日的早晨，一只雌性大孔雀蝶终于在我面前的实验室桌子上破茧而出。它由于孵化时的潮湿而浑身湿漉漉的，我灵机一动马上用金属网罩将它罩了起来。由于当时我并没有抱着特地研究它的目的。我仅仅是凭着观察者的行为习惯，将它关了起来，密切注意将会出现的情况。

我运气还好。在晚上九点左右家人都进入梦乡的时候，我隔壁房间响起一阵乱哄哄的响声。几乎没有穿衣服的小保尔像发疯似的来回走动，蹦跳跺脚将椅子打翻，“快来呀，”他大声叫唤着我，“赶紧来看这些蝴蝶呀，都鸟儿一样大！房间里都快飞满了！”

我急忙奔过去。看了一眼，无怪乎孩子会如此兴奋，如此乱喊乱叫。这是从没有见过的不速之客，是巨大蝴蝶的侵入。仅有四只已经被抓住，关在麻雀笼里，其余的全都在天花板上飞来飞去。

看到此情景，我马上想起了早晨被我关起来的那只雌性大孔雀蝶来。“快穿好你的衣服，孩子，”我对着儿子说，“将你的笼子放那儿，跟我来。带你去看看稀罕玩意儿。”

我们走下去，来到住宅右翼我的实验室里。经过厨房时，保姆早已被眼前发生的事弄得惊慌失措。她正用她的围裙驱赶一些大蝴蝶，开始时她还认为它们是蝙蝠呢。这样看来，大孔雀蝶已经几乎全部占据了我的住宅。这肯定是那只被囚女俘招来的，它周围的那方天地会是什么样儿呀！还好，实验室的两扇窗户有一扇是敞开的，道路没有堵塞。

我们手里举着蜡烛，冲入房间。眼前的情景简直让我们终生难忘。一群大蝴蝶轻轻拍打着翅膀，于钟罩与天花板之间飞来飞去。它们向蜡烛扑过来，翅膀扇了一下，蜡烛熄灭了。它们又向我们肩头扑来，钩住了我们的衣服，轻轻擦着我们的面孔。这屋子简直是巫师招魂的秘窟，成群的蝙蝠正在飞舞。可能是为了壮胆，小保尔紧抓住我的手，比平时用力大很多。

它们究竟有多少只呢？差不多有二十只。要是加上厨房、孩子们的卧室以及其他房间的，总数会有四十来只。我想说的是，这是一次无法忘却的盛大的孔雀蝶晚会。它们不知是从何得知这一消息的，自四面八方赶来。其实，那应该是四十来个情人，急着性子赶来向今晨在我实验室诞生的神秘女子致意的。

今天，我们就不要再多打扰这一大群追求者了。这些冒失的造访者被火焰烧着了一部分身体。明天我将会用一份事先拟定的实验问卷来进行这项研究。

现在，我们首先要来整理一下思路，来聊聊我这一个星期里所观察到的反复出现的情形。每次都发生于晚上八点到十点之间,蝴蝶一只连一只飞来。乌云滚滚、一大片漆黑的暴风雨中,花园里、露天地、树丛中,早已伸手不见五指。

对这些到访者来说,除漆黑的夜,他们无处可走。房屋掩映在高大梧桐树下,屋前像外厅似的是一条两边长着厚厚的丁香以及玫瑰树篱的甬道,屋前还有丛丛松树以及杉柏抵挡着凛冽的西北风的侵袭。大门不远处也有一道小灌木丛形成的壁垒。大孔雀蝶若想赶到朝圣地就必须在漆黑的夜晚穿越这杂乱的树枝屏障,左右冲击,迂回前进。

类似这样的情况,连猫头鹰都无法离开它那油橄榄树的巢穴贸然闯进来。而长着多面的小光学眼睛的大孔雀蝶比大眼睛的猫头鹰技高一筹,无所顾忌地勇往直前,顺利通过。它迂回曲折地飞行着,方向掌握得非常之好,所以尽管越过了重重障碍,抵达时仍神清气爽,大翅膀没有丝毫的擦伤。黑夜中的那点光亮对于它来说已足够了。

就算是大孔雀蝶具有某些普通视网膜所没有的特殊视觉,它也不能看到这么远的东西。远隔着的距离和其间的遮挡物肯定使这种视觉无法发挥作用。

再说,除非有迷惑性的光的折射——但这里并不是这种情况——大孔雀蝶会直扑所见到的东西,因为光线的指引是非常准确的。不过大孔雀蝶有时也会出错,但并非大方向的错误,而是引诱它前去的所发生事情的确切地点。我刚说过,此时此刻孩子们的卧室才是到访者们的真正目的地——我实验室的对面,在我们秉烛闯入之前,它已经被一群蝴蝶占据了。想必是它们情急之下搞错了确切位置,厨房里也有一群像这样满腹狐疑的蝴蝶,因为厨房里有一盏明亮的灯,对于夜间活动的昆虫来说这是一种无法抗拒的诱惑,所以它们可能因此而迷了路。

我们只考虑黑暗的地方吧,在这种地方迷失方向者数不胜数,我在它们要前往的目的地附近几乎随处可见。因此,当女囚身陷我的实验室时,蝴蝶们并不是全都能从那个直接而可靠的通道——开着的窗户——飞进来的,那通道离钟形罩下的女囚只不过三四步远。有不少是从下面飞进来的,它们在前厅四处逃窜,顶多飞到了楼梯口,可那是一条死路,上面的门关着,进不去。这些情况说明,赶来求爱的大孔雀蝶们并没有像普通光辐射指引它们所做的那样(这些光辐射是我们的身体能感觉到或不能感觉到的),直奔目标飞来。另有什么东西在远处召唤它们到确切地点附近,然后让最终的发现物处于寻找和犹豫的模糊状态之中。我们通过听觉和味觉获得的信息差不多也是如此,当必须准确地弄清声音或气味的来源时,听觉或味觉却是很不准确的。

发情期的大孔雀蝶夜间朝圣时究竟依靠怎样的信息器官呢?人们怀疑是它们的触角。雄性大孔雀蝶触角似乎确实是用它们那宽阔的羽状薄翼在探测。这些美丽的羽饰是普通的饰物呢,还是引导求爱者寻找其气味的特殊装备呢?咱们不妨试着做一个带有结论性的实验。

入侵发生的第二天,我在实验室里找到了八位昨日夜袭的访客。它们盘踞在那关着的第二扇窗户的横档上,一动不动。其他的在一番尽兴飞舞之后,于晚上十点钟光景从进来的那个通道,也就是日夜全都敞开着的那第一扇窗户中飞走了。这八只坚韧不拔者正是我要做实验所必需的。我用小剪刀把大孔雀蝶的触角从根部剪掉,但并未触及它们身体的其他部位。它们对这种手术没有任何反应。谁都没有动,只不过稍稍抖动了一下翅膀。手术非常成功,伤口也似乎并不严重。被剪去触角的大孔雀蝶没有疼得狂飞乱舞,这对我的实验计划是再好不过的了。一天结束时它们仍然静静地一动不动地待在窗户的横档上。

还有另外几项余下的事情要做,特别是当被剪去触角的大孔雀蝶在夜间活动时,要给女囚换个地方,不让它待在求爱者们的眼皮底下,以确保研究成果。因此,我给钟形罩和女囚搬了家,把它放在住宅另一边的门廊下的地上,离我的实验室有五十来米远。

夜幕降临,我最后一次查看了我那八只动过手术的大孔雀蝶。有六只已经从敞开着的那扇窗户飞走了,剩下的两只摔在了地板上,我把它们仰面朝天地翻过来,它们已精疲力竭、奄奄一息,没有力气翻动自己的身体了。可别责怪我的手术不好,即使我不用剪刀剪去它们的触角,它们也照样会垂老衰危的。

那六只大孔雀蝶精力充沛地飞走了。它们还会飞回来寻找昨天引诱它们的诱饵吗?它们没了触角,还能找得到现已移往别处、远离原来地点的那只钟形罩吗?

钟形罩被放在黑暗之中,几乎是在露天地里。我时不时地拿着一只提灯和一个网跑过去看看。来访者被我捉住,辨认、分类,并立即被我在关上了门的相邻的一间屋子里放掉。这样可以精确地计数,免得同一只蝴蝶被计算好几次。另外,这临时的囚室宽敞空荡,绝不会损伤被捉住的蝴蝶,它们在囚室里会觉得安静、宽松。在我以后的研究中,我也将采取类似的安全措施。

夜里十点半再无造访者到来,实验结束了。共捕捉住二十五只,其中只有一只是失去触角的。昨天那六只被动过手术的大孔雀蝶,身强体壮,得以飞出我的实验室,回到野外,其中只有这么一只又回来寻找那只钟形罩。如果必须肯定或者否定触角的导向作用,那我尚不敢信任这种不够精准的结果。让我们在更大的范围内再做一番实验吧。第二天早上,我去查看头一天被捉住的俘虏们。我看到的情况并不能让我欢欣鼓舞,有许多都落在地上,几乎没有了生气,当我用手指夹住它们时发现只有几只还有生命的迹象。这些瘫痪了的囚徒还有什么用处?咱们还是试一试吧。也许到了寻欢求爱的时刻,它们又会恢复生气的。

二十四只新来的大孔雀蝶接受了截触手术。先前被剪去触角的那一只被剔除了,因为它已经奄奄一息了。最后,在这一天剩余的时间里,监狱的大门是敞开的,谁想飞走就飞走,谁想去赴盛大晚会就去参加吧。为了让飞出去的接受试验,它们在门口必然会遇见的那只钟形罩被再次挪了地方,我把它放置在一楼对面那侧的一个进出自由的套间里。这二十四只被剪去触角者中,只有十六只飞到了外面。有八只已精疲力竭了,不多久就会死在这儿。飞走的那十六只中,有多少只晚上能回来围着钟形罩飞舞呢?一只也没有。第二晚我只逮着七只,全都是羽饰完整的新来者。这一结果似乎表明剪去触角是较为严重的事。不过,我们还是不要太早下结论,还有一个疑点,而且是很重要的疑点。

"瞧我这副德行吧!我还敢在别的狗面前露面吗?"刚被别人无情地割掉两只耳朵的小狗莫弗拉说。我的蝴蝶们会不会存在小狗莫弗拉那样的担忧呢?一旦失去美丽的装饰,它们便不敢出现在其情敌们面前向雌性示爱吗?这是它们的惶恐吗?是它们少了导向器的缘故吗?是否因为它久等未果所致呢,它们的狂热是短暂的?实验将解答我们的疑问。

第四天晚上,我捉到新来的十四只蝴蝶,并把它们逐个关在一间房间里,它们将在里面过夜。第二天,我利用它们昼间歇息的习性,在它们不动时把它们前胸的毛拔掉少许。拔去这么一点点毛对昆虫无伤大雅,因为这种丝质的下脚毛很容易长出来,所以不会伤及它们要回到钟形罩前所必需的器官的。这对于被拔毛者算不了什么,而对我来说,这将是我识别谁是先来后到者的重要标记。

这一次没有出现精疲力竭、无法飞舞者。入夜,十四只被拔毛者飞回了野外。当然,钟形罩又挪了地方。两小时里,我逮住二十只蝴蝶,其中只有两只是拔过毛的。前天晚上被剪去触角的大孔雀蝶一只也没有出现。它们的婚期就此彻底的结束了。在有拔过毛标记的十四只中,只有两只飞回来了。另外那十二只虽然有所推测的导向器,有它们的触角羽饰,但为什么没有回来呢?另外,为什么在囚禁了一夜之后,会出现如此多的体力不支者呢?对此我只有一个回答:大孔雀蝶被强烈交尾的欲望迅速地耗得精疲力竭。

大孔雀蝶为了它唯一的生存目标——结婚,而具备了一种奇妙的天赋。它能凭借这种天赋飞过漫长的距离,穿过黑暗、越过障碍,发现自己的意中人。两三个晚上的时间里,它用几个小时去寻觅、调情。如果不能如愿以偿,一切就全都完了:极其准确的罗盘失灵了,极其明亮的灯火熄灭了。那活着还有什么希望呢!于是它便蜷缩在角落里,郁郁寡欢、长眠不醒。

大孔雀蝶只是为了代代相传才作为蝴蝶生存的,它对进食为何事一无所知。如果说其他的蝴蝶是快乐的美食家,在花丛间翩翩起舞,展开其吻管的螺旋形器官,插入甜蜜的花冠的话,那么大孔雀蝶就是个不折不扣的禁食主义者,它完全不受其胃的驱使,无须进食即可恢复体力。它的口腔器官只是徒具形式的装饰,而非货真价实、能够运转的工具。它的胃里从未进过一口食物,如果它不是生命短暂的话,这可是个绝妙的优点。若想灯火长明就必须给它添油,大孔雀蝶则拒绝添油,因此它活不长。只有两三个晚上,那正是配对交欢所需的最起码的时间,做完这一切大孔雀蝶也就寿终正寝了。

那么失去触角的大孔雀蝶一去不复返又是怎么回事呢?它是否在证明没有了触角它们就无法再找到那只女囚呢?绝非如此。如同被拔掉毛身体受损但却安然无恙的昆虫一样,它们也是在宣告自己的寿命已经终结了。无论它们残缺不全还是体态完整,现在皆因年岁大派不上用场了,它们存在与否毫无意义了。由于实验所必需的时间不够,我们未能了解到触角的作用。这种作用先前让人匪夷所思,今后仍旧是一个疑团。

我囚禁在钟形罩下的那只雌性大孔雀蝶存活了八天。它按照我的意愿,每晚变换不同的角落居住,为我引来数目不等的一群造访者。我用网随到随捕,然后立即把它们关进封闭的房间,让它们过夜。第二天,它们起码要被我在喉部剪掉些羽毛,以做标记。这八天中来访者的数目高达一百五十只,考虑到今后两年为了得到继续这项研究所需的资料,我要尽心竭力地去寻找活物的话,这个数目可真让人瞠目结舌了。大孔雀蝶的茧在我住所附近虽说并非找不到,但至少是十分罕见,因为其毛虫的栖息地老巴旦杏树并不太多。那两年的冬天,我一一检查了这些衰老的树,翻查它们那藏于一堆杂乱的木本植物中的树根,但我几次都无功而返、空手而归!因此,我那一百五十只大孔雀蝶是从远处,更远处,也许是从方圆两公里以外或更远的地方飞来的。它们是如何获知我实验室里的情况而纷纷前来的呢？

有三个信息因子是易感性的决定条件：光线、声音以及气味。大孔雀蝶从敞开的窗户飞进来之后，视觉在指引着它，但仅此而已。但在进来之前，在外面那未知的环境中必定不是这样！说大孔雀蝶具有猞猁那种穿墙视物的视觉是不足以说明问题的，还必须解释为什么它会有这么敏锐的视觉，能够神奇地看见几公里之外的东西。这个问题宽泛深奥，咱们别去讨论。

声音同样与此无关。胖胖的雌性大孔雀蝶虽能够从很远的地方招引来情人，但它却总是默默无语的，连最敏锐的耳朵也无法听到它的声音。说它春心萌动，激情澎湃，也许可以用高倍显微镜观察得到，严格地说，这是有可能的。但是，我们不要忘了，到访者是在很远的距离之外获得信息的。在这种情况下，我们就把声学因素排除吧，不然的话，就无宁静可言，周围一定是乱哄哄一片。

剩下的就是气味了。在感官范畴内，可以说气味的散发比其他的东西更能解释为什么蝴蝶们会稍作迟疑之后便纷纷前来追逐吸引它们的那个诱饵。是否确实存在这么一种类似于我们称之为气味的散发物呢？而这种散发又是难以发觉的，是我们所感觉不到可又能被比我们嗅觉更敏锐的嗅觉感觉出来？我们需要一个实验，而这实验极其简单，就是把这些散发物掩藏起来，用一种更浓烈更持久的气味压住它们，成为主导气味，这样一来，微弱的气味就几乎不存在了。

我事先在实验室里撒了些樟脑。另外，在钟形罩下，在雌性大孔雀蝶旁边我也放了一只装满樟脑的宽大圆底器皿。大孔雀蝶到访时，只需待在房间门口就能闻到这股子樟脑味儿。我的妙计未能奏效。大孔雀蝶们像平时一样，如约而至。它们闯入房间，穿越那股浓烈的气味，就像这里根本就没有气味一样，方向准确地向钟形罩飞去。

于是我对其嗅觉的作用产生了怀疑。再说，我现在也无法继续实验了。第九天，我的女俘因久等无果已精疲力竭，它把未能孵出幼虫的卵下在钟形罩的金属纱网上之后便死去了。没了雌性大孔雀蝶，也就无事可做了，只好等到明年再说。

这一次，我将采取一些预防措施，储备了充足的必需品，以便如我所愿地重复已经做过的和我考虑要做的实验。说干就干，不必拖延了。

夏日里，我以每只一个苏的价格买了一些大孔雀蝶毛虫。我的几个邻居小孩——我日常的供货者们——对这种交易非常感兴趣。每个星期四，他们在摆脱那令人生厌的动词变位的学习之后，便跑到田间地头，搜寻几条大毛虫，用小棍子尖端挑着送给我。这些可怜的小家伙不敢碰毛虫，当我像他们抓熟悉的蚕那样用手指捉住毛虫时，他们都惊恐万分。

我用老巴旦杏树枝喂养我昆虫园中的大孔雀蝶毛虫，不几天便有了一些优等的茧。到了冬天，我在老巴旦杏树根部一丝不苟地寻找，最终取得了相当大的成果，补足了我的收集物。一些对我的研究感兴趣的朋友也跑来帮我。最后，通过四处搜寻、求人代捉、精心喂养等方法得到了不少的茧，其中有 12 只较大较重的是雌性的。

失望一直在等待着我。气候变化无常的五月来临了，它把我的心血化为乌有，让我痛心疾首、愁眉不展。秋去冬来，凛冽的寒风把梧桐的叶子吹落一地。此时是天寒地冻的腊月，晚上必须生上旺火，穿上厚厚的冬衣才行。

我的大孔雀蝶也备受煎熬。卵孵化得晚了，孵出来一些迟钝呆滞的家伙。在一只只钟形罩里，根据大孔雀蝶出生先后顺序一只接一只地住了进去，可是很少或者压根儿就没有外面飞过来探望的雄性大孔雀蝶。在附近倒是有一些，因为我收集的长着漂亮羽饰的试验用雄性大孔雀蝶，一旦孵化出来，辨认清楚之后便会立即关进园子里。他们不管远近，都很少飞过来，而且即便飞来也无精打采的。

也许低温也对提供信息的气味散发物有很大的影响，高温可能有利于气味的散发。我这一年的心血算是白费了。唉！这种实验真难呀，它受到季节变换的快慢和反复无常的制约！

我又开始进行第三次实验。我喂养毛虫，到田野里去寻找虫茧。到了五月份，我已经收集了不少。季节刚好符合我的要求。我又见到了一开始导致我进行这种研究的那次令人振奋的大孔雀蝶的入侵的盛况。

每天晚上都有大孔雀蝶飞来，少则十几只，多则几十只。雌性大孔雀蝶大腹便便，紧贴在钟形罩的金属网上毫无反应，甚至连翅膀都没颤动一下。它似乎对周遭的事情无动于衷。我嗅觉最灵敏的家人也没有嗅出什么气味来，我听觉最敏锐的朋友也未能听出任何声响。那只雌性大孔雀蝶一动不动地、屏息凝神地在等待着。

雄性大孔雀蝶三三两两地扑到钟形罩圆顶上，绕着飞来飞去，不停地用翅尖拍打着圆顶。它们之间没有因争风吃醋而互相打斗。每只雄性大孔雀蝶都全力以赴地想闯入钟形罩中，看不出它们对其他的献殷勤者有任何的妒意。徒劳地尝试一番之后,它们厌倦地飞走了,混入正在飞舞着的蝶群中去。有几只绝望者从那扇敞开的窗户飞走了,一些后来者替代了它们。而在钟形罩的圆顶上,直到十点左右,仍有蝴蝶不断地尝试闯入,随即又失望而归,于是后来者又前赴后继,不停反复。钟形罩每天晚上都被我搬来搬去。我把它放在北边或南边,放在楼下或二楼,放在住所右翼或左翼五十米开外,放在露天地里或一间僻静小屋的暗处。这一番神不知鬼不觉的折腾,不知情者想找都找不到,而蝴蝶却没有被骗过。我白白浪费了时间和心思,没有迷惑住它们。

这里并不是对地点的记忆在起作用。譬如头一天晚上,那只雌性大孔雀蝶被放置在住所的某间房间里。羽饰美丽的雄性大孔雀蝶飞到那儿舞了两个小时,甚至还有一些在那儿过了一夜。第二天的黄昏,当我转移钟形罩时,雄性大孔雀蝶都在外边。尽管寿命转瞬即逝,但新来者仍有能力进行第二次、第三次的夜间远征。这些只能存活几日的家伙首先将飞往何处呢?

它们知道昨夜幽会的确切地点,我还以为它们将凭着记忆回到那儿去。而当它们发现那里已是人去楼空时,再转移方向继续寻找。而事实并非如此。它们谁也没有再出现在昨晚一再光顾的地方,谁都没在那儿做过短暂逗留。此地已没有人烟了,记忆似乎没有在它们身上做任何停留。一个比记忆更加可靠的向导把它们召唤去了另外的地方。

在此之前,雌性大孔雀蝶一直公开地待在金属网眼上。那些到访者目光即使在漆黑的夜晚也是敏锐的,它们凭借黑暗里的一点微光是能够看见那只雌性大孔雀蝶的。如果我把雌性大孔雀蝶关进不透明的玻璃罩中,那将会是怎样的情形呢?这种不透明的玻璃罩难道就不能让提供信息的气味自由散发或完全阻止它散发吗?

今天,物理学使我们能够发明利用电磁波的无线电报了。大孔雀蝶在这个方面是否能超越我们?为了激越周围的雄性大孔雀蝶,通知几公里以外的求爱者,刚刚孵化出来的适婚雌性大孔雀蝶难道已拥有已知的或未知的电波和磁波吗?这种电波、磁波难道会被某种屏障隔断而被另一种屏障放行吗?总之一句话:它能否按照自己的方法利用某种无线电呢?我觉得这并没有什么不可能的。昆虫是这种高级发明的强者。

于是,我把雌性大孔雀蝶放在不同材质的盒子里。有白铁的、木质的、硬纸壳的。全部关得严严实实,甚至还用油性胶泥封上了。我还用了一只玻璃钟形罩,摆放在一小块玻璃的绝缘柱上。在这种密闭的条件下,一只大孔雀蝶也没飞来,尽管晚上安静凉爽、气候宜人。但无论是什么材质的——金属的、玻璃的、木质的还是硬纸壳的密封盒,都无法使带着信息的气味物散发出去。

一层两横指厚的棉花层也产生了同样的效果。我把雌性大孔雀蝶放进一只很大的短颈大口瓶里,用棉花盖上瓶口,扎紧。这样周围的雄性大孔雀蝶便无法知晓我实验室里的秘密了。最后连一只大孔雀蝶都没有出现。反之,我们不把盒子密封,让它微微开着点,再把这些盒子放进一只抽屉里,装进大衣橱中,但尽管这样藏了又藏,雄性大孔雀蝶仍旧蜂拥而至,多得就像明显地把钟形罩放在一张桌子上一样。女俘被放在帽盒里,裹进一只关好的壁橱等待着的那个晚上的情景至今仍历历在目。雄性大孔雀蝶们扑向壁橱门,翅膀扑打得啪啪作响,想闯进去。这些过路的朝圣者,也不知从何处穿过田野来到此处,它们非常清楚门后面藏着什么。

因此,任何类似无线电报的通信手段都无法奏效,因为一道屏障无论是好导体还是坏导体,一经出现便立即阻断了雌性大孔雀蝶的信号。为了让信号畅通无阻,传得更远,必备的条件是:囚禁雌性大孔雀蝶的囚室不能关得严密贴合、密不透风,要让内外空气有所流通。这又让我们回到了存在一种气味的可能性上来,但那是经我用樟脑所做的实验给否定了的。

我的大孔雀蝶的茧业已告罄,但问题仍然没有彻底弄明白。我还要接着搞第四年吗?我放弃了,原因如下:我想跟踪观察一只大孔雀蝶夜间婚礼中的亲昵举动是颇为困难的。献殷勤的雄性为达到目的肯定是无须亮光的,但我那微弱的视力在无光的情况下一点用处都没有。我起码需要一支点燃的蜡烛,但它常常会被飞舞的群蝶给扇灭了。提灯倒是可以免此烦恼,但光线昏暗又有阴影,我根本无法看得清清楚楚。

不仅如此,灯的亮光还会将蝴蝶从它们的目标身上引开,使之无法成其美事。并且照得越久对整个晚会的影响越严重。来访者一飞进屋内,便疯狂地扑向火光,烧坏身上的绒毛,如果此后因为被烧伤而疯狂,就无法用来取证了。如果它们没有被烧着,被隔在玻璃罩外面,落在火光旁边,便会像是被施了魔法似的,动弹不得。有天晚上,雌性小孔雀蝶被放置在餐厅的一张桌子上,正对着敞开的窗户。装着搪瓷的宽大灯罩的煤油灯点亮了吊挂在天花板上。一些来访者落在钟形罩的圆顶上,在女俘面前急不可待的样子,另外的一些来访者飞过女俘囚室时略微致意一番,便向煤油灯飞去,盘旋片刻之后,被搪瓷灯罩的反射光照得迷迷糊糊的,贴在灯罩下面一动不动了。孩子们伸出手想要抓到它们。

“别动,”我说,“别动! 别惊扰它们,别搅扰这些前来朝圣的客人们。”

一连两天它都留在原地,没有动弹过。对亮光的迷恋使它们忘掉了自己的爱情。

面对这些迷恋光明的家伙,精确而长久的实验是无法进行的,因为观察者需要照明。我放弃了对大孔雀蝶及其夜间婚礼的观察。我需要一只习性不同的蝴蝶,它得像大孔雀蝶一样勇敢地奔赴婚礼幽会,但又能在白天行房。在用一只满足上述条件的蝴蝶进行研究之前,暂且先不顾及时间的先后顺序,说几句我结束研究之前飞来的最后一只蝴蝶的事,那是一只小孔雀蝶。

有人帮我弄到一只很棒的茧,裹着一个宽大的白色丝套。从这个不规则的大褶皱的丝套中,很容易抽出一只体积较小而外形似大孔雀蝶的茧来。丝套端口用松散但聚集的细枝结成网状,可出不可进,我一眼便可看出那是一只夜间活动的大孔雀蝶的同类。丝套上有编织者的名号,果然,三月末,圣徒主日那天的清晨,那只茧孵出一只雌性小孔雀蝶,我立刻把它关进实验室的钟形金属网里。我打开房间的窗户,好让这件大事传布到田野中去,而且必须让可能前来的探访者自由进出房间。被囚的这只雌蝶贴在金属网纱上,一个星期里连动都没动。

我的小孔雀蝶女囚好看极了,一身波纹状的褐色天鹅绒华服,上部翅膀顶端有胭脂红斑点,四只大眼睛好比同心月牙,黑色、白色、红色和赭石色掺杂在一起。如果不是色泽如此发暗的话,几乎就像是大孔雀蝶的装饰。这种体形以及服饰如此华美的蝴蝶,我一生中只看到过三四次。我昨天看见了茧,但从没有见到过雄性蝶。我只是从书本上了解雄性比雌性要小一半,体色更加要鲜艳些,更加花枝招展些,下方翅膀呈橘黄色。我还不熟悉的陌生贵客、羽饰美丽的雄蝶,它是否会飞来呢?我们周围好像很少见到它。在它那遥远的藩篱墙内,它能否得知在我实验室的桌子上的那只适婚雌蝶正等待着它的到来呢?我敢保证它肯定会前来的。看,它飞来了,甚至比我预料的还提早到了。

中午时分,我们正准备吃午饭,由于对可能出现的情况感到不安,尚未来用餐的小保尔忽然跑到饭桌前,满面通红。只见一只漂亮的蝴蝶在他的指间拍打着翅膀,当它正在我实验室对面飞舞时,被小保尔一下子抓住了。小保尔递过来让我看,以目询问我。

“哇!”我叹道,“它正是我们等待着的朝圣者呀。先不要吃了,赶紧去看看是怎么回事,过会儿再吃吧。”

这突如其来的奇迹让我们忘掉了吃饭。雄性小孔雀蝶让人难以置信地按时被女囚给神奇地召唤飞来了。它们艰难地飞翔,终于一只连一只地飞进来了,此间最有价值的情况是,它们都是从北边飞来。确实,乍暖还寒已经有一个星期了。北风呼啸,吹落了老巴旦杏树刚刚绽开的花蕾。这一场猛烈的风暴预示着春天将要到来了。今天,气候突然变暖,但北风依旧在呼啸着。

在这期间陡变的天气中,飞来寻找那只雌小孔雀蝶的所有雄小孔雀蝶全部都是从北边飞到我的拘蝶园中的。它们乘风飞来,没有一只是逆风飞行的。如果它们有与我们类似的嗅觉作为罗盘,如果它们是受分解于空气中的气味的微粒所引导的,那它们就该是从相反的方向飞来才对。如果它们是从南边飞过来的,我们就会因此认为它们是闻到风吹来的气味才寻到地方的。在北风呼啸,空气洁净,什么气味也不能闻到的天气里,从北边飞过来,这就推翻了我们认为的它们在很遥远的地方就嗅到了雌性小孔雀蝶气味的假设?我觉得有气味的分子不可能会冒着强风传给它们。两个小时内,在阳光灿烂下,造访的雄小孔雀蝶们在我的实验室门前飞来飞去。大部分都在没有目的地探寻,有的撞墙欲入,有的掠地而过。看到它们如此犹豫不决,我想它们是因为找不到引它们飞来的那个诱饵的准确位置而焦急万分。它们从遥远的地方飞来,并没有弄错方位,可到了地方却又弄不准确切位置了。不过,它们早晚会飞进屋里去向女俘致意的,但它们也不会恋战。下午两点钟的时候,一切都结束了。总共飞来了十只雄小孔雀蝶。

整整一周,每至正午,阳光十分明亮时,一群雄小孔雀蝶就会飞来,但数量却在减少。前后加起来大概有四十只。我觉得没有必要重复实验了,因为不会从它们身上获得比我已知的更多的资料了,所以我仅仅在注意两个情况。首先,小孔雀蝶是白天活动的,也就是说它们是在光天化日下举行婚礼的。它们需要足够的阳光照明。而与它成虫的形态和毛虫的技艺接近的大孔雀蝶则完全相反,它们需要在日暮天黑之后。这种相反的习性谁有能耐解释清楚谁就去解释吧。

其次,一股强气流从相反方向吹散可以给嗅觉提供信息的分子,但却不是会像我们的物理学所假设的那样,阻止小孔雀蝶飞向有气味的气流的相反的一方。

为了继续进行研究,我们需要的是在夜间举行婚礼的大孔雀蝶,小孔雀蝶的出现太晚了,我并没有再研究它。我需要研究的是大孔雀蝶,无论如何,只要它在婚庆行房时敏捷能干就可以了。这类大孔雀蝶,我可以获得吗?

小阔条纹蝶

对,我将会得到它,我甚至早已得到它了。一个脸上透着灵气的七岁的男孩,赤着脚,穿着用绳子扎着的破破烂烂的短裤,并且不是每天都洗脸,但他每天都给我家送来萝卜和西红柿。一天清晨,他拎着蔬菜篮子来了,收下我给的蔬菜钱,摊在手心中一枚一枚地数着那几枚他母亲期盼的苏,然后便从口袋里掏出一件东西,这是他昨天沿着一个藩篱捡拾兔草时发现的。

"还有这个,"他将那东西递给我说,"这个您需要吗?""需要,我当然需要。你设法再给我找一些,你能够找到多少,我便要多少。而且我答应你每个周末带你去玩旋转木马。喏,小朋友,这两个苏也是给你的。将这两个苏同萝卜钱分开放,免得向你妈报账时说不清楚。"我的这位蓬头垢面的小朋友看到这么多钱简直开心坏了,隐约感到自己是发大财了。

他走后,我仔细地打量着那个东西。这东西值得花气力去寻找。那是一个美丽的呈圆盾形的茧,很容易让人联想起蚕房里的蚕茧,它非常坚硬,呈现出浅黄褐色。从书本上的一些简单介绍分析,我几乎可以断定这是一只橡树蛾的茧。要真是这样的话,那么上帝真是厚待我了!我便可以继续我的研究了,兴许还可能让我补足大孔雀蝶让我隐约瞥见的材料。

橡树蛾的确是一种传统的蝶蛾,无论哪一本昆虫学论著都会谈及它在婚恋期间的突出表现。据说曾有一只雌性橡树蛾被困在一个房间里,甚至还刚刚于一只盒子底部孵卵。它远离乡村,被困在喧嚣的城市之中。可是,孵卵的事还是传给了树林里和草坪间的相关者。雄性橡树蛾们仿佛是被一个不可思议的指南针所引导,自遥远的田野间飞来,飞来盒子跟前,聆听,盘旋,再盘旋。

这些奇谈怪论是我从书本中看到的,但要是能够亲眼看到,并可对此稍作实验,那当然完全是另一回事了。我花了两个苏买来的那东西里面到底会有什么呢?会不会从中飞出那个著名的橡树蛾呢?它另外有一个名字:布带小修士。这个新颖别致的名字来自于它的雄性外衣,为一件棕红色的修士长袍,却又并非是棕色粗呢,而是柔软的天鹅绒,前面的翅膀上是一条横着泛白的、长有仿佛眼珠似的小白点。

这里所提到的布带小修士,便是小阔条纹蝶,它并非那种我们心血来潮,随便带上一个网子就能捉到的平淡无奇的蝴蝶。在我们村子附近,特别是在我住了二十来年的荒石园中我从不曾见过它。的确,我并非狩猎迷,对标本上的死昆虫并不怎么感兴趣,我想要的是活物,想要能表现其天赋才能的活物。但是,我虽没有收集者的那种热情,但我对于田野里生机盎然的一切都异常关注。一只身材和服饰如此与众不同的蝴蝶倘若被我遇上,我肯定不会放过它的。

我许诺带他去骑旋转木马的那个小家伙也并没能再捉到第二只。三年中间,我不断地拜托朋友和邻居助我寻找,尤其寻求了那些年轻人的帮助,他们算得上是荆棘丛林中手眼明快的捕猎者。我自己也在枯叶堆中翻来找去,观察一堆堆的石块,寻求一个个的树洞。结果仍然一无所获,稀罕的蝶茧始终无法找到,这足以证明在我住处周围小阔条纹蝶十分罕见。到时候我们才会看到这一点是多么重要。

我猜测的完全没错,我那只唯一的茧正是那类享有盛誉的蝴蝶。八月二十日,一只肥嘟嘟的雌蝶从茧中出来,其肚子大大的,衣着与雄蝶相同,只是其长袍是更加淡雅的米黄色。我将它放在我工作室中间的一张大桌子上,找来金属钟形网罩将它罩住。大桌子上堆满了书籍、短颈大口瓶、陶罐、盒子、试管及其他一些器械。相信大家对这个环境很熟悉,是的,它便是我为大孔雀蝶准备的那个住所。有两扇窗户面向花园,阳光直射进屋里。一扇窗户是关着的,另一扇则整天敞开着。小阔条纹蝶就待在这两扇窗户中间那四五米间隔之处的半明半暗之中。

第二天也过去了,没有什么值得一提的事情发生。小阔条纹蝶用前爪抓住金属网纱,吊挂在朝阳的那一边,像死了似的一动不动,连翅膀和触角都没有颤动一下,跟大孔雀蝶的情况一样。

雌小阔条纹蝶发育成熟了,细皮嫩肉在变结实。它运用一种我们科学上毫无意念的方法在制作一种无法抗御的诱饵,把一些拜访者从四面八方招引过来。它那胖乎乎的身体里出现了什么状况呢?里面发生了怎样的变化把周围闹得天翻地覆呢?如果我们能了解它那炼丹术的秘诀,那我们将会增加很多的知识。

第三天,新娘子已经准备就绪。这里像过节似的热闹起来了。我当时正在花园里,因为事情拖得太久,对成功已经感到绝望,突然,下午三点钟光景,天气炎热，阳光灿烂，我隐约看见一群蝴蝶在开着的那扇窗框间飞来飞去的。

它们是一些来向美人儿大献殷勤的有情郎。有一些从房间里飞出去，另一些则飞进去，还有一些落在墙上休息，好像因长途跋涉而疲惫不堪了。我隐约看见一些雄蝶从远处飞来，飞进高墙，飞过高高的柏树冠来到雌蝶身旁。它们从四面八方飞来，但数量越来越少。我未能看到婚庆开始时的盛况，现在客人们差不多都已到齐了。我们上楼去看看吧。这一次是在大白天，任何细节都没漏掉，我再次见到了那只夜巡大孔雀蝶头一回让我见到的让我惊讶不已的情景。在我的工作室里，一大片的雄性小阔条纹蝶在翻飞，转来绕去，我目测了一下，大概有六十只。在围着钟形罩绕了几圈之后，有一些便向敞开的窗户飞去，但随即又飞了回来，继续围着钟形罩转悠起来。最猴急的则停在钟形罩上，用爪子相互抓挠，推搡，竞相取代别人抢占最佳位置。钟形罩里面的女俘大肚子垂着贴在网纱上，不动声色地等待着，在这群纷乱的雄蝶面前，没有一丝激动的表情。

雄性小阔条纹蝶无论是来的还是去的，无论是坚守的还是乱飞的，在三个多小时的过程中，一直在疯狂地舞动着。但是现在已经日落西山，雄蝶们的激情也随着气温的降低而降低了。有许多飞走了，没再飞回来。另外一些占好位置以待明日再战，它们紧贴着那扇关着的窗户的窗棂上，如同雄性大孔雀蝶一样。今天的节庆活动就此终结。明天还将继续，因为受网纱阻隔，活动尚未有任何结果。

然而令我大为沮丧的是活动并未再继续，这都是我的错。晚上，有人给我送来一只个头儿特别小的螳螂，我非常喜欢。因为总是想着下午的种种情况，我便匆忙地把它这个食肉昆虫放进了那只雌性小阔条纹蝶的钟形罩里。我压根儿就没想到这两种昆虫同居一室会产生怎样的恶果。那只螳螂看上去没有什么威力，而那只雌性小阔条纹蝶却是那么胖嘟嘟的！所以我没起一点疑心。

唉！我对带铁钳的食肉昆虫的凶残性认识太差！第二天，我惊骇地发现那只小螳螂正在啃咬那只胖蝴蝶。后者的脑袋和前胸已经被它吃掉了。可怕的昆虫！你让我度过了多么惨痛的时刻啊！再见了，我整夜冥思苦想的研究工作。三年中，我因无研究对象而无法继续我的研究。

但愿这倒霉事别让我们忘掉刚了解到的那一点点情况。仅一次聚会，就将近有六十只雄性小阔条纹蝶飞来。如果我们考虑到这种蝴蝶的稀少，如果我们记起我和我的助手们那整整数年连续无果的研究，那这个数目对我们来说简直是天方夜谭了。找不到的那种蝴蝶在一只雌蝶的引诱下,一下子来了这么许多。

它们是从何处飞来的呢？毫无疑问,是从遥远的四面八方而来。很久以来我一直在我的住处附近寻来找去,我把一丛丛的荆棘,一堆堆的石块都翻了个遍,所以我可以肯定我们周围没有橡树蛾。为了在我的工作室里聚集一大群这种蝶蛾,我曾到处寻找,寻遍了郊外各地,也不知找了多少地方。

三年过去了,我梦寐以求的运气终于给我送来两只小阔条纹蝶茧。八月中旬前后,这两只茧相隔几天为我孵出一只雌蝶来,这使我得以丰富并重复我的实验。我很快便又重新进行大孔雀蝶已经给了我非常肯定答复的种种实验。白昼的朝圣者也很灵巧,并不比夜间朝圣者差。它挫败了我所有的计谋。它准确地飞向被金属网罩罩着的那个女俘,无论网罩放在什么地方。它能够在壁橱暗处发现女俘,它能够在一只盒子的最里面找到女俘,只要这只盒子不要盖得太严。如果盒子关得严实紧密,它便因得不到信息而不会前来。在此之前,它一再重复的是大孔雀蝶的英勇行为,别无其他。

一只盖得严严实实、空气无法流通的盒子,雄性小阔条纹蝶是完全无法知晓女俘的情况。即使把这盒子放在窗户上的十分显眼的地方,也没有一只雄性飞来。因此,这又立即使我想起了无论是金属的、木质的、硬纸板的还是玻璃质的隔墙,都无法传导散发体的气味。

我就此对夜巡的大孔雀蝶做了实验,它没被樟脑味蒙骗。在我看来,樟脑的气味足以盖住那些人所无法嗅出的细微气味。我用小阔条纹蝶重新进行了这种实验,这一回我把我所存有的汽油和有气味物统统都给用上了,一打的碟子放好了,一部分放在囚禁女俘的金属钟形网罩里,另一部分放在网罩四周,围成一圈。有几只装着樟脑,有几只装着宽叶薰衣草的香精,有几只装着汽油,还有几只装着臭鸡蛋味的碱硫化物。不能再多放什么了,否则女俘会被窒息身亡的。早晨我便把这些小碟子摆放停当,以便聚会开始时屋子里弥漫起种种气味。

下午,变成了配药室的工作室里,充斥着一股浓烈的薰衣草香气以及碱硫化物恶臭的混合气味。而且别忘了我还在这间屋里大量地熏烟,煤气厂、烟馆、香料厂、炼油厂、臭气熏天的化工厂全都集中在这间屋子里了,这样能否使小阔条纹蝶迷失方向呢?

根本就没有。三点钟光景,雄性小阔条纹蝶像通常一样纷纷飞来。它们都往钟形罩那儿飞,其实我事先已经用一块厚布把罩蒙上了,以便增大难度。它们一飞进屋内,便被一种混杂着各种气味的浓烈氛围包围住了,但它们仍旧是朝着女俘的囚室飞去,想从厚布的褶皱下面钻进去与女俘相会。我的计谋未能奏效。这次实验完全失败了,重复了大孔雀蝶实验的结果。这次失败之后,我理所当然地要放弃是有气味的散发物在指引小阔条纹蝶参加婚庆的观点。我之所以没有放弃,应该归功于一次偶然的观察。意外和偶然有时会给我们带来不同程度的惊喜,把我们引向此前一直在毫无结果地寻觅的真理的道路。

一天下午,我想弄清楚蝴蝶一旦飞进屋里,视觉会不会在寻找目的物中有所作为,便把那只雌性小阔条纹蝶放在一只钟形玻璃罩中,还给它弄点带枯叶的橡树小枝让它停靠。玻璃罩就放在桌子中间,冲着敞开的那扇窗户。雄蝶飞进屋里一定会看得见女俘的,因为后者就在它们的必经之路上。雌蝶在其上待了一夜和一个早上的那个金属纱网钟形罩下放了一层沙土的陶罐,我觉得很碍事,未经任何思索就它放在离窗户有十来步远的屋子的另一头地板上,而那个角落只能透进半明半暗的光线。

接下来发生的事让我的思绪乱作一团。飞进来的到访者中没有一位在玻璃罩那儿停下来,而玻璃罩就在明亮的阳光下面,女俘显眼地居于其中。它们竟都未朝雌蝶看一眼,也未探询一下。它们全都飞向我放着陶罐钟形罩的那个黑暗角落的房间的另一头。它们落在金属纱网罩圆顶上,久久地在探寻,扑扇着翅膀,还稍稍在相互争斗。整个下午,直到日影西斜,它们都围在空空的圆顶飞舞,以为雌蝶就身陷其中。最后,它们飞走了,但没有全飞走。有几个执着者像是被施了定身法似的死死地定在那儿。

这真是个耐人寻味的结果:我的这些蝴蝶飞到那人去楼空之地,长留不去,尽管眼见罩中无人仍死不甘心。从雌蝶所在的那只玻璃钟形罩旁飞过时,来来去去的这群雄蝶中不可能一个也没看出有雌蝶的,但它们就是没有在此哪怕稍事停留。它们被一个诱饵给弄得神魂颠倒,竟置真实物于不顾了。

它们是被什么所蒙蔽了呢?第一天整个夜晚和第二天的整个上午,雌蝶都是待在金属纱网钟形罩里的,它忽而吊在纱网上,忽而在陶罐的沙土层上歇息。它碰过的东西,特别是它那大肚子蹭过的东西,长时间接触之后,浸透了一些散发物的气味。那就是它的诱饵,就是它的激越情欲的药物,那就是引得雄蝶神魂颠倒、纷至沓来的尤物。沙土层把这尤物保存一段时间,并向四周扩散出去。因此,是嗅觉在引导雄蝶们,在远处向它们发出信息。它们被嗅觉所控制,不去考虑视觉所提供的信息，所以途经美人儿正被关押的玻璃囚室时，一飞而过，直奔神奇气味在散发的纱网、沙土层，直奔女魔法师除了气味而外什么也没留下的那座空房，那无法抗拒的尤物需要一定的时间才能配制好。我想它像一种挥发性气体，一点点地散发出去，让一动不动的大肚雌蝶沾过的东西便浸满了这种气体。即使玻璃钟形罩放在桌子正中间，或者更好一些，放在一块玻璃上，内外都无法很好地沟通，而且，雄蝶因为凭嗅觉什么也感觉不到，它们就不会前来，无论你试验多久都无济于事。可我眼下不能以这种内外无法沟通作为理由，因为即使我搞出一个好的沟通环境，用三个小垫子把钟形罩抬离支座，雄蝶们也不会一下子飞来，尽管屋子里蝴蝶为数不少。但是，等了半个小时左右，盛有雌蝶尤物的蒸馏器就开始启动了，求欢者们立即会像往常那样纷至沓来。

我可以按照掌握的这些出乎意料的驱云拨雾的材料，进行不同的实验，而这些实验都是具有结论性的在同一层面上的。早晨，我把雌蝶放在一个钟形金属网罩里。它的栖息处是同先前一样的一根橡树细枝。雌蝶在里面一动不动，像死了似的。它在细枝上待了许久，藏在大概浸润着其散发物的叶丛中。当探视时间临近时，我把浸足了散发物的细枝抽出来，放在离敞开的那扇窗户不远处。另外，我让钟形罩中的雌蝶待在房间中央的桌子上显眼的地方。蝴蝶纷纷来到，先是一只，然后是两只、三只，很快就是五只、六只。它们出去进来，来来回回往返。始终是在那扇窗户附近，那枝细橡树枝放在椅子上，离窗户不远。谁也没往那张大桌子飞，而雌蝶就在那儿的金属网罩中等候它们，离它们并没有多远。它们在迟疑，这可以清楚地看出来：它们在寻找。

最后，它们终于找到了。那它们找到什么了？找到的正是那根细枝，那根早晨曾是胖雌蝶的粉床的细枝。它们疾速扑扇着翅膀；它们飞落在叶丛上；它们忽上忽下地搜寻、抬起、移动树叶，以致最后那束很轻的细枝被弄掉到地上去了。它们仍在落在地上的细枝叶丛中搜索。细枝在翅膀和细爪的扑打抓挠下，不停地在地上移动着，仿佛被一只小猫用爪子抓扑的破纸团。

两只小阔条纹蝶在细枝连同那群搜索者移动到远处时突然飞了过来。那把刚才放有细枝叶的椅子就在它俩飞经的途中。它俩在椅子上落下，急切地在刚才放过细枝的地方嗅闻个没完。然而，对于先来者和新到者来说，它们热盼的那个真实目标就在那儿，很近，被一只我忘了遮盖起来的金属网罩罩着。它们谁也没有注意到它。它们在地上继续推挤雌蝶早上睡过的那个小床，它们在椅子上继续嗅着那张粉床曾经放过的地方。日影西斜，撤退的时间到了。再说,撩拨的味道也渐渐淡去,甚至消失了。拜访者们没事可做只好打道回府,明天再战。

接下来的实验告诉我:不论哪一种材料都不能代替我那偶然的启示者——带叶的细枝。我稍微提前一点把雌蝶放在一张小床上,上面时而铺着呢绒或法兰绒,时而放些棉絮或者纸张。我甚至有时还强迫雌蝶睡木质的、玻璃的、大理石的、金属的很硬的行军床。所有这些东西在被雌蝶接触了一段时间之后,都像雌蝶本身似的对雄蝶们有着相同的吸引力。它们全部具有这种吸引雄蝶的特性,只是有的强些有的弱些。最好的是棉絮、法兰绒、尘土、沙子,总而言之是那些多孔隙的东西。而金属、大理石、玻璃反而易于失去它们的功效。总之,只要雌蝶接触过的东西,都能散发出它的特性吸引力来。所以,橡树细枝掉到地上后,雄蝶们依旧纷纷飞到那把椅子的坐垫上。我们来选择一张最好的床,例如法兰绒床,我们将能看到新奇的事。我在一根长试管或小阔条纹蝶恰好可以飞进去的一只短颈大口瓶里放一块法兰绒,让雌蝶整个上午都停留在上面。来访者们钻进器皿中,在里面使劲扑腾,但却怎么也不能飞出来了。我给它们设置了个陷阱,可以使它们有多少死多少。我们把那些落难者释放走吧,把藏于盖得严实的盒子的最秘密处的那块床垫抽出来。晕头转向的雄蝶们又飞回到那支长试管里,再次落进陷阱中。它们是被浸透尤物的法兰绒传给玻璃的那种气味所诱导的。

我因此更坚定了自己的想法。为了邀请附近的众蝶飞赴婚宴,为了老远地告知它们并引导它们,婚嫁娘散发出一种我们人的嗅觉感觉不出来的十分细微的香味。我的家人们,包括孩子们那非常灵敏的鼻子,凑近那只雌性小阔条纹蝶也没有闻出丝毫的气味来。雌性小阔条纹蝶停留过一段时间的任何东西都极其容易地浸润了这种尤物,因而这些东西自此也就如雌性小阔条纹蝶一样成为具有相同功效的吸引力的中心,只要它的散发物没有消失掉。没有任何可以用眼看出来的诱饵。在求欢者们心急如焚地在围床纷飞的刚刚弄好的纸床上,没有任何看得出来的痕迹,也没有一点浸润的模样,其表面在浸润尤物前后同样干净整洁。

这种尤物的配置需要一点一点地积聚,然后才能充分地散发出去。雌蝶被从其粉床弄走后,移到他处,暂时失去了诱惑力,开始变得冷漠,雄蝶们飞往的是因长久浸润之后的雌蝶栖息地。但是,御座重新放置好,被抛弃的女皇又开始重新掌权了。

昆虫的品种不一样信息流通出现时间也有早有晚。刚孵出的那只雌性小阔条纹蝶需要一段时间才可以发育成熟,才能控制自己的蒸馏器似的器官。雌性大孔雀蝶早上孵出,有时候当晚就有探访者飞来,但更加经常的是第二天,经过四十来个小时的准备后才有求欢者。雌性小阔条纹蝶则把自己召唤异性的活动推得更晚,它的征婚广告要等到两三天之后才发布。让我们回头探寻一下它触角的神奇功能,雄性小阔条纹蝶长着与其情敌一样漂亮的触角;把其层叠状的触角看作导向罗盘是否合适?我并没有太大把握地对它们进行了我以前做过的那种截肢手术。被动过手术的雄性小阔条纹蝶都没有再飞回来过。但也别急于下结论,我们从大孔雀蝶那儿已经得知,它们的一去不返有着比截肢的结果更加重要的缘故。

此外,第二种小阔条纹蝶——苜蓿蛾蝶这种与第一种小阔条纹蝶很相似的蝴蝶,也拥有着华美的羽饰,它也给我们提出了一道难题。在我家附近经常见到它们,就在我的那座荒石园里我都看到过它的茧,十分容易与橡树蛾的茧搞混。我刚开始就曾把它们搞混过。我原希望从六只茧中得到小阔条纹蝶,但接近八月末时,我获得的却是六只另一品种的雌蝶。这下可好,在这六只我家孵出的雌蝶附近,尽管周围肯定有雄性小阔条纹蝶出没,但我却从没有见过。如果宽大而多羽的触角真是远距离信息传输工具的话,那为什么我的那些有着华美触角的邻居却没有获知在我工作室中发生的情况呢?为什么它们的美丽羽毛并未让它们对一些事情产生兴趣呢?而所发生的这些事情本会使另一种小阔条纹蝶纷纷飞来的呀?这又一次说明器官并不决定才能,具有相同器官的生物不一定具有相同的才能。

象态橡栗象

某些东西在我们的机器中表现得非常奇怪,当它们静止时我们无法了解到它们的一点一滴。一旦机器运转起来,怪诞的装置便会咬住齿轮,打开、闭合连动杆,我们就看到了各部件的巧妙组合,每个部件都在为达到预定功效而匠心独运地各司其职。这便是各种象虫,特别是橡栗象的情况。正像其名所示,橡栗象生来就是对付橡栗、榛子和其他类似坚果的。

象态橡栗象是我们这一地区最引人关注的。它的名字起得真是妙！让人产生许多联想！啊！看它那副滑稽相,嘴上还叼着一只长烟斗呢！这烟斗细得像马鬃,棕红色,近乎笔直,其长没法比,以致使橡栗象只好斜着身子,使它伸直,以免折断,仿佛头前伸出一支长矛似的。如此长的一根尖桩,这样一个怪鼻子,橡栗象用它来做什么呀?

我看到有人不屑地耸耸肩膀。如果说人生的唯一目的确实是通过明的或暗的手段赚钱的话,那这类问题问得就有点荒唐了。好在另外有一些人则不然,在他们眼里任何事都是重要的,并没有微不足道的。他们明白思想的面包是用一些细碎的面团揉成的,它们并不如收获的粮食来得无关紧要,他们了解耕耘者与询问者都在用聚集起来的面包屑供养这个世界。让我们可怜可怜这个问题吧,让我们接着讲述下去。不用看着橡栗象干活儿,我们也可以猜测到它的奇形怪状的长嘴上有一个仿佛我们用来钻坚硬物体的钻头。其大颚是两个钻石尖,组成钻头尖端的高强度齿甲。这种象虫模仿菊花象,但它的条件要比后者差,它们采取这种钻头来开道,以便放置自己的虫卵。然而,尽管这种猜测有点道理,但毕竟没有一点疑点。只有看着橡栗象干活儿我才能明白其中的奥妙。

勤奋耐心的人总会遇到机会的,因此十月上旬我终于见到橡栗象在干活儿了。我当时惊讶得很,由于节气已经很晚了,一般来说一切技术性的活儿都完成了。初寒一到,昆虫的季节就告结束。那日,天气糟糕透了,刺骨的寒风凛冽地吹,冻得人嘴唇像被刀割一样。这种天气跑到荆棘丛去观察,必须得意志坚强不可。但是,假若长嘴橡栗象如同我所猜想的那样用长杆工具钻橡栗,那就得赶紧去看,时间是不会等人的。橡栗仍然是绿的,但个头儿已经非常大了。两三周后它们就会变成褐栗色,完全成熟了,随即就会脱掉到地上的。我狂看了一圈,很有收获。在墨绿的橡树上面,我发觉一只橡栗象,长鼻子已经有一半钻进一只橡栗里去了。细心观察它是不可能的,因为树枝被寒风吹得颤抖个不停。因此,我就把那根树枝折断,轻轻地搁在地上。那只橡栗象没有看到被搬了家,仍旧在继续干着。我藏在一丛矮树后面,蹲在它的旁边,盯着它干活儿。象态橡栗象脚上踩着黏性套鞋,可以紧紧地贴在光滑浑圆的橡栗上,后来,在我的实验室里的玻璃壁上它也是凭着这种黏性套鞋得以垂直地爬上爬下的。此时,橡栗象正在橡栗上用自己的弓摇钻在忙碌着。它缓慢而笨拙地绕着它那根插入橡栗中的钻杆移动着,正在画着半圆,圆心便是钻孔,然后又转回头来,画一个反方向的半圆。它反复地这样画来画去,就像我们运用手腕的力量拿着钻子在木头上扭来扭去地钻洞一样。

一点一点钻进去的长鼻子,一小时后便不见了。接着它歇息了片刻。最后,长鼻工具抽出来了。随后会出现什么情况呢?这一次没有出现别的什么事。橡栗象扔下了它钻探的那口井,一本正经地撤退了出来,蜷缩在枯树叶内。今天我不会得到更多的资料了,但我并没有放松警惕,在有益于捕捉虫子的无风的日子里,我回到了以前去的地方,很快就捉到了一些,装入我实验室的金属网罩中。我明白这项精工细活会有不少难度,因此我宁愿在自己家里不紧不慢地观察研究。这么做好极了,假若我像开头一样继续在树林中观察橡栗象的劳作的话,尽管我能找到一些为我观察所需的橡栗象,那么我也永远不会有耐心把它们选择橡栗、钻孔和产卵的情形从头观察到尾的,所以做这样的工作既要细心又要慢条斯理。

绿橡树、短柔毛橡树和胭脂虫栎树是构成我的橡栗虫所光顾的矮树林的三种橡树。假如樵夫不过早砍伐的话,绿橡树和短柔毛橡树会长成很美丽的树木,但胭脂虫栎树只是一种可怜的荆棘而已。绿橡树是这三种树木中挂果最为多的,它是橡栗象的最爱。其橡栗坚硬,长形,中等大小,硬壳不太粗糙。短柔毛橡树的果实一般来说长得不好,短小而又皱巴,没熟就落了。塞里昂丘陵的干旱气候对这种橡树极为不利,因此,橡栗象只是在退而求其次的情况下才选用它。胭脂虫栎树是一种短小的灌木,矮得一迈步就能跨越过去,但其果实却是多汁的,与树那惨兮兮的外表形成强烈的反差。其橡栗鼓鼓的,呈粗大的鹅卵形,壳上立着粗糙的鳞片。象态橡栗象再找不到如此完美的居所了,既是坚固的住宅又是丰富的粮仓。

我把几根这三种橡树长满橡栗的树枝置放在我的金属网罩圆顶下面,一头浸在一盆水里,以保持新鲜。小树枝上放了数目合适的配对橡栗象,最后实验仪器也放在我实验室的窗户上,天气晴朗时,一天大部分时间都能照到太阳。现在,让我们耐着性子,密切注意着,值得一看的橡栗象会让我们得到回报的。

我们并没等得太久,准备工作做好之后的第三天,我在橡栗象开始干活儿时准时到来。雌橡栗象比雄的体形更壮实,用手摇曲柄钻钻的时间也更长,它仔细地查看那个橡栗,无疑是准备产卵。它一步一步地从前头爬到后头,从上面爬到下面,爬遍了那个橡栗。橡栗壳很粗糙,爬动很容易。如果脚底没有黏性套鞋,没有在各种姿态下都能保持平衡的刷子形鞋底的话,在橡栗的其他部分爬动就不太容易了。橡栗象以同样从容的姿势在橡栗的上下左右爬来爬去,从未摔落。它已经选好了,这个橡栗被认为是最好的。现在是要在这个橡栗上钻一个探测洞。橡栗象的钻杆太长,操作起来很困难,为取得最佳机械效果,就必须按照被钻件凸面的法线把钻杆竖立,然后再把干活时间以外呈前伸状态的这个碍事的工具收回到橡栗象钻工的身体下面。为达到这一目的,橡栗象用后腿支起身子,立在鞘翅尖端和后跗骨形成的三脚架上。没有什么比这个怪诞的钻工更加奇怪的了,它把长钻杆鼻放回自己身下站立着。成功了,长钻杆笔直地竖了起来。钻探开始了,其方法就是我那天北风呼啸时在树林中所见到的那种。它极其缓慢地钻着,从右往左,然后再从左往右,循环往复地这么干着。钻头并不是一种因始终朝着一个方向旋转而往下钻着的螺旋形开瓶器似的工具,而是一种套针,先是啃咬,然后轮番向着一个方向和另一个方向磨蚀,逐渐往下扎去。

我们先了解一个偶然事件再继续介绍下去,它太引人注目,不能避而不谈。我多次偶然发现这种钻工死在自己的工地上。死者的姿态很奇特,如果死亡不总是什么严重的事,尤其是当它是突然发生的工伤事故的话,那稀奇古怪的死亡姿态是会让人忍俊不禁的。插在橡栗上的探杆尖已经开始工作了,在钻杆这个致命的尖桩的顶端,象态橡栗象垂直地悬于空中,远离各个支撑面。它已干瘪,也不知道死了有多少天了。爪子僵硬,缩在肚腹下面。即使这些虫爪像活着时那样灵活而又能伸长的话,它们根本也不可能够得着挂橡栗的枝丫的。到底突然发生了什么事,把可怜的橡栗象身子刺穿,如同我们所收集的标本那样,用大头针钉住标本的脑袋?

原来发生了一起工伤事故。由于钻杆太长,象态橡栗象开始干活儿时是用后腿站着的。假设这笨拙的钻工突然脚下一滑,两只附着抓斗一下子没有抓住,身子便立即脱离橡栗,被稍弯的钻杆这么一弹便被甩了出去,因为开始干活儿时,必须让钻杆稍微弯得多一点以利钻探。因而,它便被远远地抛离橡栗工地,徒劳地在空中拼命挣扎,它的跗骨——救命的钻头找不到任何可以抓附的东西。它因无任何支撑点以摆脱险境,最后筋疲力尽地死在长钻杆的顶端。如同我们工厂里的工人们一样,象态橡栗象有时候也成为自己机器的受害者。让我们祝它们好运,套上结实的黏性鞋套小心工作不会滑到。我们就继续介绍吧。

这一次,运转良好的机械出奇的慢,所以往下钻探的情况用放大镜观察也看不出钻了多少。但象态橡栗象一直在钻探,歇息一会儿,立即又干起来。一个小时,两个小时过去了,神情专注的我紧张而疲乏,因为我一定要看一看那关键一刻的工作情况:象态橡栗象收回钻杆,返回来把卵放进井口。这样我起码可以预见事情的进展状况。两个小时过去了,我已经失去了耐心,我与家人协商,家中的三个人轮流值班,不间断地盯着执着的象态橡栗象。为了了解它的秘密我不惜一切代价。我幸亏找了帮手,他们留意地帮我仔细观察。连续不断地观察了八个小时之后,将近夜幕降临时分,监视哨在叫我。象态橡栗象看样子已经干完活儿了。它确实在往后撤,谨慎小心地在抽回钻杆,生怕把它弄折了。钻具抽出头了,又笔直地伸向了前方。那一时刻到了。唉!没到哩,我又一次上当了。我那一轮一轮的八小时值班监视没见结果。象态橡栗象走了,没有利用自己钻探的成果便遗弃了那个橡栗。没错儿,我完全有理由怀疑自己在树林里所观察到的结果。在绿橡树中,忍受烈日的炙烤,聚精会神地等待,简直是一种无法忍耐的酷刑。整个十月份,必要时求助手们帮忙,我查看了没被下卵的许多钻井。长短不一的观察时间一般要两个小时,甚至超过半天。为什么要钻这些既劳民伤财又不下卵的井呢?我们先来了解一下虫卵的位置以及幼虫最初几口食物的情况,或许答案就有了。

那些住有象态橡栗象卵的橡栗是挂在树上,嵌在橡栗壳里的,仿佛没有发生任何有损于绒毛叶的不正常事情。稍加留意,你很容易地便能辨认出它们来。在离栗壳斗不远处的光滑而仍绿油油的外壳上,可见一个小点,确系一灵巧的针所刺。由于坏死而产生的一个窄小的褐色乳晕很快便把这个小孔洞包围起来,那就是钻井口。另外还有并不多见的几次,洞穴是穿过壳斗钻出来的。

咱们挑选那些新近钻孔的橡栗,也就是那些苍白针孔尚未因日久天长由褐色乳晕围起来的橡栗。我们剥去它们的壳未见任何东西:象态橡栗象钻探了它们,但并未在里面产卵。它们同我网罩里的那些橡栗一样,被钻了无数小时,但却并未加以利用,有许多里面有一只卵。

无论壳斗上面的井口有多么远,这只卵总是待在井底,在一堆绒毛叶那儿。那儿有柔软的绒呢,是由壳斗提供的,被滋养品源泉——叶柄的渗液所润湿。我看见一条很小的象态橡栗象的幼虫,是我亲眼看着它孵出来的,它最初几口是在轻轻地咬那些用丹宁酸调了味儿的絮状的新鲜面包。

只有那儿才有这种如同新生有机物一样多汁、易消化的小糕点,而象态橡栗象也只是在那儿,在壳斗和绒毛叶之间安放自己的卵。象态橡栗象十分清楚最适合其新生儿那虚弱的胃的食物在什么地方。

上面是相对而言较粗糙的绒毛叶面包。幼虫在头几小时的餐厅里增强了体力,然后并非直接地,而是通过其母用探针捅开的狭道钻进面包房,狭道中满是面包屑和吃了一半的残渣。吃了这种沿路备好的稍微粗糙的可口面粉,力气倍增,于是便又完全钻进橡栗那坚硬的果肉中去了。

产卵的象态橡栗象是如何干活儿的已经被所掌握的这些情况说明了。在钻探之前,它上下左右,前前后后地仔细地查来看去,这时它的目的是什么?它是在了解这个橡栗是否已经被占据了。诚然,食橱很丰盛,但两个人吃就不太够了。我确实还从未发现有两只虫子在同一个橡栗中的。只有一只,始终都只有一只。这一只在吃完丰盛的食物,消化完后将食物变成橄榄绿色的小团团之后,离开橡栗,下到地上。绒毛叶面包最多也就剩这么一丁点儿的面包屑了,原则是:每只象态橡栗象都有自己的圆形大面包,每个消费者都有自己的一份橡栗口粮。

把卵安置进去之前,先得检查一番,看看这个橡栗是否被占据了。可能存在的那个占据者在这个地下墓穴的底部,由满是鳞片的壳斗遮掩着。这个狭小的藏身处没任何秘密可言。但是,如果橡栗表面没有那细小的针眼的话,再尖的眼睛也猜不到里面藏着一个隐居者。

这个小点不明显,但可仔细辨出,它就是我的向导。有它在,我就知道橡栗有主儿了,或至少,是被做过与产卵有关的试验;它不存在,我就深信这个橡栗尚未有任何人占据。毫无疑问,这样的情况也被象态橡栗象以同样的方法获知了。

我目光敏锐,警觉仔细地观察着这一切,如有必要就会动用放大镜。我把观察对象拿在手里转来转去地看这么一会儿,情况便一清二楚了。而它,这个近视的象态橡栗象观察者,却不得不到处查来验去,最后才确切地找到那个能说明问题的小孔。再说,它这是家族利益在迫使它慎之又慎,而我只是好奇心使然。因此,它对橡栗的检查是极费工夫的。

橡栗一旦被确定完好无损,这就成了。钻头在往下钻,一干就是好几个小时。然后,有好多次,象态橡栗象对自己的活计不屑一顾地走开了,钻探完了没有随即产卵。这么卖力地干了这么久又有何用呢?它只是为了饮水解渴,恢复体力才这么找一个橡栗随便钻钻吗?它嘴上的吸管会下到井底深处,在满意的角落吸了几口富有营养的饮料了吗?它忙得不亦乐乎就是为了个人糊口吗?

开始时我就是这样想的，它为了一大口饮料而这么坚忍不拔让我颇觉惊讶。但是，雄性象态橡栗象的情况告诉了我实情，我便抛弃了这一想法。雄性象态橡栗象也长有长嘴，必要时也能钻出一口井来，但我从未见过雄性象态橡栗象趴在一个橡栗上面，吭哧吭哧地在掘井的。为什么要这么费劲乏力呢？只有一点吃的就可以满足这些节制饮食的昆虫了。用长鼻尖端稍稍刺破一张嫩叶，以维持它们的生命了。

如果说它们这些无所事事，不担心吃喝的雄虫无过多需求的话，那么那些忙于产卵的雌性又是怎么回事呢？它们来得及又吃又喝吗？不，被钻了孔的橡栗并不是一个小酒馆，任你在那儿没完没了地喝个够。长嘴伸进橡栗喝上这么一小口那倒有可能，但这些细小的碎屑是不是它的本意呢？真实目的我想已经若隐若现了。我前面说了，卵总是置于橡栗底部，在一些由叶柄渗出的液汁润湿的絮状物中间。幼虫刚孵出时，还啃不动挺硬的绒毛叶，只能咬壳底柔软的毛毡，以其液汁为食。

但是，随着橡栗长大成熟，这个蛋糕也就变得很硬了，味道以及液汁的量都随之有所变化。柔软部分变硬了，湿润的部分干燥了。在一个时期，新生儿所需的舒适条件是极具备的。早之一分条件则未达标准，晚之一分，条件则过分成熟了。

在外边，在橡栗的绿壳上，这种内部厨房的烹饪情况丝毫显现不出来。为了不让幼虫吃不合适的食物，做母亲的因为只是从外表查看了橡栗而不太了解情况，只好自己先用长鼻尖端尝尝粮仓底部的食粮。

母亲在喂婴儿喝粥之前，通常先用嘴唇去试试粥的凉热。雌性象态橡栗象也是以同样的慈母心这么去对待自己的幼虫。它把长鼻尖端伸到井底深处，看看里面的食物情况，然后再留下给自己的孩子。如果井底食物令它满意，它就把卵产下来；如果食物令它不满意，它就不再多往下钻探，弃之而去。这就可以解释为什么它钻了半天而弃之不用的原因了。那是因为再钻下去也没有用处，井底的食物经仔细鉴定不符合要求。这些象态橡栗象为了自己孩子的第一口吃食是多么心细如尘、苛求完美啊！

把新生儿放在将能找到多汁而柔软的、易于消化的食物的地方，这些细心挑剔的母亲还觉得不行，它们的关怀照顾还远胜于此。一个折中的办法也许有用，就是让小幼虫从最初的吃软糕点改变成吃硬面包。这个折中办法就在母亲钻出的那个坑道里。那儿有一些碎屑，是长嘴上的剪刀剪碎了的。另外，坑道内壁受损、变软,比其他东西更适合新生儿娇嫩的颚。在啃咬绒毛叶之前,幼虫的确是先钻入这个坑道的。它以沿途找到的粗面粉为食;它收集悬于壁上的褐色微粒;最后,它已足够壮实,便弄破果仁那圆形大面包,钻进里面去,不见了踪影。胃已训练成才,余下的只是放开肚皮去吃了。为满足初生婴儿的需要,这种管状婴儿哺乳室应有一定的长度。因此,做母亲的便用那把钻孜孜不倦地干活儿。如果探测只是局限于品尝一下食物,了解橡栗底部的成熟程度的话,操作就会简便得多,只须透过外壳在这块底部不远处进行就可以了。这一点象态橡栗象并不是不知道,我偶尔也发现象态橡栗象正在对坚硬外壳这么干。

我从中看到的只是急于了解情况的产妇的一种试验。如果橡栗合用,钻探就将在稍高处,在壳斗外面重新开始。当卵应该产下时,按惯例确实是钻橡栗,尽可能地在高处,只要钻杆够长就行。

花了大半天时间仍未完工的那个长钻洞是怎么回事呢?它干吗这么坚持不懈地干呀,就在离叶柄不远处,少用许多时间和少许多劳累钻头就可以钻到那个理想的地点,那个新生幼虫得以饮用的清泉?做母亲的这么费劲乏力,疲劳不堪自有道理:它这么做可以到达橡栗底部那理想之地,以此获得了最佳的效果,一个吃不完的面粉口袋就可以为孩子准备好了。

这是些鸡毛蒜皮的事!不,对不起,这可是一些大事呀,这是在告诉我们象态橡栗象在储存最微不足道的东西时的细致入微,向我们证明了一种调节细枝末节的高级逻辑。

象态橡栗象是一个优秀的教育家,它有自己的好主意,值得尊敬。这起码是乌鸫[①]的看法,乌鸫一到秋末,浆果开始短缺时,便美滋滋地拿这种长嘴昆虫充饥。虽说不够塞牙缝的,但味道鲜美,没有尚未被严寒冻坏的橄榄的苦涩。

如果没有乌鸫及其竞争对手的话,春天树木复苏时会成一幅什么景象呀!即使人因自己所干的蠢事而从地球上消失了,乌鸫用其鸣唱来庆祝万物复苏也同样是庄严隆重的。

除了满足森林欢乐之鸟——乌鸫的朵颐而值得赞扬外,象态橡栗象还有另一个功用——调节植物的无序生长。如同所有真正名副其实的强者一样,橡树

---

① 鸫科鸫属鸟类,身长24~25厘米,翼展34~38.5厘米,体重80~110克,寿命16年。分布于欧洲、非洲、亚洲和中国,是杂食性鸟类。雄性的乌鸫除了黄色的眼圈和喙外,全身都是黑色。雌性和初生的乌鸫没有黄色的眼圈,但有一身褐色的羽毛和喙。乌鸫是瑞典国鸟。

是个慷慨大度者,它大量地提供橡栗。大地如何处理这么多的橡栗呢?森林缺少空间就会窒息,树木过多便会殃及整片森林。

不过,鉴于食物充沛,急于保持生态平衡的消费者从四面八方纷纷涌来,田鼠这个原住民在一堆碎石中,在其草料床垫旁存储起橡栗来。松鸦这种外来户也不知是如何获得消息的,成群结队地从远方飞来。一连几个星期,它们逐一地对橡树大加叼啄,还像被掐住的猫似的呱呱叫嚷着来表现自己的欢快,任务完成后,便返回自己北方的故乡。

象态橡栗象动手要早大家很多。它把卵产在还很青的橡栗中。现在,橡栗落在地上,提前变成褐色,还被钻了个圆孔,象态橡栗象幼虫吃光了橡栗里面的食物便从这个小圆孔里爬出来。光一棵橡树下,很容易地就能捡满一篮子这种被掏空的橡栗。在清理过剩物资方面,象态科昆虫远胜于松鸦和田鼠。

人们为了养猪也很快地来到了这里。在我们村子里,当市镇击鼓宣读公告的人宣布某日为在市镇树林里采摘橡栗的开始日时,那可是件大事。前一天,最起劲儿的人便先行跑去查看地点,为自己选定最佳位置。第二天,天蒙蒙亮,全家人便都跑到选定的地点。父亲用长竹竿敲打高处的树枝;母亲围着麻布大围裙,可以进入林子深处,采摘手能够得着的橡栗;孩子们则捡拾掉落在地上的。装满一篮篮后倒进筐里装入大布袋中。

继田鼠、松鸦、象虫以及其他许多动物之后,现在又轮到人在开心了,他们在盘算着这些橡栗能养肥多少只猪。但是,一份开心之中也藏着一种遗憾,就是眼见这么多的橡栗散落在地上,一个个都被钻了孔,被糟蹋了,一点儿用处也没有了,于是人们便对造成这种破坏的肇事者诅咒起来。听他们的口气,好像森林只为他们而生,似乎橡树只是为填饱他们猪的胃才结果的。

我想告诉这些人,守林人对犯轻罪者是比较宽容的,而这样做是非常好的,因为人太自私,在收获橡栗中看到的只是猪长肉,肉做肠,这种态度后果是严重的。橡栗在邀请大家全都来利用它的果实,而我们人分取了它的最大份儿,因为我们是最强者,那是我们唯一的权利。不过,在不同的消费者中进行平衡分配,这是高于一切的大原则。在这个世界上,大家不论强弱都各有所用。如果说乌鸫为万物复苏而欢快,鸣唱是大好的事的话,我们也别认为橡栗被蛀空是件坏事。蛀坏的橡栗是在为鸟儿准备饭后甜食哩,象态橡栗象肉质鲜美,能让鸟儿臀肥歌美的。

就让乌鸫去歌唱吧,我们还是回过头来谈象虫科昆虫的卵。我们知道卵所在的地方:橡栗底部,在最鲜嫩多汁的果仁中。它是怎么住到那儿去的,那儿离壳斗边缘上方的入口可是够远的,这确实是个小小的问题,甚至可以说是幼稚的问题。但也别对它不屑一顾,因为科学往往是由一些幼稚可笑的事物构成的。

第一个用一块琥珀在衣袖上摩擦,随后便得知这块琥珀能吸麦秸的人,绝没猜想到我们今天的电的奇妙。他只是在天真地自得其乐而已。但这种儿童游戏经过反复地做,以各种各样的方法进行探索之后,就变成了世界上的强大力量之一。

观察者不该忽视任何细枝末节,因为永远也不会知道从最不起眼的事物中会产生出什么来。因此,我又对自己提出了这个问题:象态橡栗象是通过什么方式在离入口那么远的地方住了下来的。

对尚不知晓卵的位置但可能知道幼虫首先是从其底部咬吃橡栗的人而言,答案也许是这样的:卵产在管道的入口,在表面的地方,幼虫在母亲钻好的坑道里蠕动,爬到储存幼儿食物的那个偏僻地方。

在掌握足够的资料前,我也是这么想的,但是我很快发现这种想法是不对的。当产妇把腹尖贴在刚用钻钻出的孔口就离开不久,我于是就摘下了这个橡栗。卵仿佛应该就在那儿,在入口处,紧贴表面的方位……可并非这样,那儿并没有卵,卵在坑道的另一头。假如我大胆假设的话,卵是像一块石头一样掉进坑底的。

我们还是赶紧抛开这种愚蠢的想法吧!坑道非常狭窄,又堆满锉屑一样的东西,如此直接掉下去是不可能的。再说,依据叶柄那直的或颠倒的方位,在一个橡栗里下落便会在另一个橡栗里上升。

第二种解释一样大胆。我在思考:布谷鸟在草地里寻找任何位置下蛋,而后用嘴把蛋叼起,放到黄莺的小小的窝里去。象态橡栗象会不会也用的是相似的法子呢?它会不会用它的长喙把它的卵输送到橡栗底部去呢?我看不到它身上还有别的什么工具能够达到此深洞的底部。然而,我们还是赶紧抛开因想不出道理来而产生的这种怪诞的诠释吧。象态橡栗象是从来不会公开地产下卵,而后再去用喙咬住它的。如果它这样做的话,在狭窄又堵塞的坑道里把那娇弱的卵往下放时肯定会被挤压,肯定活不了。

我觉得尴尬万分,对象态橡栗象的身体结构非常有研究的任何一位读者都会持有这样的尴尬。蚱蜢拥有一把大刀,那是其产卵的工具,可以把卵输送到地下它所希望的深处去;褶翅小蜂配有一个探头,可以钻穿石蜂建成的水泥建筑,把自己的卵放置到后者半睡半醒的胖幼虫的茧内去。但象态橡栗象却没有这种短剑、匕首,它的腹部啥都没有,一定没有。然而,它只需要把腹尖贴在井的狭小的孔眼上,就能立即把卵输送到橡栗底部去。

我们将用解剖的方法得到其他办法无法获知的谜底。我解剖开象态橡栗象产妇,我看到的使我瞠目结舌,那儿有一台古怪的机器,一根硬硬的棕红色尖头桩,和身体一样长,我感觉像是一个喙,原因是它与头部的喙很类似。那只是一根管子,细的像毛发,空尖端稍微张开,形状像榴弹发射筒,始端鼓起来,呈现卵形泡状。

这就是和钻孔器大小粗细相似的产卵工具。钻孔喙钻到哪里,这个内喙——卵探测器就可下到哪儿。正当产妇在橡栗上下钻时,它选用攻击点就必须让这两个相辅相成的工具都可以到达理想的地点——果仁底部。别的就不言而喻了,产妇的手摇曲柄钻完工后,坑道也完成,它就回转身来,把腹部末端紧贴在那钻孔上。然后,它把剑拔出来,内喙突露出来,毫不困难地钻入锉屑阻塞的坑道。指引探头上什么都没有显露,因为它运转敏捷又小心。卵安置好后,这个工具渐渐回收,缩回到腹内,一样是滴水不漏。大功完成,产妇离开,但我们却一点儿也未看出它的破绽。我强调坚持是有缘由的吧?一个从表面看来无足轻重的情形刚刚以毋庸置疑的方式告诉我菊花象使人狐疑的地方。长吻管象虫拥有一个内探头,一个外部没有任何痕迹的腹部喙。它们在其腹部秘密处藏有像蚱蜢和姬蜂的刺刀般的工具。

豌豆象

从远古时起人就对豌豆有极高的评价,人经过越来越专业的精耕细作,精心管理,想尽法子让豌豆结的果实更大、更嫩、更甜美。这种作物非常善解人意,随人意愿,最终满足了园丁的奢望,供给了他们想得到的东西。我们特别是离第一个可能是用岩穴熊的半颌骨(由于颌骨上的牙齿如同铧犁)扒划土地便于种下这种野生果实的人有多么遥远啊!

这种豌豆的始祖植物究竟在野生植物世界中的什么地方呢?我们居住的

地区都没有相似的植物。在别的地方能找得见它吗？基于这一点，植物学默默无言，或闪烁其词。

另外，对于大多数可食用的植物人们一样是一无所知。为我们提供面包的备受颂扬的小麦来自哪里？没人知道。我们除了整日精耕细作外，就不再费尽心思地在这儿寻根溯源了，也不到外国去探寻来龙去脉了。在东方这片农业诞生的地方，采集植物标本者从没有在没被犁铧翻耕过的土地上碰到过这种独自繁衍增长的圣麦穗。

同样的道理，对黑麦、大麦、燕麦、萝卜、小红萝卜头、甜菜、胡萝卜、笋瓜以及其他很多作物，我们也知道的很少。我们不明白它们原产于何地，顶多也就是根据几百年来的以讹传讹的说法去加以猜测而已。大自然在把它们交给我们的时候，它们蕴含着野生的生命力和不太高的营养价值，就像大自然今天把桑葚和灌木丛的黑刺李提供给我们一样，它们正是处于一种吝于施舍的粗胚状态，我们得经过辛勤劳动和运用才智令它们的果实饱含养分。这是我们的第一笔投资，这资本始终经由耕耘者的出色劳作在那特殊的银行里不断地翻本增息。

作为储存食物的谷物以及豆类植物，大部分是由人工生产的。它的初始状态是很不发达的那些改良对象，我们是依照原样从大自然的宝库中提取的。经过改良的品种给我们提供了大量的食物，这些成果都应该归功于我们的技术创造。倘若说小麦、豌豆以及其他的作物对我们而言是不可或缺的，那么我们的精心照料作为正当回报对于它们来说也是不可缺少的。这些植物在生命激烈的搏斗中没有反抗能力，是我们的需求令它们在成长发育，假如我们弃之不顾，任由它自生自灭，即使它们的种子无以计数，却也会很快灭种的，就如同愚蠢的绵羊，若无精心圈养放牧，很快就会不见的。

它们是我们科技创造的成果，但并不是人类的私有财产。在食物大量积存的任何位置，都积聚着四面八方的大批食客，不管不闻地大快朵颐，食物越是丰盛，就越能吸引更多的食客。唯一只有人可以促进农业的发展，进而变成各方食客蜂拥而至的盛宴的操办者。人在创造更为美味、更为丰盛的食物的同时，无可奈何地也将千千万万的饥肠辘辘者引导到粮仓谷堆中来，它们的利齿尖牙让人无以为抗。人生产的越多，上贡的也越多，大规模地耕作生产出大量的作物，大量作物又产生了大量的积存，继而养肥了我们的竞争者——虫子。

这是事物本来就有的规律。大自然以同样的热情提供给所有的婴儿乳汁，不仅养育生产者也养育夺取它们财富的剥削者。大自然让我们这些辛勤耕耘、播种和收获并因此而累得筋疲力尽的人在令小麦成熟的同时,同样也在为了小象虫们让麦子成熟。这种小象虫不在田间劳动,却安家落户在我们谷仓里,在麦垛里利用它那尖嘴一粒一粒地嚼食麦粒,把麦子全都吃成麸子了。

大自然为我们这些因翻地、锄草、浇灌而累得腰酸背疼、疲惫不堪的人催促豆荚快快饱满,也为小象虫把豆荚赶快催熟。豌豆象对田园劳作一窍不通,但照旧在春回大地之时,按时从收获物中提取自己的那一份儿。

让我们好好瞧瞧豌豆象这个税务官是如何敬业的吧。我是主动纳税的良好公民,我任由豌豆象自由行事,我正是为了它才在我的荒石园中播种了几垄它所偏爱的植物种子。除了这不多的几垄豌豆外,我没有任何可召唤豌豆象的东西,但它五月里便按时前来了。它知道在这个不适宜辟作菜园的荒石园里,头一次有豌豆在开花。这位昆虫税务官急匆匆地奔来履行自己的职责了。它从何而来?这可是无法说得准确的。它应是来自某个隐蔽之所,在那儿呈僵直状态地度过了寒冬腊月。盛夏酷暑自己脱皮的法国梧桐,用它那微微翘起的木栓质皮片为无家可归的虫子提供避难之所。我经常在这种冬季避难所里看见我们的豌豆象。只要寒风凛冽,严冬肆虐,豌豆象就躲在法国梧桐的这些微翘的枯皮下,或者用其他方法以求躲过劫难,直到和煦的阳光初抚它几下,它才苏醒过来。这是它的生物钟在通知它。它们像园丁一样,知道豌豆的花期,于是,它们迈着细碎的快步从各个地方赶来,心急火燎地奔向它们所钟爱的植物。小头,大嘴,身着缀有褐色斑点的灰衣裳,长有扁平鞘翅,尾根有两个大黑痣,身材矮粗,这就是我的访客的大致模样。五月上旬刚过,豌豆象的尖兵就到了。它们安营扎寨于长有蝴蝶般白翅膀的花上,我看见有一些居于花的旗瓣上,另有一些则藏于龙骨瓣的小盒子里。还有一些数量较多,盘于花序中吮吸着,产卵时刻尚未到来。早晨天气温和,阳光明亮却不灼热。这是明媚阳光下举行婚配、开心享受的美妙时刻。它们因此在享受着生活的乐趣。有一些在成双配对,但立刻又分了开来,随后又聚在一起。将近晌午时分,烈日当空,男男女女全都退避到花褶的荫处。它们对这种阴凉的地方十分熟悉。明天,它们又要开始寻欢作乐,后天依然乐此不疲,在天天鼓胀起来的豌豆果实撑破龙骨瓣的小盒子之前,它们将一如既往地欢闹生平。

有几只比其他更着急的豌豆象产妇,把卵托付给了新生豆荚,而后者扁平细小,刚刚才褪掉花蒂。这些匆忙产下的卵也许是因卵巢已无法等待而被迫如此的，我觉得它们的处境极其危险。豌豆象的幼虫将安于其中的种子，此时此刻还只是个脆弱的细粒，既无韧性又无粉质堆。如果豌豆象幼虫没有耐力挨到果实成熟，那么在那儿它就找不到吃的了。

但是，幼虫一旦孵化出来，它能够长时期不吃不喝吗？这令人产生疑惑。我所看见过的一些幼虫表明，新生儿一出来便忙着要吃的，如果没有吃的，便会死去。因此，我认为产在尚未成熟的豆荚上的卵是必死无疑的。但种族的兴旺繁衍并不会受到多大的影响，因为豌豆象妈妈是多产的。我们一会儿就会看到豌豆象妈妈是如何满地下种，而其中大部分又注定夭折。

五月末，当豌豆荚在籽粒的促动下变得多节，达到或接近成熟的时候，豌豆象妈妈的重任也就完成了。我急切地盼望着能看到豌豆象是如何以我们昆虫分类学所给予它的象虫科昆虫的身份工作的。其他的象虫是一些带嘴象、带喙象，它们配备有一根尖头桩，用它来修筑产卵的窝巢。而豌豆象则只有一个短喙，在吸食甜汁方面功不可没，但论起钻探来则一无是处。因此，豌豆象安顿家小的方法是不同的。它不像橡树象、熊背菊花象、黑刺李象等那样做一些细致灵巧的准备工作。豌豆象妈妈没有配备钻头，所以只好把卵产在露天里，没有任何保护以防风吹日晒雨打。它这么做方便简洁，但除非卵有特殊体质能抗御酷热严寒、干燥潮湿，否则风险极大。上午十点，阳光和煦，豌豆象妈妈步伐急促，上上下下前后左右的把自己选中的豌豆荚看个遍。它不时地把一根细小的输卵管伸出来，左探探右触触，像是要划破豆荚的表皮似的。然后便产下一个卵，随后弃之不顾了。豌豆象妈妈的输卵管就这么在豌豆荚的绿皮上左点一下右点一下的，就算完事了。卵就留在那儿，任由风吹日晒，不做任何保护。在帮助未来的幼虫，使之在必须自己进入食橱时缩短寻觅时间方面，豌豆象妈妈没做任何考虑，没去想为孩子找个合适的居所。它将卵产在鼓起豌豆的豆荚上，有的则产在像贫瘠小山谷似的豆荚隔膜内。在豆荚上的卵几乎与食物直接接触着，而豆荚隔膜内的卵则离食物较远。以后就靠幼虫自己去辨别方向，寻找食物了。总之，豌豆象这种无序产卵使人想起粗放式播种。

而更严重的是，产在同一个豆荚上的卵与豆荚内的豌豆粒不成比例。首先我们得知道，一个幼虫就得有一粒豌豆，这是必需的定量，这一定量对一个幼虫来说是富足有余，但是好几个幼虫同时消受，哪怕只是两个幼虫，那也是很勉勉强强的了。每个幼虫不多不少都要拥有一颗豌豆，这是一成不变的规矩。这就要求豌豆象妈妈产卵时必须探知豆荚内的含豆量，限制自己的产卵数，但是豌豆象妈妈根本就不理会这种限制。对一个定量,豌豆象妈妈总是产下许多的小宝宝。

在这一点上我所有的统计都是一致的。在一个豆荚上产下的卵总是超过,而且常常是大大地超过可食的豌豆粒的数量。无论粮食多么瘪,上面都有大量的卵。我把豆粒和卵的数量分别数了数,发现一粒豆子上总有五个到八个卵,有的甚至有十个,而且看不出豌豆象妈妈不会在一个豆荚上产下更多的卵来。真是僧多粥少!在一个豆荚上产这么多的卵干什么?它们肯定要被逐出宴席的呀!

豌豆象卵呈琥珀黄色,挺鲜艳,圆柱状,很光滑,两头圆圆的。它长不过一毫米,每个卵都用凝固的蛋清细纤维网黏附在豆荚上,风吹不掉,雨打不下。豌豆象妈妈的卵常常是成对的,一个卵在上另一个在下,而往往是上面的那个卵得以孵化,而下面的那个则干瘪至死。为了孵化出来而不死,需要什么呢?也许是需要阳光的沐浴,而下面的卵正好被上面的遮挡着,没有了这种温暖孵育。或者是由于不合适的挡板遮挡的影响,或者是由于其他什么原因,反正孪生兄弟中的先产下者很少得到正常的发育,在豆荚上干瘪,没有出世就灭于无形了。

偶尔也会有例外。有时候,成对的卵两个都发育良好,但这种情况实属罕见,所以如果总这么成对地产卵,豌豆象的家庭成员差不多要减少一半。有一项不利于我们的豆荚但却有利于象虫科昆虫的临时措施可以减少这种毁灭:大部分的卵都是一只一只地产下的,而且是独自待在一处。一条弯弯曲曲的苍白或淡白色小带子是新近孵化的标记,它在卵壳附近翘起,撑破豆荚的表皮。这是幼虫的产物,是皮下通道,幼虫在其中蠕动,寻找钻入点。找到这个钻入点之后,身长刚刚一毫米、全身苍白、头戴黑帽的幼虫便在豆荚上钻孔,钻入豆荚宽敞的肚腹中。

它爬到豆粒处,在最近的那颗豆粒上安顿下来。我用放大镜观察它,同时观察它的豌豆地球——它的世界。它在豌豆球面上垂直地挖出一个井坑,我曾看见过一些幼虫前半个身子下到井坑中去,后半身则在井坑外边蹬踢加力。不久,幼虫便钻进自个儿的家中不见了。

入口虽小,但一眼就能认得出来,因为它在豌豆淡绿色或金黄色的衬托下呈褐色。入口没有固定的位置,因为下半部的顶端是悬韧带的肥硕之处,难以钻洞。所以总的来说,除了豌豆的下半部而外,在豌豆表面的任何地方都可以钻洞,豌豆的胚胎就在这个部分,但它却没受到幼虫的损害,并且还发育成了胚芽，尽管豆粒上面被豌豆象成虫钻了个大窟窿。为什么这个部位完好无损呢？是什么原因使之免遭幼虫的侵害的呢？

豌豆象肯定不是在关心园丁的利益。豌豆是为它而生，只为它而生。它之所以克制自己不去咬那几口致使种子死亡，目的并非是要减轻灾害，而是另有他因。请注意，豌豆是一粒一粒相互紧贴在一起的，寻找下嘴部位的幼虫在豆粒上行走并不自如。还应注意，豌豆的下端因肚脐的瘘瘤而变厚，钻孔就很困难，而在只有表皮保护的其他部分就没有这种困难，甚至也许在肚脐这一特殊部位有一些特别的汁液是幼虫所讨厌的。

毫无疑问，这就是豌豆既被豌豆象蚕食却又照样能够发芽的秘密之所在。豌豆虽破损，但却并未死亡，因为入侵是针对空着的上半部，那是既容易钻入又无伤大雅的区域。另外，因为整粒豌豆对于单个消费者来说是绰绰有余的，而受害部分不是豌豆生命攸关的部位，只是这个消费者所喜爱的部分而已。

在其他的一些条件下，在种子超乎寻常的或大或小的情况下，我们可能会看到大不相同的情况。在种子个头儿太小的情况下，由于幼虫吃不着什么，不够塞牙缝的，胚芽就一块儿被吃掉了；在种子个头儿非常大的情况下，食物丰盛，可以招待多个食客。如果豌豆象偏爱的豌豆短缺，它就退而求其次，去吃野豌豆和马蚕豆，这两种植物也向我们提供了类似证据。野豌豆颗粒小，被吃得只剩下一层皮，根本无望发芽生长；马蚕豆个头大，尽管上面有豌豆象的多间住屋，但依旧能够破土发芽。我们已知豆荚上的虫卵数量总是大大多于荚内豆粒的数量，我们也知道每个被占有的豆粒是一只幼虫的私有财产，那就要问，多余的那些幼虫是什么下场呢？当最早成熟的幼虫一个个在豆荚食橱里占好位置时，多余的那些幼虫是不是在外面死去了？它们是否被先行占领阵地的幼虫无情地咬死了？都不是。情况是这样的，就在此一时刻，在豌豆象成虫钻出来时留下了一个大圆孔在老豌豆上，用放大镜可以辨别出一些棕红色的斑点，数量有所不同，斑点中央都有钻孔。我数过，每粒豌豆上有五六个甚至更多的钻孔。那么这些斑点又是什么呢？我不会弄错的：有多少钻孔就有多少个幼虫。有好几个幼虫钻进了一个豆粒中，能长久地存活下来，变成肥大的成虫的却只有一只。那么其他的呢？我们马上来看看。

五月末和六月份是产卵期，豌豆仍然又嫩又绿。几乎所有被幼虫侵入的豆粒都会向我们展示出许多斑点，这我们已经从豌豆象遗弃的那些干豌豆上看到了。这是不是好些幼虫聚在一起的标记呢？没错儿。我们把所说的那些豆粒的子叶分开,必要时再加以细分。我们将好几个蜷在豆粒内的很小的幼虫暴露出来。

聚在一起的这些幼虫似乎相安无事,幸福安详。邻里间和睦相处,没有纷争,共同进餐,就餐者被子叶尚未被触动的部分所形成的隔膜分开着,各自待在自己的小间里,不会互相争斗,没有任何用无意地触碰或有意地寻衅引发的大动干戈。对所有的占有者来说,所有权相同,胃口相等,力量相当,那么如何结束共同享用同一个豆粒的情况呢?

我把一些被认为有豌豆象居民的豌豆剖开之后放在玻璃试管里,我每天再剖开另一些,我通过这种办法了解到共居一处的豌豆象的生长发育状况。开始时并无特别之处,每只幼虫独自在自己狭小的窝里,嚼食自己周边的食物。它节俭着吃,不吵不闹。它还太小,稍微吃一点点食物就饱了。然而,一粒豌豆无法供养这么多幼虫吃到长大为止。饥饿时常发生,最终只会留下一只,其余将全部死去。事情很快发生了变化,幼虫中居于豆粒中心位置的那一只发育得比其他的幼虫要快。当它稍稍比自己的竞争对手们个头儿大一点点时,后者便全都停止进食,克制着自己不再往前探索食物。它们一动不动,听天由命,它们就如此这般地静静地死去了。它们消失了、溶解了、灭亡了。这些可怜的牺牲者是那么小!从此,那粒豌豆整个儿地属于那个唯一的幸存者了,其余的都死在了享有特权者的身边,到底是怎么回事呢?我没有确凿的答案,只能提出一种猜测。

豌豆的中央比其他地方更多地享有太阳光合作用的恩宠,那儿会不会有一种婴儿食物,一种更适合豌豆象幼虫那娇弱的胃的松软食物呢?在豌豆的中央,幼虫的胃也许受到一种松软、味美、甜甜的食物的滋养,变得强壮,能够消化一些难以消化的食物。婴儿在吃流质,吃大人吃的面包之前,吃的是奶,豌豆的中心部分是否会像是豌豆象妈妈的乳汁?

豌豆粒的所有占据者雄心相同,权利相等,所以全都往最美味的部分爬去。行程充满艰辛,临时的栖身之所反复出现,以便休息。在期盼更好的食物的同时,它们凑合着吃点自己身边已成熟了的食物,它们的牙更多的是用来为自己开辟通道而非进食。

最后,找准方向的掘土工便抵达了豆粒中心的乳制品厂。于是,它便在那儿安顿下来,随即一切便成为定局:其他的幼虫只有死路一条。其他的幼虫是如何得知中心部位已被占据了的呢?它们听到自己的那位同胞在用大颚敲击其小屋的墙壁了吗？它们老远地就感觉到有啃噬的动静了吗？大概出现过某种类似的情况,因为自这时起,它们就不再往前探路了。迟到的幼虫们没有去与幸运的优胜者拼抢,没有去试图将它赶走,而是自己选择了死亡。我对太晚赶到的幼虫们的那种纯朴的忍让精神很是欣赏。

另有一个空间条件对这件事起着作用。在我们的那些豆象中,豌豆象是个头儿最大的。当它到了成年时,它就需要一种较宽敞的居所,而其他的那些豆象成年时并无这种要求。一粒豌豆可以为豌豆象提供很宽敞的一个居所,但是要住两个人就不行了,因为即使紧挨着也不够宽。这样一来,就必须毫不留情地精简人数,所以在一粒被侵入的豌豆里,除了一只幼虫而外,其他的竞争者都不留余地地被清除了。但蚕豆不同,它几乎像豌豆一样深受豌豆象的喜爱,但它却可以接纳好些个豌豆象同时下榻一家旅馆。刚才所说的那种独居者在蚕豆这儿就成了共居者。蚕豆有更宽敞的空间,能够容纳五六只甚至更多的幼虫,同时又互不侵犯。另外,每只幼虫都有最初几日的松软蛋糕在自己的嘴边,也就是说远离表面、硬化缓慢、味道保存得很好的那一层。这内里的一层是面包心,其余的则是面包皮。

在豌豆中,这松软的一层位于中心部位,是豌豆象幼虫必须到达的很小的一个点,到不了那儿,就必死无疑了。而在蚕豆这块大圆面包里,这个内层覆盖着两片扁平的豆瓣。如果在这硕大的豆粒上随处吃上一口的话,每只幼虫只需在自己面前往下钻,便很快能钻到想吃到的食物。

如果这样会出现怎样一种情况呢？我统计了一下固定在一个蚕豆荚上的虫卵,又数了一下豆荚里蚕豆粒,两相比较,我便得知按五六只幼虫计算,这只蚕豆荚有足够的空间容纳全部家庭成员。这就不存在几乎从卵中孵出之后便死去的多余者了,人人都有一份丰盛的食物,各个家丁兴旺。食物的丰富使这种粗放式的产卵方法得以保证。

如果豌豆象始终把蚕豆当作自己全家的住所的话,我就很清楚它为什么在同一个豆荚上产下那么多的卵了:食物丰盛,又容易吃到,所以便能招引豌豆象产下大量的卵来。而豌豆就让我困惑不解了,是什么原因促使豌豆象妈妈稀里糊涂地把孩子生在食物贫乏的地方活活地饿死呢？为什么有那么多食客围着只坐一人的餐桌呢？

事情在生命的进程中可不是这么发展的。某种预见性在调节着卵巢,使之根据食物的多寡产下自己的卵。金龟子、泥蜂、葬尸虫以及其他为孩子们储备食品罐头的妈妈们,都是严格控制自己的生育的,因为它们面包铺里的松软面包,它们一筐筐的野味肉,它们埋尸坑中的腐肉块等是通过艰辛劳动获得的,而且数量不多。

相反,肉上的绿头苍蝇则毫不顾忌地大包大包地堆积它的卵。它深信尸肉是取之不尽的财富,所以便在其上大量下蛆,根本不在乎下了多少。另外,昆虫要狡诈地抢掠食物,经常会导致死亡事故发生,因此昆虫妈妈也就用大量产卵的办法来抵消意外死亡的损失,以保持均衡。芫菁科昆虫就是属于这种情况,它常在极其危险的情况下掠夺他人财物,因此它的繁殖能力极强。

豌豆象既不了解被迫减少家庭人口的劳作者之艰辛,也不清楚被迫大量增加家庭成员的寄生者的苦难。它自由自在,不全心全意地去寻找,只在明媚的阳光下在自己所偏爱的植物上溜来荡去,便给自己的每个孩子留下了足够的财物。它是做得到的,而且还疯婆子似的想让超量的孩子生在一个豌豆荚上,致使多数孩子饿死在这间营养不足的哺乳室里。这种愚蠢的做法我不甚理解,它与昆虫妈妈远见卓识的母性本能背道而驰。

因此我倾向于认为,在世上的财富分享中,豌豆并非是豌豆象初期所取得的那一份,可能是蚕豆才对,因为一粒蚕豆就能够供养半打甚至更多点儿的食客。昆虫产卵与可食食物之间的明显的不协调因为种子个头儿大而不复存在了。

另外,毋庸置疑,在我们园中种植的各种豆类中,历史最悠久的便是蚕豆了。它个头儿特别大,而且口感也特别好,肯定自古以来就引起人类的注意。对于饥饿的种族来说,它是现成的,很有营养价值的食物。因此,人们急不可耐地在自己宅旁园地里大量地种植它,这就产生了初始农业。中亚地区的移民赶着他们那长满胡须的拉着牛车的牛,一站一站地长途跋涉,给我们的蛮荒地区首先带来了蚕豆,然后把豌豆,最后把防止饥荒的谷物也带来了。他们还给我们带来了牛群羊群;他们让我们了解青铜,那是最早的用来制作工具的金属。就这样,文明的曙光在我们这里出现了。这些古代的先驱在给我们带来蚕豆的同时是否不知不觉地也把今天与我们争夺豆类植物的昆虫给带来了呢?这是一种理性的怀疑。豌豆象似乎是豆类植物的原住民,至少我发现它就曾对当地的许多豆科植物在征收贡税。它尤其是在树林里的山黧豆上大量繁殖,因为山黧豆有一串串花朵和长长的、美丽的豆荚。山黧豆的籽粒个头儿不大,大大小于我们的豌豆粒。但是,它的籽粒皮软,幼虫能吃,所以每粒籽粒都足以让其居民长大变胖。

也请大家注意,山黧豆的豆粒数量很多。我曾数过,每个豆荚内含有二十来颗豆粒,这是豌豆即使产量最高时也达不到的数字。因此,无太多渣滓的优质山黧豆一般可以供养在其豆荚上的昆虫家庭。

如果树林中的山黧豆突然缺乏了,豌豆象便会把目光转向一种味道相同的其他植物,但这种植物的豆荚又无法喂养其全部幼虫,例如在野豌豆上或人工种植的豌豆上产卵。在食物不丰富的豆荚上产下的卵也不少,因为起源时期的植物或因种类繁多,或因籽粒个头儿大,可以提供丰富的食物。如果豌豆象真的是外来者,它初始阶段的食物假定为蚕豆;如果豌豆象是原住民,那就假定它的初始食物为山黧豆。

古老岁月中的某一天,豌豆到了我们这里。它起先是在先它而来的史前的那同一个小园子里收获的。人们发现它优于蚕豆,后者在为人作出那么多贡献之后让位于豌豆了。象虫也是这种看法,象虫虽未完全撇弃蚕豆和山黧豆,但却把自己的大本营建立在一个世纪以来逐渐广泛种植的豌豆上。今天,我们得与豌豆象共享豌豆,是因为豌豆象虫截取了它喜爱的部分,把剩余的留给了我们。我们丰富而优质的产品所产生的儿女——昆虫的这种繁衍兴旺,从另一方面来看却是衰败没落。对于象虫来说如同对我们来说一样,食物方面的进步,并不总是完美的。省吃俭用,种族则更得益;食不厌精,种族遭殃。豌豆象在蚕豆和山黧豆这种粗糙食物上建立了婴儿低死亡率的移民地。在它们上面,人人都有吃饭的地方。而在精美食品——豌豆上,大部分食客则因饥饿身亡,豌豆份额不足却食客众多。我们不必在这个问题上耽搁过多的时间了。我们来看看由于兄弟姐妹全都死去而成为唯一的主人的豌豆象幼虫吧。它在这种大生死中毫发无伤,是机遇帮了它的忙,仅此而已。在豌豆粒中央这个丰润的僻静处,它捡起了自己的唯一的本行——吃。它先吃自己周边的食物,继而扩大范围,只见它的肚子越来越鼓,它的窝儿在变大,但也随即被大肚子填满。它身轻体健,丰满迷人,透着健康的风采。如果我引逗它,它便轻轻地点着头在自己的宅子里懒散地打转儿,它用这种方式表明它讨厌我的打扰。我们让它安静,别打扰它了。

它发育得又快又好,以致酷暑来临时,它已经在忙着即将到来的外出了。豌豆象成虫没有配备足够的工具为自己在豌豆中打开一条通道钻出去,因为豌豆此时已经完全变硬了。幼虫知道自己将来的这种无奈,便早有所预见,用一种绝妙的技艺摆脱困境。它用自己有力的颌钻出一个安全门,圆圆的,四壁十分光洁,我们用最好的雕琢象牙的刀具也难做得如此漂亮。

仅仅准备好逃跑的天窗还不够,还必须考虑好蛹干细致活儿时所需要的宁静。擅闯民宅者会从开着的天窗溜进来,进而损伤毫无防御能力的蛹。所以这个天窗必须关上。怎么关呢？窍门在这儿。

幼虫在钻逃逸的出口时,啃噬面粉状物质,连一点儿渣渣都不剩。待钻至豆粒表皮时,它便突然停下。这层表皮是一层半透明的薄膜,是幼虫变态用的凹室的防护屏,以防外来的不法之徒进入其间。

这也是成虫迁居时将遇到的唯一的障碍。为了使这道屏障易于脱落,幼虫曾在里层细心地围绕着盖子刻画出一道阻力不大的沟槽。发育成成虫后,只需用肩膀一顶,用额头稍稍一撞,圆盖就微微顶起,像木锅盖似的掉了下来。出洞口穿过豌豆那半透明的表皮展露出来,宛如一个宽大的环状斑点,因室内阴暗而不很明亮。接下来所发生的事因被类似毛玻璃的物体遮隐,所以看不清楚了。

这种舷窗盖构思的确巧妙,既是抵挡入侵者的壁垒,又是豌豆象成虫在适当时机用肩膀一顶即开的活门。我们将会因此而向豌豆象表示敬意吗？这灵巧的昆虫会想出这么个高招儿,思考出一个计划,进而一步一步地付诸实施吗？象虫的小脑袋有这本事可是了不得。我们还是先做下实验再下结论吧。

我把这些被豌豆象幼虫占据的豌豆的表皮剥掉,再把这些豌豆放在玻璃试管里,免得它们过快地变干。幼虫在其中和在没有剥去表皮的豌豆里一样发育良好,时机成熟便准备出屋了。

如果幼虫矿工是被自己的灵感所指引的话,如果那被不时地仔细检查的顶板已被认为已很单薄而不再继续挖它的通道的话,那么在现在多种条件下,会发生什么情况呢？幼虫感觉到自己已经贴近表面,将停止钻探,它为获得不可或缺的保护屏将不会去损坏无表皮的豌豆的最后的那一层了。

事实上,并未发生类似的情况。井坑在充分挖掘,出口在外面张开,如同表皮仍在保护着豌豆似的一样宽大,一样精雕细琢。安全的原因一点儿也没有改变幼虫的习惯劳作,幼虫并不担心敌人来去自由地进入小屋。

当它没有把有表皮的豌豆钻透时,它也没有对此进行过多地思考。它之所以突然停下来,是因为没有面粉的薄膜合它的胃口。我们不也是把那些并无营养价值的豌豆皮从豌豆泥中弄出去吗？因为豌豆皮并没有什么用。看上去,豌豆象幼虫同我们一样:它讨厌豌豆粒上那层如羊皮纸似的咬不动的表皮。它到了表皮那儿便驻足不前了,知道那玩意儿不好吃。从这种厌恶的心情中却产生出一个小小的奇迹。昆虫没有逻辑,它被动地听从一种高级逻辑。它只是听从,而并未意识到自己的技艺,它的这种无意识如同可结晶物质有条不紊地聚集大量原子一般。

八月里,或早或晚,终会有黑斑出现在豌豆上,每粒上始终都有一个,毫无例外,这就是出舱口。九月份,其中绝大部分都会打开。好像是钻孔器钻出的舱门盖整齐划一地分离,落在地上,住屋的出入口便畅通无阻了。豌豆象以最终的形态衣着光鲜地爬了出来。

季节很好。经雨水浇灌的花朵争妍斗奇地盛开着,从豌豆上来的移民在秋天的欢悦中前来探花。然后,寒冬来临,移民们便纷纷寻找避难所躲藏起来。其他的一些与这些移民数量相当,并不急于离开出生的豆粒。整个寒冬腊月,它们滞留在出生的豆粒里,躲在不敢触动的保护屏下面,一动不动。小屋的门只待酷暑回来时才在铰链上,也就是说在抵抗力较弱的沟槽上发挥作用。到那时,迟到的幼虫才大搬家,与先期到达者们会合,待豌豆开花时节,共同准备干活儿。

观察者从方方面面去观察昆虫本能的无穷无尽、变化多端的表现,是对昆虫世界的观察的最大乐趣,因为没有任何东西比这更能展示生命中的种种事物那奇妙的配合一致了。我明白,这样去了解昆虫学,并不是人人都赞赏的,人们对一心关注昆虫的一举一动上的这种天真汉是嗤之以鼻的。对于急功近利的功利主义者而言,一小把没有遭到豌豆象糟蹋的豌豆远胜于一大堆没有直接利益的观察报告。

缺乏信仰的人啊,谁告诉你今天没有用的东西明天就不是有用的?弄清楚了昆虫的习性,我们便能更好地保护我们的财富。假若我们轻蔑这种不注重功利的观念,我们可能会后悔莫及的。正是通过这种或立即可以付之于实践的或不能立即付诸实践的观念的积累,人类才会并且继续变得越来越好,今天比昨天棒,明天比今天更好。如果说我们需要豌豆象与我们争斗的豌豆和蚕豆,那么我们同样需要知识,因为知识就像巨大而坚硬的和面缸,进步这种面包便在其中揉拌、发酵。思想观念和蚕豆一样的重要。

思想观念还特别告知我们:贩卖谷物者无须费心劳神地去与豌豆象进行争斗。当豌豆被运到谷仓时,损失已经酿成,没有办法弥补,但此种损失是不会扩展的。完好无损的豌豆丝毫不必担心与受损害的豌豆为邻,不论它们混居一起多久。豌豆象到时候能从这些受损害的豌豆中出来,假如有可能逃走,它们是可以从粮仓中飞走的。假若情况相反,它们会死去而不会对完好无损的豌豆造成丝毫的损害。在我们食用的干豌豆上从未有豌豆象卵,从未有新的一代豌豆象出现。同样,豌豆象成虫所造成的损害也从没有见到。

我们的豌豆象并不是在粮仓之中定居。它们需要清新的空气、阳光、田野的自由。它吃得有点儿少,从来不吃蔬菜硬的部分。对它那细小的嘴而言,在花间吮吸几口蜜汁就可以了。此外,幼虫所需的正是在豆荚里发育生长的绿色豌豆这松软的面包。基于这样,粮仓中没有见到开始时进入其中的豌豆象卵发育成长后又在繁殖下一代的现象。

在与这种昆虫进行争斗时如果我们不总是毫无办法的话,就尤其应该在田野上监视豌豆象的为非作歹。豌豆象数量多的吓人,个头儿又不大,且十分狡猾,因此很难消灭,所以,它不屑我们人的愤怒。园丁边叫边骂,象虫就是无动于衷。它依旧一如既往地继续做它那收税官的行当。幸运的是,有一些助手前来帮助我们,它们比我们更有耐心、更加高效。

就在八月的第一周里,当成熟的豌豆象开始迁移时,我看到我们豌豆的保卫者——极小的小蜂,它在我的那些作培育用的短颈大口瓶内,大量地从象虫那边出来。雌性小蜂头和胸呈现棕红色,肚子和腹部是黑色,并且带有长长的螺钻。雄性小蜂个头儿稍微小些,全身的黑衣裳。雌雄两性都拥有泛红的爪子和丝状触角。

为了使豌豆象钻出豌豆,豌豆象的歼灭者在豌豆象为最后解脱而在豌豆表皮上刻画出的天窗圆封盖上开启一扇小天窗。被吞食者帮其吞食者开拓了出去的道路。看见这一细节,其余的就很容易猜测了。

当豌豆象幼虫变化的初级阶段结束时,当出口已经钻通的时候,小蜂急匆匆地突然到来。它仔细查看还长在茎上的豆荚中的豌豆,它使用触角探来探去,察觉了表皮上的薄弱部位。于是,它就会竖起它的探测尖桩,插入豆荚,在豆粒的很薄的封盖上钻孔。象虫的幼虫或蛹,不论躲在豆粒多深的位置,小蜂的长尖桩都能碰到。小蜂在象虫的幼虫或许蛹上产下一只卵,大功就告成了。象虫目前还处于半睡眠状态或者呈蛹状,因此不可能进行反抗,最后这些胖娃娃将被吸得只剩下一具干皮囊。真可惜,我们不可以随心所欲地帮助这种热情的歼灭者大量繁殖!唉!这就是使人大失所望的恶性循环,我们没有办法放开手脚，因为假如要想有许多的豌豆的探测者——小蜂前来帮忙，首先就必须有大量的豌豆象。

菜豆象

倘若上帝在世间创造过一种蔬菜，那便是菜豆。菜豆有太多的优点：口感轻软、味道精美、产量非常高、价格便宜、营养丰富。那是植物性的肉，但看上去却让人觉得舒服，并不血腥，不似屠户在砧板上切下的肉那样。为了铭记它的好处，普罗旺斯方言把它叫作“穷人的点心”。

你是神圣的豆子，是穷人的依靠，你价格便宜，你让劳动者以及让无法得到好运的善良而又有才能的人食以果腹。敦厚的豆子，滴上两三滴油和一点点醋，你曾经是我青少年时代的美味佳肴；现在你仍旧是年迈的我在粗茶淡饭中最喜欢的蔬菜。我愿与你终生为友直到生命终结。现在，我并不打算歌颂你的功绩，我只请教你一个好奇的问题。你的祖籍在哪里？你是不是和蚕豆和豌豆一起从中亚地区来的？你是那些农作物先驱者从他们的小园子里为我们带来的那些种子一块的吗？前人知道你吗？

公平的、消息灵通的昆虫对此答复道：“不是，在我们这周围，前人并不知晓菜豆。这种珍贵的豆子并非同蚕豆一起经过同样的路径来到我们这里的。它称得上是漂泊的异乡人，很迟才被引入旧大陆。”

昆虫的话值得认真考虑，因为这些话言之有理。情况就是这样的，我长久以来一直在关注农业方面的事情，但我从来没有见到有菜豆受到昆虫科中任何一种掠夺者，特别是受到专爱侵犯豆科植物的象虫的掠夺的。

我向我的农民邻居咨询过这个问题。涉及其收获物，这些农民便十分的警觉。触到他们的财产，那肯定是罪不可恕，他们很快就会发现是谁干的坏事。此外，农妇们就待在家里，在盘子里一粒粒地剥出即将下锅的菜豆，它们心灵手巧，一触及歹徒就会将它绳之以法。瞧，他们全部一致地以微笑来回答我所提出的问题，那笑容是在嘲笑我有关小虫子方面的知识少得可怜。他们言道：“先生，您要明白，菜豆里是从来不长虫的。它是受上帝恩赐的一种豆子，象虫是不敢侵害它的。豌豆、蚕豆、扁豆、山黧豆、小豌豆全都生虫子的。但菜豆是穷人的点心，它从不会生虫的。我们是穷苦人家，倘若连虫子也来和我们争夺它的话，我们该怎么活下去呀？”

确实，象虫科昆虫并不将菜豆放在眼里，如果大家看看别的豆类是如何受到它们的疯狂伤害的，那就会觉得这种对菜豆的蔑视是尤其奇怪了。全部豆类，连最小的小扁豆也难逃一劫，而且菜豆个头儿又大，味道也美，但却安然无恙。这可真让人难以想通。豆象不论好的次的豆粒都毫不犹豫地要吃，为什么唯独不吃最美味的菜豆呢？它吃了山黧豆后吃豌豆，吃了豌豆吃蚕豆以及野豌豆，不论豆粒大小都能令它感到满意，而它偏偏却对菜豆的诱惑毫无感觉。缘由是什么呢？

很明显它并不了解菜豆。而别的豆类，不管是当地的还是来自东方全部都适应了当地水土，经过几百年的相处它对它们已经不再陌生了。它每年都要品味这些豆类是否品质优良，而且深信过去所得到的经验教训，依照古代的习俗对未来进行安排。对于它而言，菜豆这个新来者的长处，是令人怀疑的。

菜豆属于新来者这一点被昆虫完全证实了。它来自很遥远的地方，肯定是来自新大陆。任何可食用的东西都会招致一些有意者来食用它。假如菜豆源自旧大陆，它便会像豌豆、小扁豆以及其他豆类一样招来自己的消费者。就连同豆类植物中最小的、常常没一个针尖大的还供奉自己的豆象——一类矮小的昆虫，它可以耐心地咀嚼这种小豆粒，并在其间造窝筑巢。而菜豆肥胖鲜美，怎么就被放过了呢？

我们除下面的解释外再没有其他能解释这种奇特的豁免权的了：同土豆和玉米一样，菜豆是新大陆的一件礼物。它来到我们这里时没有昆虫伴随，它的合乎规定的开发者被留在了当地。而在我们这儿的田野里，它遇到了另外一些吃豆粒的昆虫，可这些昆虫又不认识它，所以便对它不屑一顾了。同样，玉米和土豆在我们这儿也未受侵害，除非它们的打劫者从美洲突然而至。

昆虫上面所说的那番话也由一些古老的经典作者中的证词所证实：在农民们那粗茶淡饭的餐桌上，菜豆从未出现过。在维吉尔[①]的第二首牧歌中，特斯悌利丝为收割庄稼的人准备饭菜：特斯悌利丝的饭菜丰盛多样，多种多样

---

① 古罗马诗人。生于阿尔卑斯山南高卢曼图亚附近的安得斯村。在家乡受过基础教育后，去罗马和南意大利攻读哲学及数学、医学。约公元前44年回到故乡，一面务农，一面从事诗歌创作。是古罗马奥古斯都时期最重要的诗人。

的饭菜如同普罗旺斯人爱吃的蒜泥蛋黄酱。这写在诗中很美，但却华而不实。这儿的人爱吃的是抗饿的食物——用切成细丝的洋葱拌的红菜豆。这种菜看好极了，既保持了乡村风味，又能填饱肚子，不比大蒜差。填饱肚子之后，收割庄稼的农民们在露天地里，在麦堆的阴凉处，小睡一会儿，慢慢地消食。我们现代的特斯悌利丝们同她们古代的姐妹们没有多大差别，很留意不忘记那穷人的点心，不忘记大肚汉们的这种经济实惠的好吃的东西。诗人笔下的特斯悌利丝没有提到这一点，因为她不了解穷苦的大肚汉。

维吉尔还向我们描述了在殷勤招待自己的朋友梅里贝住了一夜的蒂迪尔。梅里贝被屋大维的士兵赶出家园，一瘸一拐地跟在羊群后面离去。蒂迪尔说："我们将会有栗子、奶酪、水果的。"这则故事没有说明梅里贝是否被诱惑了，这很遗憾。但从这顿清淡的饭菜中，我们可清楚地得知古代的牧羊人是没有菜豆可充饥的。

在一个美妙动听的故事中奥维德向我们讲述了菲雷蒙和波西斯款待他们陋屋的客人——两个不认识的神明的情景。在用一块瓦片垫稳的三条腿的餐桌上，他们端上来圆白菜汤，在热炉灰里焐了一会儿的鸡蛋，在盐卤中腌渍的小冠花、蜂蜜、水果等。在这些美味的乡村食物中，缺少我们农村里的波西斯们不会忘记的一道主菜。在猪肉汤之后，必然要上一盘菜豆。擅长描写细腻情节的奥维德为什么没有提到非常适合放在菜单中的菜豆呢？或许也是他不知道这种豆子的原因吧。我回想了我读过的有关古代农村膳食的那一点点知识，但一无所获，想不起有菜豆什么的。在葡萄种植者和收割庄稼的农民的砂锅里，倒是提到了羽扇豆、蚕豆、豌豆、小扁豆，唯独缺少这种优质的豆子。另外，豆子美名远播。有人说："它让人吃着开心，你吃了之后，就去放松放松。"因此它适合黎民百姓用来说些粗俗的玩笑，特别是当这些玩笑由一个像阿里斯托芬和普劳图斯这样的天才不顾廉耻地说出口来，就更是这样了。对蚕豆吃多了能让人放屁的隐喻会产生什么样的舞台效果呀！雅典内河航船上的水手们和罗马的挑夫们听了会发出多么朗朗的笑声啊！这两位喜剧大师在他们忘乎所以时，用一种不如我们那么雅致的语言谈到了菜豆了没有？根本没有。他们对这种同样能引起声响的豆子只字未提。

菜豆本身就是发人深省的怪词。与我们的词汇无亲缘关系，它的形态与我们的音节组合不一样，使我们在脑子里联想到加勒比海地区的方言俚语，比如橡胶和可可。菜豆一词确实是源自美洲的印第安人吗？我们是否连同这种豆子一起接受了或多或少地保留着其乡土气息的名称？也许是这么回事，但这又怎么能知晓呢？菜豆，怪诞的菜豆，你向我们提出了一个奇怪的语言学方面的问题。

法语称菜豆为 faseole，flageolet；普罗旺斯方言称它为 faiofi 和 favioa；卡塔卢西亚语称它为 fayol；西班牙语称它为 faseolo；意大利语称它为 fagiuolo。为此，我在想，拉丁语系中的各种语言虽然词尾都必不可避免地有所变化，但却保存了 faseolus 这一古词。

如果我查阅我收集的词汇卡片，我就能找到表示“菜豆”的词汇有 faselus，faseolus 等。词汇学者，请允许我告诉您：您翻译得不妥，faselus，faseolus 不能表示“菜豆”。我有不容置辩的证据：维吉尔在他的《农事诗》中告诉我们什么季节适合种 faselus。他说道：

如果想种 faselus，
那就等着牧羊星座把黑夜的
征兆传达给你，
你便开始播种，
继续耕作至一周期之中。

没有什么能比这位深谙农事的诗人的告诫更清楚的了：必须在夕阳西下牧羊星座消失的时期，也就是说将近 10 月底开始播种 faselus，直到降霜中期才停止耕耘。

若按照这种说法，菜豆是与之无关的：菜豆是一种弱不禁风的植物，稍一受冻就忍受不住了。即使是在意大利南方的气候条件下，冬季对它来说也是要命的季节。而豌豆、蚕豆、山黧豆和其他的豆科植物则不然，由于其发源地的关系，它们能够抵御寒冷，秋季播种，只要不太冷冬季它就会长势旺盛。

那么，《农事诗》中的 faselus 这种把其名称传给拉丁语各种语言中的“菜豆”这一有争议的豆子到底是何物呢？鉴于诗人在诗中曾用“鄙俗”一词来贬斥它，我不由得想起了应该是指黧黑豆，也就是普罗旺斯农民不怎么欣赏的那种煤玉豆。

我正在做如是想，而且在这种豆子的昆虫，这唯一的证据几乎要澄清了时，突然，一份意想不到的资料替我把这个谜底彻底揭开来了。又有一位诗人，也就是那位闻名遐迩的玛利亚·德·埃雷迪亚帮了博物学家一把。我的一位朋友，村里的小学老师，给了我一本小册子，他没料到这竟然帮了我的大忙。我在这本小册子里读到这位十四行诗的名家与一位询问他最喜欢的作品是哪一部的女记者的如下的一番对话：

诗人说："您让我怎么回答您呢？我很犯难的……我不知道自己偏爱的是哪一首十四行诗，我写所有的诗时都殚精竭虑，呕心沥血的……您呢，您更喜欢哪一首呀？"

"亲爱的大师，件件珠宝都美不胜收，怎么可能从中进行挑选呢？您让珍珠、绿宝石、红宝石熠熠生辉，看得我目不暇接，我又怎么可能决定喜欢绿宝石而不喜欢珍珠呢？整条项链都让我爱不释手。"

"对！可我，有一件事却使我对它比对我所有的十四行诗都感到自豪，而且它比我的诗更让我享有荣誉。"

女记者瞪大了眼睛问道：

"是什么事？……"

大师狡黠地看了看女记者，然后精神焕发、得意扬扬地大声说道：

"我找到了菜豆一词的词源！"

女记者惊愕得都忘了哈哈大笑了。

"我跟您谈的可是正经事呀。"

"亲爱的大师，我早就知道您学识渊博、盛名远播，但我未曾想到您会为找到菜豆这个词的词源而感到无比自豪。啊，不，不，我未曾料到是这么回事！您能告诉我您是怎么发现的吧？"

"当然。是这样，我在研读埃尔南德斯的《新世纪植物史》这本 16 世纪的自然史佳作时，找到了一些有关菜豆的资料。直到 17 世纪以前，菜豆这个词在法国尚不为人所知。大家一直把它称之为'蚕豆'或'菜豆属'，而墨西哥语中则有'阿雅科特'（ayacot）一词。墨西哥在被征服之前，那儿就种植有三十种菜豆。今天，那儿的人仍然称这三十种菜豆，特别是那种带红斑或紫斑的红菜豆为阿雅科特。有一天，我在加斯东·帕里斯家中遇上一位大学者。他一听见我的名字，便走上前来问我是不是找到了菜豆这个词的词源了。他一点儿也不知道我也写过诗，还发表过《战利品》这部诗集……"

啊！把菜豆置于十四行诗这一瑰宝之上，这可真是绝妙的俏皮话！该我因阿雅科特一词而心花怒放了。我怀疑菜豆这个怪诞的词儿中有印第安语的成分该是多么在理呀！以自己的方式向我们证实这种珍贵的种子源自美洲大陆的昆虫真是言之凿凿！蒙特儒马的蚕豆，阿兹特克人的阿雅科特，在从墨西哥来到了我们的菜园子里时几乎保留着自己的原始名称。

但是，它来到我们这里并没有其消费者——昆虫陪伴着，而在它的故乡，肯定应该有一种专门征收这种丰产豆子税的象虫科昆虫，我们土著的豆粒消费者不接受这个外来者。它们还没来得及与这个外来者熟悉起来，来不及评价其优点。它们谨慎小心地克制着，不去碰这个因其新来乍到而颇受怀疑的阿雅科特。因此，直到今天以前，这种墨西哥蚕虫一直安然无恙，这与我们其他的豆子迥然不同，其他豆子全都被象虫侵害了。

然而这种状况未能长久地持续下去。如果说我们的田间地头没有喜爱这种豆子的昆虫，那么新大陆却有它的爱好者。通过商业交易，某一天总会有这么一两袋生虫的菜豆给我们把它带来的，这是不可避免的事。

根据我所掌握的资料，新近的这种入侵似乎不乏其例。三四年以前，我从罗讷河口地区的马雅内弄到了我一直在我家附近徒劳地寻找的东西。我当时在寻找时曾问过家庭主妇和农民，他们对我所提的问题感到十分惊讶。他们谁都没有见过什么菜豆虫，也从来没有听说过有这种虫。我的一些朋友听说我在寻找这种虫子，给我从马雅内寄来了，可以说是大大地满足了我的博物学者好奇心的东西。那是一斗受到严重蛀蚀的菜豆，千疮百孔，简直像是海绵状。这些豆子里蠕动着数以千计的象虫，小得就像小扁豆中的小象虫。

寄豆子来的那些朋友跟我谈及马雅内所遭受的损失。他们说，这种可恶的虫子毁掉了大部分庄稼。真是一种从未见过的大灾害，把菜豆给毁得差不多了，几乎让主妇们没有菜豆可供煮食的了。至于这罪魁祸首的习性、活动情况，大家都不清楚。这需要我的实验弄个明白，得赶快进行实验，这样的环境和条件很适合做实验。如今是六月中旬，我的园子里有一块地上长着早熟菜豆，是比利时黑菜豆，是种给自己吃的。即使损失了这宝贵的豆子，也得把这可怕的虫子放到这片绿色植物上去。根据我所看到的豌豆象的情况来判断，这些比利时黑菜豆已经成熟：花繁叶茂，豆荚也十分饱满，青翠欲滴，大小不一。我将两三把马雅内菜豆放在一只盘子里，并把在太阳下蠕动着的一堆虫子放在比利时黑菜豆地边儿上。对于将要发生的情况，我觉得我已猜到了。获得自由的虫子和很快就被阳光刺激而解脱的虫子将会飞起来。它们将在附近寻找供养它们的植物，然后便停在上面，据为已有。我将看到它们探测豆荚和豆花，无须多久我便可以看见它们产下卵来。豌豆象在这样的条件下，也会这么做的。

但事实并非如此，这使我感到困惑，为什么情况与我预料的会不一样。昆虫们在太阳下动来动去有几分钟的工夫，微微张开鞘翅，然后又闭合上，以利飞行机械的运行，然后便起飞了，一只又一只，它们飞向明晃晃的空中，它们慢慢飞远，不一会儿便不见了踪影。我一个劲儿地紧盯着，但一无所获，飞走的一只也没停在菜豆上。

在满足自由的欢快之后，它们今天晚上，明天、后天还会飞回来吗？没有，它们没有飞回来。整整一个星期，我都在最佳时刻检查一垄一垄的菜豆，一朵一朵的花，一个一个豆荚，挨个儿地查了一遍，都没见着有菜豆象，也没发现有虫卵。可是，这正是产卵的有利时期，因为此刻被我囚于短颈大口瓶内的孕妇们正在干菜豆上大量地产卵。

我们换个季节再尝试一下。我安排了两块地，种上了晚熟菜豆——红科科特豆，有点是为居家食用的，但首先是为菜豆象准备的。这两块地相隔开来，弄成梯形，一块成熟在八月，另一块则在九月或更晚些时间成熟。

先前用黑菜豆所做的实验我换成了红菜豆来做。我多次适时地把一窝一窝菜豆象放进绿叶丛里。它们是从总货仓——我的短颈大口瓶里取出来的。每次的结果都宣告失败。整个收获季节里，我几乎每天都在延长研究的时间，直到两次收获全部结束，全都以失败告终。我直至最后也没发现一只有虫子占据的豆荚，甚至连一只在植物上驻足的象虫都没看见。

但我并未就此中断我的监视。我还嘱咐我的家人尽心竭力地看管我为自己研究所专门种植的那几垄地，并要他们采摘时留意豆荚上可能会有卵。我自己则先用放大镜仔细查看之后再把豆荚交给妻子去剥豆。但最终成为一场徒劳，到处都没有见到菜豆象的踪迹。

我除了在露天地里做这些实验外，还在玻璃瓶子里做过一些实验。我用长形瓶子装了一些还挂在枝上的新鲜豆荚，有一些是青翠碧绿的，另有一些呈胭脂红色，里面的豆粒接近成熟。每只瓶子里都放了不少的菜豆象。这一回，我获得了一些菜豆象卵，但我对这些卵不太有信心：菜豆象妈妈把这些卵产在了玻璃瓶内壁上，而不是产在豆荚上。但不要紧，反正它们也在孵化。我看见孵出的幼虫游来荡去了几天，以同样的兴奋劲头儿探测豆荚和瓶子内壁。但它们丝毫没有触动放在瓶子里的食物，最后它们悲惨地死去了。这种结果必定会发生的，它们并不喜欢这新鲜的菜豆。和豌豆象的情况相反，菜豆象不愿意将自己的孩子们托付给并非天热成熟以及那些因干燥而变硬的豆荚，由于它在我的苗圃上找不到它所需要的食物，因此它也未在上面停留，那它需要的究竟是什么呢？它需要老的、硬的、掉在地上像石头子儿似的嘭嘭响的豆子。我立刻就满足它。我在我的玻璃瓶里放进一些彻底成熟的、硬邦邦的、经太阳长时间照射而晒干了的豆荚。这一回，菜豆象人丁兴旺，幼虫们在干干的豆荚壳上，触到了豆粒，在豆粒上进行钻探，这以后的所有发展都在意料之中。依据观察的一些情形分析，菜豆象便是这样进入到农民们的粮仓里的。收获时在田野里，留下了一些菜豆，在太阳下枝茎和豆荚被晒得又干又透。这样一来脱起粒来就非常容易了。也就是在这会儿，菜豆象找到了自己中意的东西，便在上面将卵产下来。农民收回豆子时捎带把侵入者带回了家。但是，菜豆象吃的大多是我们放在谷仓的豆子，这点跟象鼻虫相同，象鼻虫不喜欢田地里麦穗上的麦粒而就是喜欢吃谷仓中的麦粒，菜豆象也讨厌鲜嫩的谷粒而喜欢定居在谷堆上那又暗又静的环境之中。它们不仅仅是农民的敌人，而更是储粮商的可怕的敌人。

这种侵害者只要定居在我宝贵的谷仓中，其破坏力可大着哩！我的小瓶子就充分地说明了这一点。光一粒菜豆上面就住了一大家子，经常有二十来个。而且还不只是一代，一年之中足有三四代安居其上。只要是豆皮下有可以吃的东西，就有新消费者定居其上，直吃到菜豆粒只剩个空壳，惨不忍睹。幼虫不屑去吃豆粒的表皮，最后便剩下一个满是窟窿眼儿的空袋子，而袋内的物质用指头一触，便碎成一摊令人作呕的粉状物东西，菜豆被彻底毁坏光了。

豌豆象只是在一粒豌豆上停留，它只吃掉够自己挖掘狭窄的孵化室的空间的东西，而剩下的其他地方还是完好无损的，因此豌豆粒仍可发芽，并且还能食用，只要你不讨厌就行，其实，这也没什么可以觉得厌恶的。不过美洲的菜豆象就不会这么手下留情，它要把自己那颗豆子吃个干干净净，只剩下一堆连猪都不吃的垃圾。美洲在把它的昆虫灾害给我们带来时，可是来势凶猛的。美洲曾经就把根瘤蚜这害人很深的虱子带给了我们，这些种植葡萄的人们一直在与它们这种害虫斗争着。今天，美洲又给我们带来了菜豆象，这将对未来造成严重的威胁。从我做的几次试验来看他们的危害是相当严重的。在这差不多三年的时间里，我的昆虫实验室里，桌子上摆放了许多个大小不一的瓶子。全都是由纱罩罩住瓶口的，既可防止入侵者又能保持空气流通。这些瓶子是我的野兽笼子。我在瓶子里培育菜豆象，并随意改变对它们的食物供应。我从这些瓶子中特别获知菜豆象对居所的选择并不是专一的，除了几个罕见的例子而外，它们能适应我的各种豆子。

各种菜豆，不论大小、黑白、或者红杂，当年收获的和好几年前收获的几乎煮都煮不烂的，菜豆象都能适应。脱了粒的菜豆则更受青睐，因为便于侵入，但是如果脱了粒的不够时，有豆荚保护着的豆粒也一样可以得到菜豆象的喜爱。刚孵化出来的幼虫会钻透往往又皱又硬的豆荚触及豆粒，菜豆象便是如此在田间地头侵害菜豆的。

品质非常优良的长荚果扁豆也得到菜豆象的认可。这种扁豆在我们这里被叫作独眼菜豆，因为在豆荚的梗注处有一黑点，仿佛带眼囊的眼睛，因此而得名。在我的那些菜豆象寄宿者里面我甚至看出它们对这种扁豆更加情有独钟。

直到这时之前，没有发现任何异常情况：菜豆象没有越出菜豆属植物这一食物范围。不过，这之后，情况变得危险了，菜豆象向我展示出它的意想不到的一面。它毫无迟疑地去吃干豌豆、蚕豆、山黧豆、野豌豆、鹰嘴豆。它总是津津有味地从这一种吃到那一种。它的孩子们同吃菜豆一样，吃这些豆类也可以吃得膘肥肉壮的。它们唯独不喜欢小扁豆，这也许是因为小扁豆个头儿太小的缘故。这种美洲来的象虫科昆虫真是个恐怖的侵害者！

假如菜豆象跟我先前担心的一样贪吃，从豆类到谷物统统都吃，那样所带来的灾害就更厉害了，实际上并未严重到如此地步。居于我的短颈大口瓶、与小麦、大麦、稻谷、玉米等在一起的菜豆象全部无一例外地没留下后代便死去了。它同油性种子，如蓖麻、向日葵等在一块的情形也是如此。除了豆类，再没有其他的什么适合菜豆象的。尽管有此局限，但它的胃口依旧是很大，而且吃起来十分疯狂，祸害很深。

它的卵呈白色的，是小圆柱形。产卵没有次序，对产卵地点也没有任何选择。菜豆象妈妈产卵的时候，或者就产下一个，或许产下一小堆，不仅产在短颈大口瓶的内壁上面，也会产在菜豆上。有时它很不细心，竟然会将卵产在玉米、咖啡、蓖麻或其他种子上面，它的后代就是因为在这里找不到合适的食物而不久就死去了。在这里，妈妈的远见又有什么作用呢？在豆荚堆中的任何部位都是适合产卵的，因为新生儿可以独自寻找并找到侵入点。孵化卵最多要五天的时间，刚被孵化时出来的是个有着棕红色脑袋的白色小东西，这个小点点勉强能看得出来。幼虫鼓起上身，令自己的工具——大颚这个圆凿比原来更有力，因为它要使用这一工具在像木头般坚硬的种子上钻孔。树干上的矿工——吉丁和天牛的幼虫也是这般挺着上身的。小虫子一生下来就以一种我们难以置信的，如此小年纪就拥有的积极劲头儿去闲逛着，它这样做是为了尽早找到可以休息的地方和可以充饥的食物。大部分幼虫在第二天都完成了自己的事。我看到它们在种子硬邦邦的表皮上钻孔，我观察着它们的执着劲头儿，有时我还看到幼虫半个身子伸到刚凿出一点的坑道的开口处，坑口边上有白色粉末，那便是钻孔时弄出来的粉屑。它钻进洞里，钻到种子的中心部位。它长得很快，五周后就会长大成为成虫从洞里爬出来。

菜豆象发育、生长都特别快，因为这个缘故，它在一年之内会有好几代。而我就看到过四代。此外，仅仅一对夫妇就给我提供了八十个孩子。我们就只依据一半来统计，因为夫妇双方是两个人，我是依照两个性别的等量加以计算的。那么，到年末时，这第一对夫妻所生之后代便会是四十的四次方，那么幼虫时期的菜豆象总数即是五百多万只。这么一个巨大的军团要糟蹋掉很大一堆菜豆呀！菜豆象的本事从各个方面来看都和我们所熟知的豌豆象不相上下。每只幼虫都在菜豆内为自己钻个小屋，却并没有伤害到菜豆的表皮这个保护屏障，等到长成成虫要出去时，只要轻轻一顶，封盖就会脱落。到蛹的尾期时，那一个个就如同若隐若现的星星一样的小屋便出现在菜豆的表面上。最后，封盖脱落幼虫爬到屋外，菜豆上遗留下一个个小洞，小洞的数量就等于幼虫的数量。

即使菜豆象成虫只需有点粉质碎屑就完全可以了，但是在这大堆的食物上只要有可被利用的东西，它仿佛就不愿弃之而去。它们在菜豆堆里交尾，菜豆象妈妈随便地在菜豆上产卵，孩子们在菜豆中安置下来，有的停留在完好无损的豆粒里，有的则栖息于被钻了洞却并未被吃光的豆粒中，每隔五个星期，在美好的季节中，便会有新的幼虫重新开始钻来钻去。最终，九月或十月的那一代也即是末一代，便只好在小屋中昏昏欲睡地等待热天的来临。

如果菜豆的破坏者一旦造成了有灾害性的危险，那要对它们展开一场歼灭战也并不难。从它们的生活习性中我们得知需要采用哪种手段，它把收回来存放在谷仓里的干燥豆类当作粮食。在田野里要对付它是不易的，并且也难以奏效。它关键是在我们的谷仓里活动干坏事。此时，敌人就停留在我们家里，待于我们力所能及的范围内。只需要喷洒农药，即可轻而易举将它们消灭殆尽。

金步甲的婚俗

金步甲和毛虫是天敌，这是人所共知的事，所以无愧于它那园丁的美誉。它是菜园以及花坛的警惕的田野守卫。倘若说我的研究在这方面没办法为它那久负盛名的美誉增加点什么的话，那我至少可以从以下的介绍中向大家展示这种昆虫尚不为人知的一面。它是个残暴的吞食者，任何力量不如它的昆虫都把它当作魔鬼，然而它有时也会遭遇灭顶之灾。是谁把它吃掉了呢？是它自己和别的许多昆虫。一天，我碰到一只金步甲仓皇地从我家门前的梧桐树下爬过。朝圣者是受人喜欢的，它将会使笼中居民增强团结。我把它逮住后，发觉它的鞘翅末端受到损伤。是争风吃醋遗留下的伤痕吗？我看不出来有任何这方面的迹象，重要的是它可不能伤得太严重。我细致地查看一番，看不到任何伤残可以加以利用，便将它和那二十五只常住居民一起放入玻璃屋中。第二日，我去查验这个新寄宿者，它死了。在前天夜里，它被同室里的居民攻击以致死亡，那残缺的鞘翅没有保护好肚腹，对方将其掏空了。剖腹手术干净利落，并未伤到一点肢体。爪子、脑袋、胸部全部完好无损，只是肚子被开膛，内脏被掏光。我所看到的是一副金色贝壳架，被双鞘翅合拢护着。就算是那被掏空了所有软体组织的牡蛎，也不会像它那样如此干净。这种结果着实让我感到极其惊奇，因为我一直十分注意查看，不让笼子里的食物短缺。蜗牛、鳃角金龟、螳螂、蚯蚓、毛虫和其他可口的吃食，我是换着方式地放入笼中，有足够的菜量。我的这些金步甲就这样吞食掉一个身体受伤、很容易被袭击的同胞，这是很难拿饥饿难耐所致充当借口的。

它们之间有没有约定俗成，伤者必须被结束，它那即将变质的内脏必须掏空？昆虫世界里并没有同情可言。面对这个只可以挣扎，沦落于绝望的受害者，它的同胞们并没有在此逗留，没有谁会尝试前去帮它一下。在食肉者之间事情也许会变得更加的凄惨。有时，一些过往者目光会投向伤残者。是为了给它慰藉吗？并不是这样，它们的目的是尝尝它的味道，而且如果它们觉得味道鲜美，那它只有被吃掉，这样一来便可以完全解除它的痛苦。

当时，有可能是那只鞘翅受伤的金步甲显露了它受损害的部位，同伴们受到了引诱，将这个受伤的同胞看作一只可以开膛破肚的猎物。但是，倘若刚开始并没有谁受伤，那它们之间是否会相互尊重呢？各种现象表明，刚开始，相互之间还是相安无事的。吃食时，金步甲们之间也从没有争斗过，最多就是从彼此嘴中夺食而已。躲在木板下午睡，并且睡得很久，也从未有过打斗。我那二十五只金步甲把身子半埋在凉快的泥土里，安详地在消食、打盹儿，彼此离得不远，各睡各的小坑。假如我把遮阴板拿掉，它们立即会惊醒、四下逃跑，时常地相互撞到，却不会相互争斗。

这种安详平静的气氛仿佛会一直这样延续下去，但是在天气炎热的六月那阵，我有一回观察发现一只金步甲死了。它并未被肢解，同金色贝壳一样，就如同刚才被吞食的那只伤残者的样子，使人想象到一只被掏干净的牡蛎。我详细查看了残骸，除去腹部开了个大洞，别的部位完好无损。由此可以看出，在其余的金步甲把它掏空时，它们这只受伤的同胞那时的状态没有什么反常。过了几天，又有一只金步甲被残害，和之前那只的死法相同，护甲也都是完好无损。将死者腹部朝下放好，它好像依旧是好好的。而让它背朝下的话，它就只是一只空壳，壳内没有一点肉。没过多久，又见到一具残骸，接着是一只连着一只，越来越多，导致笼中居民数量迅速减少。如果让这种自相残杀继续下去，我的笼子里过不多久便会空空如也了。

我的金步甲们是因年老体衰自然死亡后才被幸存者们瓜分尸体呢？还是牺牲好端端的人为了减少人口呢？想要将这弄得个水落石出也不是什么容易的事，原因是这些开膛剖肚的事情都发生在晚上。但是，我因时刻警惕着终于在大白天碰见了两次这种大开膛。

差不多到了六月中旬的时候，我目睹了一只雌金步甲正在折腾另一只雄金步甲的情形。后者体形稍小，一看便知是只雄的。手术开始了，雌性攻击者稍稍掀起雄金步甲的鞘翅末端，从背后咬住受害者的肚腹末端，它拼命地又拽又咬。受害者精力充沛，但是却不反抗，也不翻转身来。它只是尽力在往相反的方向挣扎，以摆脱攻击者那恐怖的齿钩，只见它被攻击者拖得忽而进忽而退的，却看不到有别的任何抵抗。搏斗持续了一刻钟，几只过路的金步甲突然而至，停下脚步，好像在想："一会儿就该我上场了。"最后，那只雄金步甲使出浑身力气挣脱开来，逃之夭夭。可以断定，如果它没能挣脱掉的话，那它一定就被那只残暴的雌金步甲开了膛了。

几天过后，我又看到一个类似的场景，但结局却是完满的。仍旧是一只雌性金步甲从背后咬一只雄性金步甲。被咬者什么抵抗也没做，只是徒劳地在挣扎，以求摆脱。最后，皮开肉裂，伤口扩大，内脏被悍妇拽出吞食。那悍妇把头扎进其同伴的肚子里，将它掏空。可怜的受害者爪子一阵颤动，表明已小命休矣。刽子手却没有因此心软，继续尽可能地往腹部深处掏挖。死者最后只剩下了合拖成小吊篮形状的鞘翅和那依然连在一块的上半身，其余的就一点儿也没有了。刽子手把掏得干干净净的空壳撇在了原地。

金步甲们尤其是雄性大概就是这样死去的，我时常能在笼子里看见它们的残骸。幸存者或许也会这样死去。从六月中旬到八月一日，刚开始的二十五个居民骤减至五只雌性金步甲了。二十只雄性全部被开膛破肚，掏个干干净净。是谁如此残忍地做了这些呢？看上去像是雌金步甲做的。

首先，我亲眼所见，足以为证。我两次在大白天看见雌金步甲把雄的在鞘翅下开膛后吃掉，或至少试图开膛而未遂。至于其他的残杀，倘若说我没有目睹的话，我却有一个很有力的证据。大家刚才全都看见了：被抓住的雄金步甲没有丝毫的自卫和反抗，只是拼命地挣扎、逃跑。

如果这只是日常生活中对手之间的一般打斗，那么被攻击者显然会转过身来的，因为它完全有可能这么做。它只要将身子转过来，便可回敬攻击者，以牙还牙。它身强力壮，可以搏斗，一定可以占到上风，可这傻瓜却任凭对手肆无忌惮地咬自己的屁股。似乎是一种难以压制的厌恶在阻止它转守为攻，也去咬一咬正在咬自己的雌金步甲。它的这种宽厚让人联想到了狼格多克蝎，一次婚礼结束，雄蝎就任凭它的新娘吞食自己而不用它那根可以伤害恶妇的毒螫针。这种宽容也使我回想起那个雌螳螂的情人，即使有时被咬剩一截了，依旧不遗余力地在继续自己那未竟之业，终于被一口一口地吃掉而没有做任何的反抗。这便是婚俗使然，雄性对此无丝毫怨言。

这些被我养在笼子里的雄性金步甲，逐个被开膛破肚，没有一个幸存下来，这也是在告诉我们相同的习性，它们是已经对交尾感到满足的雌性伴侣的牺牲品。从四月至八月的四个月里，每天都有雌雄配对，有时是浅尝辄止，有的或者说更多的时候是有效的结合。对于这些火辣辣的性格来说，这绝对是没有结束的。

金步甲在情爱方面迅速利落。在众目睽睽之下，一只走过的雄金步甲无须酝酿感情，便朝一眼见到的雌金步甲扑上去。雌金步甲被紧紧搂住，微微昂起点头来，以示赞同，而在其上的雄金步甲便用触角尖端抽打对方的脖颈。迅即就交配完毕，双方即刻分开，各自跑去吃蜗牛，然后又各自另觅新欢、重结良缘，只要有雄金步甲可资利用即可。对于金步甲来说，生活的真谛便在于此。

在我养的金步甲天地里，男女比例严重失衡，五只雌的对二十只雄的。不过这无关紧要，没有发生什么争风吃醋的战斗。雄性和平地享有、交配遇上的雌性。有了这种协作精神，早一时晚一时，机会总会有，经过多次相遇试探，每个雄性都能发泄自己的欲火。

我原本想让雌雄比例趋于协调，但是纯属偶然造成了这种比例失调。初春时分，我在旁边石头下捕捉遇到的所有的金步甲，不管是雄是雌，而且仅从外表特征上是很难分辨出雌雄来的。后来，把它们放在笼子里喂养后，我弄明白了，雌性很明显比雄性的要大一些。因此，我那金步甲园地里雌雄比例的失调确实是偶然结果。可以想象：在自然环境下雄性是不会比雌性多出如此之多的。再说，在自由状态下，不可能会有这么多金步甲都在一块石头下面。金步甲大多是单独活动的，极少能发现两三只金步甲在同一个地方出现。我的笼子里一下有这么多的金步甲确实是个特别，而且还未导致争斗。玻璃屋中地方很大，它们来去自如地活动是足够的，悠闲自在。想独处就独处，想找个伴随时就能找到。另外，这笼中困兽日子并没有使它们觉得有多不安，看它们一直在海吃海喝，还每天不停地交尾寻欢，就充分证明了这点。在野地里倒是自由自在，但却没如此舒服，也许还不如在笼子里，因为野地里食物没有笼子里那么丰富。在安逸方面，囚徒们也都是在正常状态的，完全满足了它们的生活习惯。

只不过同类相遇的机遇在笼子里比在野地里多。这对雌性来说或许是个难得的机会，它们可以随意加害自己厌倦的雄性，可以咬雄性的屁股，将它们的内脏挖空。这种杀害自己旧欢的状况因比邻而居而加剧了，不过肯定没有就此便花样翻新，因为这种习性并不一时兴起而来的。

交尾一结束，在野外遇见雄性的雌金步甲就会把对方当成猎物，将它咬碎，以结束婚姻。我在野地里翻过不少石头，不过从没有见到过如此情形，但这并不重要，我笼子里见到的情况就足以让我对此深信不疑了。金步甲的园地是如此的冷酷无情，一个悍妇只要自己有了身孕而无须情人时就吃掉后者！雄性被生殖法规当作了何物呢，竟然如此残忍地对待它们？

这种交尾过后便同类相残的现象是否是普遍现象呢？就现在来看，我已经了解的昆虫中有三种就存在这种现象：螳螂、朗格多克蝎和金步甲。在飞蝗这个家族中，情况没有这么残忍，因为被吃掉的雄性是已经死了的而不是活着的。白额雌螽斯非常愿意一点一点地嚼已经死去的雄性的大腿，绿蚱蜢的情况也是这样。

这种情况在一定程度上和饮食习惯有关：白额螽斯和绿蚱蜢首先都是肉食者。遇到一个同类尸体，雌虫总是要或多或少咬上几口的，不论它是不是其昨夜旧欢。猎物就是猎物，没有什么旧欢不旧欢的。

但是某些素食者也存在这种情况，这到底是怎么回事呢？产卵期临近的时候，雌性距螽斯竟然对它那还健健康康的雄性同伴下手，撕开情郎的肚子，大吃一顿，直到吃饱为止。一向温柔可爱的雌性蟋蟀性情会突然变得残暴，会把刚刚还给它演奏动情的小夜曲的雄性蟋蟀扑倒在地，撕咬其翅膀，打碎它的小乐器，甚至还对乐器手咬上几口。所以，极有可能这种雌性在交尾之后对雄性大开杀戒的场景是十分常见的，特别是在食肉昆虫中间。它们这种残酷的习性到底是由什么原因造成的呢？如果条件具备的话我一定会将它弄个水落石出。

松树鳃角金龟

我在开始描述松树鳃角金龟时有意在混淆视听。这种昆虫正式名称为“缩绒鳃角金龟”。我知道，对这种术语分类法不必过于较真。你随便发出一个声音，再给它接上个拉丁文词尾，你就造了一个和昆虫学家标本盒上贴着的很多标签读音相似的词。如果这个粗俗的术语词指的是所标示的那种昆虫而不是其他的东西，那么这个词听起来不动听倒还罢了，不过，一般这个从希腊文或别的文种词根翻找出来的词都具有一些词义，新手总是希望从这里面得到一点启示。

这样他就麻烦了。那个文绉绉的词告诉他的是一些风马牛不相及且无甚意义的意思，因此他常常被搞得晕头转向，以致把他引到了一些跟我们看到的那些真实情况毫无关联的现象。这有时会造成十分明显的错误，有时会给你一些含糊不清的暗示。只要名字听起来好听，找一些词源学无法分析的词语也不是个坏主意！

假如有些词无法让人马上想到其本义的话，那么“fullo”（缩绒）一词正是此类情况。这个拉丁文词语意为“foulon”（缩绒工），也就是把呢绒浸湿，使其变得软和，并对它进行加工处理的人。本文要讲述的鳃角金龟和缩绒工在哪些方面有关系呢？我百思却仍不得其解，找不到一个可以令人稍稍满意的答案。

老博物学家普林尼在其著作中用 fullo 给一种昆虫命了名。书中有一篇这位大博物学家谈到了一些治疗黄疸、发烧、水肿的药方。在他的古方中，几乎包罗万象：黑狗的大长牙，粉红色布包着的鼠嘴，放在羊皮袋里的从活绿蜥蜴身上取下的蜥蜴右眼，用左手掏出的一条蛇的心脏，用黑布包好的带着毒螫针的四条蝎尾（三天中病人不得看到此药以及制作此药的人）。除此之外，还有许多荒诞不经的玩意儿。我吓得赶快把书合上，对这种治疗方法的愚昧无知感到毛骨悚然。缩绒鳃角金龟就在这些假借医学为幌子的荒诞药方之中。书中记载，将缩绒金龟子一分为二，一半贴于右臂，另一半贴于左臂。

那么这位古博物学家所说的缩绒金龟子到底是什么呢？我并不是十分清楚。在描述这种昆虫时还说身上长有白点，这符合松树鳃角金龟的体征，它身上是有白点，但是这并不能充分证明这便是松树鳃角金龟。普希林本人好像对书中这种最好的药物到底是什么东西也不是十分确定。在他生活的那时代里，肉眼还不会观察这种昆虫，由于它太小，不过是孩子的玩物罢了，他们用一根长线把它拴住，抡圆了甩着玩，而有教养的大人们对此不屑一顾的。

这个专有名词看起来像是源于农村的没有文化而且随便起名的观察者。老博物学家接受了这个或许出自孩子们想象出来的乡村名称，而且也没有仔细考证，差不多就这么用上了。这个词源远流长，在我们面前出现，现代博物学家们接受了它。这就是我们最美丽的昆虫之一成为缩绒工的原因。许多年以来这个奇怪的称呼一直流传下来。

虽然我非常尊敬这古老语言，不过我依然不喜爱这个术语，因为把它用在这里太不合常理，常理应该纠正分类目录中的错误。为什么不叫它为松树鳃角金龟，以纪念那种它所钟喜爱的树，那里就是它在空中生活了两三周的圣地呀？其实这件事十分简单，也合乎情理。

在找到光明的真理之前必定会在荒谬的暗夜之中久久地彷徨。我们全部的科学特别是数字科学都证明了这一点。你试一试把一组数字用罗马数字相加，你肯定会被那些复杂的符号弄得晕头转向而放弃，并且你将会承认零的发明在计算上是多么大的进步。这就是哥伦布的那只蛋，其实这不算是一回事儿，不过却必须想到它。

在抛弃“缩绒工”这个不恰当的称呼之前，我们就先叫它松树鳃角金龟吧。因为我们这虫子只钟情于松树，所以用这个名称谁也不会搞错。它一表人才，可与葡萄根蛀犀金龟相提并论。倘若说它的服饰比不上金步甲、吉丁、金匠花金龟的金属外套那么华丽的话，那它起码也是极少见的优雅。在一种黑色或栗色的底色上散布着一层厚厚的散花白绒点，朴实大方。作为头饰，雄性松树鳃角金龟在短须尖上有七片重叠的大叶片，随着其情绪的变化或张或合。人们起初可能会把这美丽的簇叶当作一个高灵敏度的感官，可以嗅到非常轻微的气味，可以感知接近听不见的声波，可以获知我们的感官都感觉不到的别的一些信息。雌性松树鳃角金龟的感官却不如雄性灵敏，它作为母亲的天职要求它也必须像做父亲的一样要感觉灵敏，但是它的触须头饰很小，由六片小叶片组成。

雄性松树鳃角金龟那呈扇形张开的大头饰有何种用途呢？对于松树鳃角金龟来说，那个七叶器官宛若大孔雀蝶的颤动的长触角，宛若牛蜣螂额上的整副甲胄，宛若鹿角锹甲大颚上的枝杈。到了寻偶求欢之时，它们会全力以赴地以自己的办法挑逗异性，以求一逞。

漂亮的鳃角金龟在夏至将近时出现，与第一批蝉到来的时间差不多。因为它出现的时间很精确，所以在昆虫历中都标示了，但是昆虫历并非比四季年历的精确性差。最长的白昼来临了，总不见天黑，麦子一片黄灿灿的，此时，鳃角金龟常会按时爬到自己的树上去。村里的孩童为了纪念太阳节，都会在村子里的街道上点起圣让节篝火，但纵使是这个节日也不如鳃角金龟出现的日子精准。

在这期间，一到黄昏时分，倘若天气晴朗，鳃角金龟便会来到院子里的松树上。我细心地查看着它们的一举一动，尤其是雄性鳃角金龟，在默默地但并非缺少激情地用力，飞来飞去，让自己那触角张得很大；它们飞向等待它们的雌性鳃角金龟所在的树杈；它们飞来飞去，在最后一线光亮慢慢消失的苍茫天际中勾画出一条条黑线。它们休憩一会儿，便又飞起来，再次开始忙碌的巡视。它们在这半个月左右的狂欢之夜里待在树上都做什么呢？

事实十分明显：它们在寻找爱，不断地向那些伊人致意示爱，一直会延续到夜色凝重。第二日清晨，雄的和雌的一般都占领着那些矮枝。它们单独地停留在那儿，纹丝不动，对自己周围的所有东西无动于衷。用手去抓，它们也不会逃跑。大部分都使后爪吊住身子，吞食一根松针，它们衔着松针在怡然地打盹儿。黄昏再次到来时，它们又重新开始嬉戏调情了。

想要观察它们如何在那高高的树上有很大难度。我们就尝试着把它们捉住然后再来观察吧。早上，我抓到了四对，放入一个有一根松枝的大笼子里。我看到的情况并不如我所愿，因为它们丧失了飞翔的自由。最多是不时地能够看到一只雄性鳃角金龟在靠近它心爱的雌性，它伸张开自己的触角叶片，轻轻地摆动它们，或许是试探对方能不能接受它；它把自己打扮成个美男子，展示着自己十分美丽的触角。但是他却没有如愿，对方纹丝不动，似乎对它的展示无动于衷。囚禁生活使其伤心难过，难以压制。交尾好像应该是在深夜进行，我没有将观察继续下去。因此便错失了大好机会。

有一点更令我兴致勃勃，雄性鳃角金龟能发出乐声，雌性也可以。这种乐声是不是雄性用以吸引和呼唤雌性的方式呢？雌性在听到这些示爱者的乐声后会不会也用一种相似的乐声对它们做出回复呢？一般状态下，在树冠中发生这种情况是极其有可能的，但是我没办法对此很肯定，原因是我不论在松树上还是在我这笼子里都没听过相似的乐声。

这声音发自其腹部尖端，腹尖慢慢地轮流抬起落下，尾部环节就会触及正处于静止状态的鞘翅后边缘。在摩擦面和被摩擦面都没有什么特殊的发音器，我在放大镜下细心地观察了好几遍，并没有找到一些专门作发声用途的微小条纹，这两个面都很光滑。那么声音是如何发出来的呢？我们用湿手指在一块玻璃上或许是在一块窗玻璃上划过，便可以听到一种特别响亮的声音，与鳃角金龟所发出的声音有些相同。倘若用一块橡皮在玻璃上摩擦，效果更好，发出的声音和鳃角金龟所发出的声音更相似。由于模仿得太像了，假如注意音乐节拍，一定能以假乱真。鳃角金龟运动它的腹部柔软部位时，就像手指头上的肉质部分或那块橡皮，而玻璃片或窗玻璃就如同是光滑的鞘翅，它十分薄又非常硬，而且很容易震颤。因此，鳃角金龟的发声方法是很简单的。如果想使它发出声音，只要用手指捏住它，并轻轻碰触它一下就行了。但它这并非在唱歌，只是发出一种哀求，是对自己不幸的命运的斗争。在它那奇特的世界中，歌声在吐露痛苦，而沉默则显现欢乐。

意大利蟋蟀

在我们这里看不见面包铺和乡间灶屋间的常客——那类家居蟋蟀。然而，倘若说在我们村子里壁炉石板下面的缝隙里听不到蟋蟀的叫声的话，那么作为弥补，夏夜的田野里却流淌着美妙的歌声，那在北方并不常听得到。春季期间，阳光明媚时，田间地头的蟋蟀便哼起了交响曲；炎炎夏日中，在夜深人静时，便有树蟋蟀，也就是意大利蟋蟀在歌唱。

一种是昼间蟋蟀，一种是夜间蟋蟀，它们把这美妙的季节平分了。在前者歌唱期结束之后，后者便接着鸣唱起小夜曲来。

意大利蟋蟀并无黑色外套，而且体形也并不是平常的蟋蟀那样粗壮笨拙。

恰恰相反，它纤细纤瘦，苍白暗淡正满足了夜间活动的习性需要，你把其捏在手里都生怕捏碎了。它在各类小灌木上，在高高的草丛里，蹦来蹦去，很少停留在地上生活。从七月一直延续到十月，它们黄昏时分开始唱歌，一直延续到大半夜，是一场悦耳美妙的音乐会。

这里的人们对这样的音乐并不陌生，因为不管是在多么小的荆棘丛中，你都会察觉这种音乐会的演奏者。它们甚至还跑去粮仓里演唱，都是因为运草料时把它们夹带了进去，让它们迷了路径，无法返回。这种苍白的蟋蟀习性极其神秘，所以谁也不能确切地知道是什么蟋蟀可以唱出如此动听的小夜曲，人们产生了错误的认识，认为这是来自普通的蟋蟀，可是这个时节的一般的蟋蟀都还没有长大，因此也尚未学会鸣唱。

出自意大利蟋蟀的歌声是“格里—依—依”“格里—依—依”这种舒缓且柔和的声音，唱起来有些微微发颤，让歌声听起来更加美妙动听。

你一听便会猜想到它的振动膜是非常细薄而宽大的。如果它待在叶丛中无人打扰的话，它的声音便不会变化，但只要有一点响声，这位歌手就立刻改用腹部发声。你刚才听见它一直在你面前鸣唱，然后突然瞬间，你又听到它在那边二十步以外的地方继续歌唱，实际上只是音量变弱了，你还认为是距离的原因。

你急忙跑去却没发现任何东西，这声音依旧出自原先的地方。而且不仅是这样子。

这一从左边传来声音，或许是从右边又或者是从后面传过来。你彻底迷糊了，无法凭借自己的听觉去辨别蟋蟀究竟是在哪边鸣叫的。你是肯定需要提灯的，而且还要有足够的耐心，另外你还需要小心谨慎，以防发出一丁点的响声，这样才能借助灯光捉到这位歌者。我按照这样的办法捉到了几只，放入笼中，从而多多少少知道了一些迷惑我们听觉的演唱家的情况。

两片鞘翅全是由一片宽大的半透明干膜组成，薄的像一片白色洋葱片，可以整个儿地颤动。鞘翅状类似圆的一端，上部稍小。

圆的这一端按一条粗重纵翅脉折成 90 度角，再把鞘翅凸边沿体侧往下，在蟋蟀休息时，围住其身体，右鞘翅覆盖在左鞘翅上面。右鞘翅里侧接近翅根处有一块胼胝，辐射出了五条翅脉，两条朝上，两条往下，但第五条十分接近横向，稍微泛红，属于基本部件，也就是琴弓，这从其上横向的细锯齿一看即可明白。鞘翅的其他部分还有几条稍细的功用在于绷紧薄膜的翅脉，它并不是摩擦器的组成部件。

左鞘翅，也可说下鞘翅，结构与右鞘翅一样，但差别就是琴弓、胼胝和由胼胝辐射出去的翅脉位于上部表面。

此外，我们还可以看到左右两把琴弓是斜向交叉着的。

在蟋蟀一展歌喉时，那好比薄纱船帆的左右鞘翅便高高竖起，只有彼此的内侧边缘部位相互碰触着。

这时的左右两把琴弓是彼此斜着咬合着的，它们相互摩擦就使绷得紧紧的薄膜产生强烈的颤动。

根据每把琴弓是在另一个鞘翅的胼胝（它本身也是粗糙的）上还是在四条平滑的辐射翅脉中的一条上摩擦，蟋蟀发出的声音就有所差异。这也许不完全地向我们道出了为何胆小的蟋蟀觉得自己身处险境时会发出声音来迷惑我们，使人觉得声音缥缈不定，难以琢磨的缘由。

声音的强弱、响亮与否、沉闷变化，会使人产生距离上的错觉，这是蟋蟀这个腹语者的绝妙的艺术手法，然而产生这种错觉还有另外一个原因，这是很容易被发觉的。声音嘹亮时，鞘翅是完完全全竖起的，当声音比较沉闷时，鞘翅会多多少少有些下垂。

当鞘翅处于下垂状态的时候，它的外侧边缘不同程度地压在蟋蟀柔软的侧部，因而振幅减小，声音就会随之变小。用手指触及敲响的玻璃杯，它就会发出闷声，好像从远方传来一样。灰白色蟋蟀深知这个声学秘密，当有人去抓它时，它便将振动片的边缘挤在柔软的肚腹上，令人不能获悉它身在何处。

我们的乐器含制振器、消音器，可与之相提并论的意大利蟋蟀的制振器、消音器构造简捷，功效很好，比我们略胜一筹。

田野乡间的蟋蟀及其同类昆虫也采用此种消音方法，将鞘翅边缘压在肚腹或高或低的地方，可使振动减轻，但在它们中间，却没有谁可以比得上意大利蟋蟀的本领的，它可以创造出这样奇特的效果。

我们的脚步声一旦靠近，哪怕是小心翼翼的，蟋蟀也会采用这种手段对付我们，令我们产生错觉。另外，它的声音还十分纯正，带着柔和的颤音。仲夏夜间，万籁俱寂时，还有哪种昆虫的歌唱可以超过意大利蟋蟀的？那么美妙，那么动听。我忘了有多少次，席地躺在迷迭香花丛中聆听那悦耳动人的音乐演唱会啊！

在我的花园能听到很多的蟋蟀在晚上鸣唱。在每一簇红花岩蔷薇中都能发现它的合唱成员，每一束薰衣草里也都有它们自己的乐队。那枝繁丛茂的野草莓树丛里，那笃耨香树丛内，全是蟋蟀们的演唱场地。

这个小天地中的小生物们在以自己那优美嘹亮的声音在彼此询问，互相作答，或许也可以说是对其他的歌者没有一丝感觉，仅仅是在旁若无人地酣畅淋漓地表达自己的心绪情意。

高处，在我头顶上方，天鹅星座在银河中伸展开它那巨大的十字架；下方，就在我的四周，蟋蟀奏响交响曲，此起彼伏，抑扬顿挫，这些细小的以歌声来深情演绎自己快乐心声的生命让我忘记了这夜空中的群星闪耀。天空中的那些眼睛冷静漠然地眨巴着，在望着我们，但我们对它们却知道得很少。

科学告知我们它们离我们有多远，它们的速度是多快，它们的体积是多大，它们的质量是多重，还告诉我们它们的数量数不胜数，令我惊讶不已，然而这并没有让我们有少许的激动。因为什么？

原因是科学缺乏了那个巨大的奥秘，也就是生命的秘密。天上有什么？太阳正在温暖着什么？理性告诉我们，有一些跟我们这里相似的世界，有一些生命在中间展开无穷变化的大地。这种宇宙观称得上浩瀚浩渺，但也仅是一种观念而已，并无确切的事实依据。确切的事实才是至高无上的，才是看得见摸得着的。所说的“可能”，特别是“极其可能”，并不是“明显”，并非是显而易见，无懈可击的。

令我感到了生命的颤动的蟋蟀们才是我的同伴，而生命才正是我们的灵魂。正是有这个原因的存在，我才将身子倚靠着迷迭香树篱，仅仅是神思不属地朝那天鹅座任意一瞥，我的全部心思都放在你们那小夜曲上了。

巨大的没有生命的原料，远远不如一小块注入生命活力的能感受苦与乐的蛋白质。

田野地头的蟋蟀

倘若有人想要观察蟋蟀的产卵过程，那都不需要提前准备什么东西，只要你有一点耐心就足够了。布封注曾说，耐心是一种天赋，我却谦虚地把它叫作观察者的优秀品质。

四月份，最多到五月份，我们给它们配对，另外放入花盆里，撒上一层土，压结实。食物就是一片莴苣叶，要经常更换新鲜的。花盆上盖一块玻璃在上面，以免它们逃跑。

这种方法简单但有效，必要时还可以再加一个金属网罩的装置，便更加高级了，这样我们就可以得到一些十分有趣的资料了。

我们以后再说这些。现在，我们要看着它产卵，必须时时刻刻警惕着，不错过任何有利的机会。

在六月的第一个星期，我毫不松懈的观察有了初步满意的结果。我猛然发现母蟋蟀纹丝不动，输卵管笔直地插入土层里。

它毫不在乎我这个鲁莽的观察者，久久地待在那同一个点上。最终，它把自己的输卵管从土里拔出来，心不在焉地抹去了那个小孔的痕迹，休息一小段时间，在周围转悠下，便又在其花盆内它的地界儿里继续产卵。它好似白额螽斯一样重复地干着，只是动作比后者缓慢得多。一整天之后，产卵仿佛完成了。

为了预防万一我又连续观察了两天。现在，我着手翻动花盆里的土。发现这些一个个被笔直地置于土中的卵，它们两端显现出圆形、好像有三毫米的长度、呈现淡黄色，每次产卵的数量不一样，多少不一，彼此紧挨在一起，我在整个花盆的两厘米厚的土里都发现了这种卵。

我使用放大镜勉强地尽可能数清土里的卵，据我估计一只母蟋蟀一次产卵有五六百个，不久后非常多的卵便会遭淘汰。

蟋蟀卵真称得上是个绝妙的小机器。孵化完毕后，这卵壳就像一个不透明的白色筒子，在其顶端存在一个形状很规则的圆孔，圆孔边缘为一个圆帽，当作孔盖用。圆帽并不是由新生儿随意顶开或钻破的，而是在中部存在一条特别线条，闭合不严，可以自动开启。看卵孵出是非常有趣的。

产卵大概过去十五天后，在前端显现了大而圆的黑黄的点，这就是蟋蟀的眼睛。

在比这俩圆点稍微高点的上方，圆筒子的顶部，显现出一条细小的环状肉，卵壳将会从此处裂开。不久，半透明的卵就可以让我们看到婴儿那孵化中的小样儿。这时候就必须更加谨慎，增多观察次数，尤其是早晨。

好运总会眷顾有耐心的人，我的孜孜不倦最终换来如愿以偿。稍微隆起的肉在不停地改变着，出现了一拱便破的一条细线。卵的顶部被里面的婴儿的额头顶着，沿着那条细肉线抻着，仿佛小香水瓶一样微微启开，分开两边。蟋蟀就会从盒中钻出来，就像一个小魔鬼似的。

小魔鬼钻出后，那壳儿依旧鼓鼓的，完整光滑、为纯白色的，那顶圆帽正在小孔口那里挂着。

鸟蛋是被雏鸟喙上专门长着的一个硬肉瘤撞破的，蟋蟀的卵即是一个高级小机械，宛若一只象牙盒子似的自动启开。小蟋蟀用额头一顶，铰链便启动，壳也就打开了。

小蟋蟀脱去身上的那件精美外套后浑身发灰，近乎白色，马上便和上面压着的土搏斗开来。它使用大颚拱土，它踢蹬着，将松软的妨碍它的土拨到身后去。最终它从土层中钻了出来，终于享受到了灿烂阳光的沐浴，然而它这样瘦小的身子，甚至还不如一只跳蚤大，在弱肉强食的世界上历经风险。一整天后，它体色产生了变化，成了一个漂亮的小黑蟋蟀，乌黑的颜色可和成年蟋蟀一较高低。原来的灰白色只剩下一条好像牵着婴孩学步的背带似的白带围着胸前。

它非常敏捷，用它那颤动着的长触须探测周围空间；它奔跑、蹦跳，非常高兴，以后体态发胖就没现在这么欢蹦乱跳了。

它年幼胃嫩，该给它吃些什么呢？我一无所知。我像喂成年蟋蟀一样，拿嫩莴苣叶喂它。它不屑吃它，也许是它咬的印迹不明显，即使吃了点我也没看出来。没有几天的工夫，我的十对蟋蟀大家庭成了我的一大负担。

突然间就是五六千只小蟋蟀，当然是一群漂亮的小家伙，而它们都需要如何照料我却全然不知，我该怎么办呢？

啊，我可爱漂亮的小家伙们，我将给予你们充分的自由，我将把你们托付给大自然这个至高无上的教育者，于是我决定就这么办了。

我找到花园里最好的一些地方，在每个地方都将它们放生了一些。如果它们一个个都活得很好，明年我的门前便会有多么美妙动听的音乐会呀！但是，这愿望中的美景并未出现，可能不会有什么美妙动听的音乐会了，因为母蟋蟀虽然产仔很多，但随之而来的是凶残的杀戮，而幸存下来的或许只有几对蟋蟀。

最先为抢夺这上天所赐的美味而跑来并大开杀戒的是小灰壁虎和蚂蚁。特别是其中的蚂蚁，这个可恶的暴徒恐怕不会在我的花园里给我留下一只蟋蟀的。它抓住可怜的小家伙们，咬破它们的肚皮，疯狂地大嚼一通。啊！该死的恶虫！但是我们却一直将它视为第一流的昆虫！书本上在赞扬，对它还赞不绝口；博物学家们更是将其捧上了天，每天都在为它们锦上添花；动物界同人类一样，有各种各样让自己声名远播的办法，但最可靠的是损人利己，这是千真万确的道理。

没有人熟悉这些可爱高贵的清洁工食粪虫以及埋葬虫，却对那些吸血的蚊虫、长着毒刺且残暴好斗的黄蜂，还有专门干坏事的蚂蚁，无人不知无人不晓。在南方的村子里，蚂蚁毁坏房屋椽子的激情如同它们掏空一棵无花果树一样。我无须赘述，每个人都能从人类的档案馆中找到此类的例证：好人无人知晓，恶人声名远扬。

由于蚂蚁以及其他一些杀戮者的无情屠杀，我花园中起初数量多多的蟋蟀日渐稀少，使我的研究很难继续下去。我只好跑到花园以外的地方展开我的观察了。

时值八月，在还没有被这三伏天的阳光完全炙烤干的草地上发现了有一小块绿洲的落叶。我在落叶这里发现了已经长大成熟的小蟋蟀，与成年蟋蟀一样全身墨黑，初生时的白带子这会儿已全部褪去了。

它居无定所，一片枯叶、一片砖瓦便足够它遮风避雨，如同不考虑何处歇足的流浪民族的帐篷一样。

直到十月末，寒流来袭，它才开始筑巢做窝的工作。据我对囚于钟形罩中的蟋蟀的观察，这个活儿极其简易。

蟋蟀从不在其中的一个裸露地点筑巢，它通常都是把有吃剩下的莴苣叶遮挡的地方作为其筑巢地点，莴苣叶替代了草丛成为躲藏时不可缺少的遮檐。

蟋蟀工兵用前爪挖掘，运用其颚钳挖掉大沙砾。我看见它用它那有两排锯齿的有力的后腿在蹬踢，把挖出的土踹到身后，呈一斜面。经过这些工序它的巢就筑好了。

开始工作时非常顺利，在我的囚室的松软土层里，两个小时的工夫，挖掘者便消失在地下了。它还时常边后退边扫土地回到洞口。

倘若干累了，它便在尚未完工的屋门口停下来，头伸在外面，触须微微地颤动着。在短暂的休憩过后，它又回过头来，接着一边挖掘一边清扫地忙活起来。

没过多久，它又干干歇歇，歇息的时间也越来越长，我观察的劲头儿也跟着减弱了。

最紧迫的活计已经完成了。洞深两寸眼前足够用了，余留的活计费时费力得抽空去做，每天干点。气候在日益变凉，自己的身体逐渐长大，巢穴就需要慢慢地挖深扩宽。

就算是到了冬季，一旦天气比较温暖，洞口有太阳，也能经常发现蟋蟀在往外弄土，说明它在修整扩建巢穴。

到了春光明媚时，巢穴依旧在继续维修，不断地修复，直至屋主死去为止。

过完四月，蟋蟀开始歌唱，先是一只两只，羞答答地在独鸣，不久便可以听到交响乐了，每个草窠窠里都有一只在歌唱。

我很喜欢把蟋蟀列为万象更新时的歌唱家的首位。在我家乡的灌木丛中，在百里香和薰衣草盛开之时，蟋蟀从来都不会缺少响应者：百灵鸟飞向蓝天，展放歌喉，从云端将其美妙的歌声传到人间。

地上的蟋蟀虽歌声单调，欠缺艺术修养，只是其质朴的声音与万象更新的淳厚欢快又是如此的和谐呀！它那算是对万物复苏的讴歌，是萌芽的种子和嫩绿的小草都能明白的歌声。

在这样的二重唱中，优胜奖将被谁获得呢？我把它授予蟋蟀。

它依靠歌手之多和歌声不断占了上方。

当田野里青蓝色的薰衣草宛若散发青烟的香炉随风摆动时，百灵鸟就已经不再歌唱了，人们只能听见蟋蟀在庄重地低吟着。现在，解剖家跑来唠叨了，凶狠地对蟋蟀说："将你那唱歌的玩意儿拿给我们瞧瞧。"

它的乐器十分简单，跟真正有价值的所有东西一样；它与螽斯的乐器原理相同：带齿条的琴弓以及振动膜。

蟋蟀的右鞘翅除了裹住侧面的皱襞以外，几乎全部整个覆盖在左鞘翅上。这和我们所见到的绿蚱蜢、螽斯、距螽以及它们的近亲完全相反。蟋蟀属于右撇子，但别的则是左撇子。

因为两个鞘翅的构造是完全相同的，所以我们如果把一个了解清楚了便可以清楚另外一个了。现在我们来仔细看看右鞘翅吧。它几乎平贴于背上，只是在侧面突然呈直角斜下，用翼端紧裹住身体，翼上存在着一些斜向平行细脉。背脊上存在着一些粗壮的翅脉，为深黑色，整体构建为一幅复杂而奇妙的图画，仿佛阿拉伯文似的天书。

鞘翅是透明的，呈现出微微的棕红色，不过两个连接处并非这样，其中一个连接处大些，三角形状，处于前部；另外一个则小些，呈椭圆形，处于后部。这两个连接处均由一条粗翅脉围着，还有一些细小的皱纹。

第一处同时还拥有四五条加固的人字形纹，后一处仅是一条弓形的曲线。这两处就是此种昆虫的镜膜，构成它的发声部位，尽管略微显黑色。

只是它的皮膜确实比其他部位透明薄软。那确实是件精妙的乐器，与螽斯的乐器比起来那当然是要高级很多了。弓上的一百五十件三棱柱齿和左鞘翅的梯级相互咬合，使得四个扬琴同时振动，下面的两个扬琴通过直接摩擦发音，上面的两个则由摩擦工具振动发声。所以，它发出的声音是如此的雄厚有力啊！螽斯仅仅有一个不起眼的镜膜，声音仅能传到几步远的地方，可是蟋蟀却有四个振动器，数百米以外都能够听到它的歌声。蟋蟀歌声的亮度能够跟蝉相媲美，还不像蝉的声音那么低沉沙哑，让人听起来感觉十分厌烦。更奇妙的是，蟋蟀的声音抑扬顿挫。我们讲过，蟋蟀的鞘翅各自于体侧伸出，构成一个阔边，这便是制振器；阔边多多少少往下一点，便能够更改声音的强度，使之通过与腹部软体部分接触的面积大小，有时是轻声吟唱，有时是热情嘹亮。

除了在交尾时候那些出于身体本能的打斗之外，蟋蟀们总是可以和自己的同类和睦相处的。不过求欢者们之间，斗争便是常事了，而且总不相让，只是结果往往并不严重。两个情敌互相头顶着头，相互咬脑袋，只不过它们的脑壳是一顶坚硬的头盔，足以顶住对方铁钳的夹掐，只见这俩你顶我拱，扭打在一起，不久复又挺立，然后各自离开。被打败的便急忙抱头逃窜；而胜利的一方则一展歌喉以示对败者的侮辱，随后又转成了轻柔的低吟，围着情人吟唱求欢。

求欢者尤其擅长搔首弄姿，它的手指一勾，将一根触须拽回到大颚下面，把它蜷曲起来，使用其唾液当成美发霜在其上涂抹。它的那个尖钩、镶着红饰带的修长的后腿，急躁地跺着，向空中踢蹬着。它激动得出不来声音。它的鞘翅在急速地抖动着，但又不发出任何声响，甚至只是发出一阵零乱的摩擦声。

求爱失败，母蟋蟀就会跑到一片生菜叶下躲藏起来。不过，它似乎还想被那只公蟋蟀发现似的微微撩起门帘偷看。它一边朝柳树丛里逃跑，一边却依旧在偷窥着这些寻欢者。远在两千年前便有一支牧歌如此婉转地传唱着，情人间打情骂俏无论在何时何地都是一个样！

昆虫的生活

圣甲虫

各种本能习性中最崇高的一种就是做窝筑巢、保卫家庭。鸟儿这巧妙的建筑师告知了我们这一点，在本领方面特别多样化的昆虫也使我们见识了这一点。昆虫对我们讲："母爱属于本能的崇高灵感。"母爱旨在维持族类长期繁衍，这是具有远高于保护个体的更利害相关的头等大事，所以母爱在唤醒最迟钝的智力，使其高瞻远瞩。母爱要远高于神圣的源泉，不可思议的心智灵光就孕育其中，并能够突然迸发而出，使我们领悟出一种防止失误的理性。母爱愈坚强，本能便愈加优良。在这方面有一种昆虫最值得我们去关注，那就是膜翅目昆虫，其身上凝聚着最充足的母爱，它们所有的本能才干均是致力于为自己的子孙后代觅食谋屋。为了其复眼将再也看不到而其母爱之预见性深深知晓的家族繁衍，它们是种种天赋才干中的好手。一些是棉织品以及许多絮状物品的编织高手；一些则是细叶片篓筐的能工巧匠；一些属于泥瓦匠，负责建造水泥房间、砖石屋顶；一些则是陶瓷行家，使用黏土制作高档的尖底瓮、坛罐以及大肚瓶；一些长于挖掘，在湿热的地下修建神秘的地宫。它们掌握的技艺足可称为成百上千、数不胜数，简直能够同我们人类掌握的接近，其中有些我们甚至还不知晓，但它们却已用于居所的建造。随后便得考虑以后生活的食物：成堆的蜜，成块的花粉糕，精心造出的野味罐头……以未来的家庭为目标的这类工程中闪烁着在母爱激励之下本能的各种最高体现。

在昆虫世界中，除圣甲虫之外，别的昆虫的母爱通常说来都较肤浅潦草，敷衍塞责。几乎绝大部分的昆虫，只是将卵产在合适的地方就放任不管了，只让幼虫独自冒着危险以及死亡去寻觅住所和食物。抚养如此不认真，才干如何就无所谓了。莱喀库斯将各种艺术统统从其共和国驱逐出去，他斥责这些艺术是使人们萎靡不振、意志消沉的玩意。就是这样，通过斯巴达方式喂养的昆虫，其本能的高级灵感也就被去除掉了。母亲从温柔甜蜜的育婴中脱离开来，那么所有特性中最最优秀的智能特性便渐渐减弱，甚至完全泯灭。因为无论是动物还是人类，家庭一直均是尽善尽美的源头。若是对子孙后代爱护有加、体贴入微的膜翅目昆虫足以我们赞叹不已的话，那么不管不顾子孙死活，任由其自生自灭的别的昆虫相比之下就显得异常渺小了。而我们前面提到的其余昆虫就几乎占了昆虫的大部分，至少据我所了解，在各地的动物志里，仅见过第二个例子，这种昆虫替自己的家人准备食物以及居所，例如采蜜的昆虫以及埋野味篓的昆虫。

但是让人感到惊讶的是，这种昆虫在细腻的母爱方面足以与食花的蜂类相媲美，只是它们竟然是些以消灭垃圾、净化被牲畜糟蹋过的草地作为使命的食粪虫类。若是想再找到谨记母亲职责又有丰富的母性本能的昆虫母亲，那么必须从芬芳四溢的花坛走开，转向大马路上骡马遗留的粪堆。自然中与此相近的两个极端比比皆是。对于大自然而言，我们的美或丑，肮脏或者干净又算得了什么？大自然利用污秽为我们创造出鲜花，用丁点粪肥给我们创造出优质的麦粒。

各种食粪虫尽管天天和粪便打交道，但是却享有一种美誉。其身子基本都是小巧玲珑，穿戴庄重并且无可挑剔的光鲜，身子胖嘟嘟的，呈短壮体态，额头以及胸廓上都佩戴着怪异的装饰品，所以在收藏家的标本盒里显得光鲜照人，尤其是我国的那些品种，乌黑发亮；另外一些热带的品种，金光闪闪，黑紫油亮。

它们是牲畜赶之不去的客人，一种苯甲酸的淡淡香气从它们身上散发开来，能够净化一下羊圈里的空气。它们那田园诗般的习性使昆虫分类词典的编纂者们大为震惊，所以他们这些以前不怎么关心其痛痒的学者们，这一回却改变了看法，对它们进行介绍时也用上了一些听起来好听悦耳的名字：梅丽贝、迪蒂尔、阿嫂达、科利冬、阿莱克西丝、莫普絮斯等。这些名字都是古代田园诗人们经常用到并且已经叫响了的名字。食粪虫被维吉尔式的田园诗中的词汇来颂扬了。

瞧那个一堆牛粪堆儿上争来抢去的劲头儿啊！当初从世界各地聚集到加利福尼亚的淘金者们的那股狂热劲儿也比不上它们。在太阳太毒之前，它们成百上千地奔来，大小不一，形状各异，体形有长有短，种类齐全，全都乱糟糟地爬来滚去，想要在这个大蛋糕上给自己分上一份儿。有的在露天干活儿，搜刮其表层；有的钻进厚实的牛粪堆里，挖出地道，寻觅优质矿脉；有的开凿底层，即刻把财宝埋进地里；那些个头儿小又力气弱的则待在一旁捡拾其身强力壮的同伙们掉下的渣渣屑屑什么的。有几个新来的可能是饿得不行，在原地就吃上了，但大部分则是想大捞一把，藏到安全的地方，以备不时之需。当你身处遍地飘香的田野里时，没发现一点新鲜牛粪，忽然到了这里，看到如此一堆一堆的宝贝，那真是天赐之物呀，只有有福分的才会这般幸运。所以，它们便把今天这宝贵财富小心谨慎地收藏起来。粪香四溢，方圆一公里都能闻到，食粪虫们闻讯纷至沓来，抢夺、瓜分这些美味佳肴，落在后面又跑又飞的那些正忙着往前赶哩。

那个生怕迟到而向着粪堆一溜儿小跑的是谁呢？它一直僵直笨拙的挥动着自己长长的爪子，好像有一个机器在它的肚腹下面往前推着它似的；它的那对棕红色小触角大张开来，透着垂涎欲滴的焦躁情绪。它在拼命地赶，它赶到了，还将旁边几位食客撞倒了。这便是圣甲虫，它一身墨黑打扮，在食粪虫中数它的身材最为高大，而且它也是名气最大的一种。古埃及对它尊敬有加，把它视作长生不老的象征。它已经加入，与其同桌的食友并肩战斗，其食友们正在用自己宽大的前爪轻轻地拍打粪球，进行最后一道工序，或者再往粪球上加上最后一层，接着转身而去，回家安安心心地享用自己的劳动果实。我们来看一看那有名的粪球的一道道制作工序。

圣甲虫头部边缘是个帽子，宽大扁平，上有六个细尖齿，排成半圆。这就是它的挖掘和切割工具，是它的叉耙，可以用来撬起和抛撒无养分的植物纤维，把好东西耙在一起聚集起来。它们对食物的挑选便是这样进行的，由于对这些行家而言，它们对哪些地方优良哪些地方需丢弃已非常清楚。假如圣甲虫是为自己寻觅食物的，它们选个差不多的就可以了，但如果考虑到自己的孩子，它们就会精挑细选，非常严格。

只解决自己的食物问题，圣甲虫并非很挑剔，粗略地选一选就行了。它用带齿的头盔拱一拱，挑一挑，去除要丢弃的，然后把其他的归拢一下就得了。两条前腿一起用力地忙乎。其前腿是扁平的，弯成弓状，上有粗壮的纹路，外侧配备着五个硬齿。如果需要用力，将障碍物推开，在粪堆中的最厚实的部分清出一条道来，圣甲虫便用肘力，亦即用其带齿的前腿左右归拢，再用齿耙用力一耙，便清出一个半圆形的空地来。地盘清好之后，前腿还有另一种工作要做：把顶耙耙到的东西归拢在一起，弄到自己的肚腹下面的后面四只爪子那里去，这后面四只爪子天生就是为了做旋工工作的。这些足爪，特别是最后的一对，又细又长，微微弯曲成弓形，顶端长有一个异常锋利的尖爪。稍许看上一眼就会知道它们很像圆规，在其弧形支脚之间环成一种球形，能够测量球面，加工球形。它们的确有加工粪球的作用。再将食物一耙耙地弄到肚腹下面的四只爪子中间，后爪接着稍微使劲，就可以依照腿部的曲线将粪球的雏形挤压成形。后来，这雏形粪球不时地被四条后腿形成的两副圆规摇动，挤压，渐渐变小变结实，再由肚腹加工，粪球的形状日益完善。假如粪球的表面那层过于坚硬，被剥落的可能性非常大的话，假如其中有一些地方纤维过多，旋转起来很困难的话，前腿就对不合适的地方进行再加工，它们用宽大的拍子轻轻拍打粪球，使得新添加的东西与原先的非常结实地合二为一，并把那些不易粘贴的东西拍实在粪球上。

虽然是在烈日的炙烤下，但是对粪球的加工依然在紧张忙碌地进行着，你能够观察到旋工干起活来是这样迅速利落，让你肃然起敬。那活计以如此飞快的速度进行着：起初的雏形只是个小弹丸，如今已壮大成一颗核桃那么大了，没过多久就能变成几乎苹果那么大。我曾见过食量惊人的圣甲虫竟然旋出一个拳头大小的粪球。这必定需要几天的工夫吧！制作完需储备的食物，就需撤离混乱的战场了，把食物运到合适的地方。这时候圣甲虫最令人惊奇的习性开始表现出来了，圣甲虫急急忙忙地上路了，它用两条长后腿搂住粪球，而后腿锋利尖爪则插入球体中去，起旋转轴的作用。它以中间的两条腿作为支撑，而以前腿带护臂甲的齿足作为杠杆，双足轮番按压、弓身、低头、翘臀，倒退着运送粪球。后腿是这部机器的主要组成部分，它们在不停地运作；它们一来一回，变换着足爪，以调整轴心，让负载物维持平衡，并在其一左一右地轮流推动之下，使粪球往前滚动。如此一来，粪球表面各点都轮流地接触地面，使之不停地碾压，形状更加完美，而球面硬度由于受力均匀而逐渐一致。

使劲儿呀！好了，它向前滚动了，依目前的情况，它定能被运送到家，当然路途也不可能是一帆风顺的，少不了些磕磕绊绊。这一个困难说来就来，但还不是很严重：圣甲虫碰到了一个斜坡，沉重的粪球要沿着斜坡滚下去，但是圣甲虫非要按自己认准的来，偏要横穿这条天然道，这可够大胆儿的，稍一失足，只要踩到一点碍事的沙子，就会失去平衡，就前功尽弃了。不出所料，它脚下一出溜儿，粪球便滚到沟里去了。这下滑的粪球将圣甲虫带了一下，结果它摔了个四脚朝天，爪子在那胡乱蹬踢着。最后它好不容易翻过身来，继续去追它的粪球了。它的机器更加卖力地工作起来——是该小心点了，傻蛋儿。沿着沟底走，既省力又安全，沟底路好走，十分平坦，你不用费很大的力气，粪球就能滚动向前的。但是这圣甲虫偏偏就是不听，它执拗地向那可以说是它的克星的斜坡奔去，或许再登高处对它来说是合适的。对此我真是无语了，因为就身居高处的优越性而言，圣甲虫的看法比我更有远见。可你起码该走这条道呀，那坡比较缓，你很容易从那儿爬到顶上的。它压根就不听，倘若有什么很陡的、无法攀登的斜坡，那个固执的家伙就偏偏选中它。于是，西齐弗斯的工作开始了。它小心翼翼地，一步一步地，非常艰难地往上滚动那庞大的粪球。它一直是倒退着在推动。我在琢磨，它是使用何种稳定神功把这么个庞然大物稳定在斜坡上的？啊！稍一协调不好，它便白忙活半天了：粪球滑落下去，把它也连带着摔下去了。接着，它又开始往上爬，不一会儿又摔了下去。它随即又往上爬，这一次走得挺好，艰难路段总算过去了，原来是一个禾本植物的根在捣鬼，让它摔下去好几次，这一次它小心地绕开了这个该死的根。再使一把力就到顶了，但要更加地小心啊，坡陡道艰，稍有不慎便前功尽弃。你瞧，脚踩在光滑的卵石上，一溜，粪球和圣甲虫一起连滚带翻地又滑下去了。可圣甲虫又开始往上爬，依然坚韧不拔，没有什么能使它泄气的。十次，二十次地试着这老也爬不上去的攀登，最后，它或者是以顽强的意志战胜了艰难险阻，或者是经过更加缜密的思考承认自己之前所做的无谓的努力，于是它重新选择了一条平坦的道路，终于如愿以偿地完成了工作任务。

这宝贵的粪球并不是每次都由一只圣甲虫独自运送，它常常都有伙伴的帮忙，或者更准确地说，是同伴主动跑来帮忙。通常情况下是这么干的：一个圣甲虫制作完粪球之后，便离开纷乱熙攘的群体，倒退着推动自己的战利品离开工地，最后跑来的那些圣甲虫有一个在它的身旁，刚要展开自己的粪球制造工作，就突然丢下了手里的活，向那滚动的粪球跑去，帮助这个幸运的胜利者，后者好像非常乐意接受这种帮助。这之后，这两个同伴就合作干起活儿来。它俩争先恐后地奋力把粪球往安全的地方运去。在工地上是否果真有过协议，双方默许平分这块蛋糕？在一个揉制粪球时，另一个是否在挖掘富矿脉以获取原料，添加到共同的财富上去呢？我从未目睹这种合作，我一直看到的只是每只圣甲虫都独自地在开采地点忙着自己的工作。所以，后来者是没有任何既定权益的。那么，这是不是存在异性同类中间的一种合作，是一对圣甲虫在为自己的幸福小家庭努力奋斗吗？有一段时间里，我的确有这样的想法。两只圣甲虫，一前一后，激情满怀地在一起推动着那厚实的粪球，这让我想起了以前有人手摇风琴唱着的歌谣：为了布置家什，咱们怎么办呀？我们一起推酒桶，你在前来我在后。在经过一番解剖后，我就抛弃了这种夫妻互助的看法。仅仅看外表，是辨别不出雌雄圣甲虫的。于是我把两只共同合作运送粪球的圣甲虫拿来解剖，我发现的结果是它们通常是同一性别的。

既无家庭共同体，也无劳动共同体，那么存在这种表面上互帮的原因是什么呢？其实原因非常简单，目的就是占为己有。那个貌似热心的伙伴假意帮忙，实际上则是暗藏心机，一有机会便抢走粪球。粪球的制作过程既累人又要有耐心，如果能抢个现成，或者起码强行入席，那可就合算得多了。如果主人没有防备，帮忙者就可抢了粪球逃之夭夭；如果主人的警惕性很高，那就以自己也出了一份力而二人同席。这一招怎么算来都是能够得到好处的，所以抢夺便成了这个世界里收效最佳的一种方式。有的就阴险狡猾地这么去干了，如同我刚才所说的那样，它们兴冲冲地去帮一位同伴，事实上后者根本无须它们帮忙，而且它们装着好心好意，其实心里暗藏杀机。还有一些圣甲虫，更是胆大妄为，干脆直奔主题，强行夺走别人的粪球。

到处都有此类抢劫行径。一只圣甲虫独自推着自己通过辛勤劳动所获得的合法收益静静地离去了。另外一只，也不知是从哪里冒出来的，跑来抢掠，身子重重地落下，把被烟熏了似的翅膀收在鞘翅下面，然后挥起带锯齿的臂甲的背面扇倒粪球的拥有者，后者正在忙着推粪球，根本就无招架之力。当受袭者拼命挣扎，重新站立稳当时，攻击者已经立于粪球高处，那是击退对手的最有效的位置。它把臂甲收回胸前，准备迎敌，以防不测。失窃者在粪球周围转来转去，寻找有利的出击点，盗窃者则立于城堡顶上不停地转动，一直面对着失窃者。如果失窃者立起身来攀爬，盗窃者便朝前者的背部猛地一击。假如进攻者不改变策略来收回失物的话，那防守者因位于城堡高处，必将一次次地挫败对手的攻击。这时，进攻者企图把城堡及其守卫一起推翻。粪球底部受到摇晃，开始缓慢滚动起来，盗窃者也随着滚动，但它想尽办法始终立于粪球顶上。它办到了，但并非一直这样。它在不停地飞速跟着转动，使自己保持平衡。一旦脚下一滑，优势丧失，那就只好与对手短兵相接，双方身体对身体，胸部对胸部，你顶我撞地打斗起来。它们的爪子绞在一起，节肢缠绕，角盔相撞，发出金属锉磨的尖厉之声。然后，把对手掀翻，挣脱开来的那一位便赶紧爬上粪球顶端，抢占有利地形。围困又开始了，掠夺者与被掠夺者轮流包围，这全凭肉搏时的胜败来决定。二者之中不用说这抢劫者定是胆大妄为并且不惧危险，所以通常总是占有一定的优势。所以，被抢劫者两次败下阵后，便失去斗志，明智地选择回到粪堆去重新制作一个粪球。而那个抢劫侥幸成功的则很担心已经过去的危险会再次降临，便推着抢来的粪球赶紧朝自认为安全的那里跑去。有时第二个抢劫者会不期而至，抢掠前一个窃贼的赃物。说实在的，我并不讨厌它。

我徒劳无益地在琢磨，那个把“财产即赃物”这个大胆的谬语狂言运用到圣甲虫的习俗中的普鲁东究竟是什么人？那个把“武力胜过权力”的野蛮法则在食粪虫的世界里加以发扬光大的外交家是谁？因为掌握的资料甚少，所以我没办法从根源处深入探查这些常见的抢劫手段，没办法弄清楚这种为了抢夺粪团而滥用武力的缘由，我所能肯定的就只有抢劫骗取是圣甲虫的惯用伎俩。这些运送粪球的昆虫之间你争我夺，无所顾忌，我还真没有见过其他昆虫这么厚颜无耻地干过。索性我把这种昆虫心理方面的问题留给以后的观察者们去探索吧，我还是回过头来谈谈那两个合作搬运粪球的家伙。

或许用词不够贴切，但我还是把那两个合作者称为合伙运送者。两个中间一个是强硬加入的，这另外一只或许是出于无奈而被迫接受的，非常担心遭遇更严重的危险。它俩的相遇倒还算和气，合伙者到来之时，拥有者正一门心思在干自己的活儿，新来者好像怀着最大的善意，马上投入工作。二人一推一拉，相互合作。拥有者占着主导地位，担当主角：它从粪球后面往前推，后腿朝上脑袋冲下。那个助手则在前面，姿势与前者相反，脑袋朝上，带齿的双臂按在粪球上，长长的后腿撑着地。它俩把粪球夹在中间一前一后地翻滚着，粪球就这么滚动着。

二者也并不是合作无间，特别是这助手与道路是背对的，加之粪球又挡住了拥有者的视线。所以，事故频繁，摔个大马趴是常有的事，好在它们也泰然处之，摔倒了马上爬起来，依然是各就各位，各负其责。就算是道路平坦，此种运送办法依旧只是事倍功半的，原因就是它俩的合作无法那么完美，实际上只要粪球后面的一个圣甲虫单独做，也同样可以干得很快，而且可以更利索。那个帮手虽然几乎弄得无法运送，但在表现出自己的善意之后，决定稍事休息，当然，它是不会放弃它已视作自己财产的那个宝贝粪球，摸过的粪球便就属于自己了。但它也不会掉以轻心贸然从事的，否则对方会把它给晾在那儿。

它把腿收回到肚腹下面，身子紧挨在（可以说是嵌在）粪球上，与之混为一体，粪球和这个贴在其表面的帮手在合法主人的推动下一同往前滚动着。粪球在它的身下，随着粪球的滚动，它一会儿在上，一会儿在下，一会儿在左，一会儿在右，它一点都不在意。它就是要帮忙帮到底，而且是默默无闻的。这种帮手真罕见，让别人用车推着自己，还要得一份儿酬劳！这时，前方到了一个大斜坡，它只好帮一把手了。行到陡坡上时，它当上了排头兵，只见它用自己那带齿的双臂猛拽住沉重的大粪球，而其同伴，那个拥有者则在下方拼命抵住，一点点地往上顶着。我看见这两个合伙者，就这样一个在上方拽着，一个在下方顶着，合作非常默契地往坡上爬着，如果没两人的鼎力合作，光靠一个人是怎么也无法把粪球推上去的。但是，并非所有的人在这一艰苦时刻都会表现出一样热情的。有一些圣甲虫在攀爬斜坡这种必须通力配合才行的时刻，好像压根不觉得有困难要克服似的。在这浑身晦气的西齐弗斯努力着试图越过障碍时，那另外一位却占据高位，一副坐享其成的样子，与粪球一起滚上滚下。我们假设那只圣甲虫非常幸运，找到了一个牢靠的合伙者，或者更好一些，设定它在途中没有碰上不期而至的同类。那么，一切妥当，可以进行下一步了。地窖已挖好，是一个在比较松软土地上挖的洞，一般是在沙地上挖，洞不深，有拳头般大小，有一条细道与外界通连，细道大小正好够让粪球进入。食物一入地窖，圣甲虫便躲在家里，用藏于角落里的杂物把地窖入口堵住。大门一关，外面根本看不出这里下面存在一个宴会厅。大功告成，它十分高兴，宴会厅里全都登峰造极！餐桌上摆满了奢华食物；天花板遮挡住当空烈日，只让一丝温润潮湿的热气透进来；心平气静，四周幽暗：外面的蟋蟀阵阵合唱声，这所有的东西都有助于肠胃功能的发挥。我神思缥缈，突然觉得自己俯身于地窖门口，只觉得耳边隐约传来海洋女神该拉忒亚歌剧中的那段著名唱段："啊！周围的一切都在忙忙碌碌时，无所事事是多么美妙。"

有谁如此胆大要去惊扰这位正在宴席上静静享受的家伙呢？可是，这强烈的好奇心可以促使人们去做一切的事情，而这种胆量，我就有过。我在这里将此次自己私闯民宅的情形描述下来。我看见仅仅一个粪球就已经差不多把整个宴会厅占满了——这奢华的食物下抵地板上顶天花板。一条狭窄的通道把粪球与墙体隔开。食者就在通道上用餐，最多是两位，常常是独自一人，肚子贴在餐桌上，背顶着墙壁。座位一旦选好，就不再移动了，接着就张开嘴大吃起来，期间不会发生一点小吵嘴，因为那样子便会少吃一口；也不会挑三拣四，不然就会浪费食物。一切都得按先后次序，一丝不苟地穿肠过肚。看到它们这样虔诚尽心地围着粪球在吃，你会以为它们意识到自己在进行大地净化的工作，它们知道自己为之努力的是那种以粪肥培育鲜花的精细化学工程，鲜花让人赏心悦目，圣甲虫的鞘翅能装饰春意盎然的草坪。尽管这马牛羊的消化系统已经相当完善，但是它们的排泄物中依然残留着没有被消化的一些物质，而圣甲虫则把它们留下的那些残留物质加以利用，为此，圣甲虫就必须拥有一套装备齐全的工具。果不其然，通过解剖我惊叹地发现其肠道非常长，绕来绕去，使得吃进去的食物能够慢慢地被吸收，直到最后一个能被利用的颗粒被消化干净为止。因此，那些食草动物没有消化吸收干净的物质，通过食粪虫类昆虫的高效蒸馏器这么一提取，便能够获得一些财富，并且这些财富稍稍加工处理，便可以变成圣甲虫墨黑的铠甲和别的食粪虫类昆虫的金黄色的以及赤红色的胸甲。

但是，环境卫生限制了这种令人赞叹不已的垃圾处理工作要在最短的时间内做完，但是圣甲虫就具有这种或许其他昆虫所未具备的非常强大的消化能力。一旦食物进入地窖里面，圣甲虫就会不分昼夜地吃着，直至把食物消灭干净为止。在你有了一定的实践经验后，将圣甲虫关在笼子里养是非常容易的。我便是采取了这种方式获得了这些资料，这对了解著名的圣甲虫的高效消化功能非常有益。

整个粪球就如此这样一点一点地依次通过消化道，紧接着，圣甲虫隐士就再次爬出地面，寻找机会，找到以后，便重新做粪球，一切便又重新展开了。

有一日，天气干燥无风，这种氛围尤其适宜我喂养的圣甲虫们大快朵颐。于是，我揣着表，守候在一个露天进餐者的面前仔细观看，从早上八点一直延续到晚上八点。这只圣甲虫仿佛遇上了一块非常合胃口的食物，整整十二个小时的时间，它从没停止过咀嚼，一直停留在餐桌前的同一个地点纹丝不动地吃起来没完。晚上八点钟的时候，我最后一次看它，只见它的胃口毫未消减，那样子就像刚开始吃时一样地起劲儿。这次宴会还会持续下去，直至圣甲虫将全部的食物彻底消灭才会宣告结束。到次日的时候，那只圣甲虫的确不在那儿了，昨天没有嚼完的那块食物现在仅仅剩下点渣末了。

整整一个小时过去了，这么长的一幕就仅仅是进食，囫囵吞枣，精彩万分，只不过，那消化的一幕则更加妙不可言。圣甲虫是前面在不停地吃，而这后面则一直往外排泄，这些排泄物已经没有养分了，组成一条黑色细线，就如同鞋匠的细蜡绳。其边吃边排泄，足见其消化之神速。初始咀嚼，它那拔丝机就会运作开来，直至最后几口吃完之后，这机器即可停止运转。那根细蜡绳从头到尾没有发觉有断头，一直挂在排泄口上，下端的就已盘成一堆，只要是没有干透，就可以轻易展开来成为一条细长绳。

这排泄的整个经过就好像秒表那样精确。大约一分钟的间隔，要更加准确地说是四十五秒，即会有一小段排泄物出来，细绳则增多三四毫米。一旦细绳长到一定程度，我便把它截断，放在刻度尺上量量它的长度。测量得出的结果是，十二小时的总长为 2. 88 米。夜晚八点时，我在提灯下做完了最后一次查看，而后，这圣甲虫还会继续吃宵夜，因此这进食和制绳的活计还会再干一段时间，所以圣甲虫拉成的那根没有断头的细长绳总长约为三米。

知道了绳长和直径，排泄物的体积就可以轻易测算出来。然而要量出圣甲虫的确切体积，同样也很容易，仅需将它放进有水的量筒，看一下水位线就可以了。这些取得的数字并非毫无意义：通过分析这些数据，我们明白圣甲虫竟然能够经过一次持续十二个钟头的进餐后就吃掉了与自身体积相差不多的食物。胃是多么的好呀，而且消化又是这样强，消化速度又如此的快！刚开始咀嚼，排泄物就马上被消化成细绳状，始终拉长，直至进餐结束。在这台也许从不失业的蒸馏器里（除非加工的原材料匮乏），只要原料已进入，立刻由胃囊开始加工，吸收干净，而后排出。这使我禁不住有这样的联想，如此一座可以高效处理垃圾的实验室要用在净化环境方面是能够发挥不小的功能的。

圣甲虫的梨形粪球

一个年纪还轻的牧羊人抽时间帮我观察圣甲虫的活动状况。六月下旬的一个周末，他兴致勃勃地跑来对我说，他觉得此时是研究圣甲虫的最佳时机，说他忽然看到圣甲虫从地下爬出来，他就在它爬出来的地方寻找，在不怎么深的位置就发现了一个奇怪的东西，就带给了我。我原先认为了解了的那点情况被这稀奇古怪的东西完全推翻了。从形状上看来，它就如同一个小小的梨子，或许熟过了头，色泽不再新鲜了，褪变成了紫褐色。这个稀奇古怪的玩意，这个好像在车间弄出来的好看的玩具，会是什么东西呢？是人工创造出来的？是一个假梨子制品让孩子玩的？我确实是这样认为的。孩子们围过来，眼睛一眨不眨地看着这个漂亮物体，都想要拿走放入自己的玩具盒里。这物体形状比玛瑙弹子还漂亮，比象牙球和杨木陀螺更招人喜欢。事实上这玩意儿的材质并没有显得上乘，却摸着很硬实，并带有非常艺术性的曲线。这无关紧要，反正在深入观察它之前，我是不会将这个从地下找到的小梨让孩子们做玩具的。它真的是圣甲虫的作品吗？其里面会有一个卵、一条幼虫？牧羊青年肯定地告诉我说有。他讲他在挖的时候不小心将一只相同的小梨给弄碎了，里面仅有一只白色的卵，宛如一个麦粒大小。因为他给我拿来的小梨与我所期望的粪球相差甚远，因此我不太相信他说的。剖开这个令人生疑的东西，查看它里面有什么东西，这大概是唐突的：纵使像牧羊青年认定的那样里面果真有虫卵，我这样把它剖开或许会影响里面胚胎的存活。再说了，我在思考，梨形与全部已知的情况是不符的，很可能是偶然酿成的。谁知道日后会不会再碰到偶然的情况给我提供相同的东西呢？最好保持原来的模样，静观事情的发展，特别应该去现场看个究竟。

第二日天刚亮，我就爬上山坡见到了年轻的牧羊人在放羊。山坡上的树木最近被砍伐光了，夏季的毒太阳晒得人后脖子疼，好在还需要两三个小时之后太阳才晒得到我们。清早，凉风习习，羊群在牧羊犬的看管下安静地在吃草，因此我和牧羊青年便一起寻找起来。

不久就找到了一个圣甲虫的洞穴，上端新堆成一个鼹鼠丘，一眼就能认出来。我的同伴使劲挖起来。我将我的小铲子给他用，我那把小铲子不但轻巧而且结实，我每次外出都会带上它，因为我看到土就想挖挖，怎么也变不了。我趴在地上，眼睛一眨不眨，以便仔细查看被挖开的洞穴内侧的安排布置。牧羊青年一边使用小铲子挖着，一边用没拿铲子的手弄掉浮土。

我们完成了：一个洞穴被打开了，只见那潮湿的半张开的地洞里一只完美的梨形粪球放在那儿。是啊，说真的，第一次见到圣甲虫妈妈的作品时的深刻印象，永远也无法忘却。纵使我是挖掘古埃及的圣骨的考古学专家，在我挖到某个法老的地下墓穴中的雕琢成绿宝石的圣虫，我也不如这次激动。啊！忽然金光四射真理发现的快乐呀，什么快乐能与你相比呀！牧羊青年也异常兴奋，他看见我笑自己也笑，他看到我幸福欢快自己也喜形于色。

偶然的事不会再现，一件事不会一样地重复再现，一句古老的名言便是这么告诉我们的。我这已是第二次看到这种奇怪的梨形粪球了。这种形状是一般的，也不是例外？圣甲虫在地上滚动的那个类同这种球体的球体是不是并不存在？我们继续挖下去，再看看究竟是怎么回事。我们又找到了第二个洞穴。同第一个一样，里面也有一只梨形粪球。这两个玩意儿一模一样，简直像是一个模子里倒出来的。有一个细节颇有价值：在第二个洞里，在梨形粪球旁边，圣甲虫妈妈怜爱地紧搂着梨形粪球，想必是专心一意地在对它进行最后的加工，然后自己就永远地离开这个洞穴。一切疑惑都被驱散了：我知道了这个雕塑工，了解了它的杰作。

在上午剩下的时间里，我便对已知的情况进行了详细的求证：在太阳把我晒得受不了只好离开挖掘现场之前，我已拥有一打形状相同大小几乎一样的梨形粪球。有许多次我都发现有圣甲虫妈妈在洞穴深处的车间里。最后，先提一下后来我所了解到的情况。在六月末到九月份的整个大热天里，我几乎每天都到圣甲虫经常出没的地方去探查，我用小铲子挖开一个个洞穴，获得了一些超乎我所能期盼得到的资料。我从笼子里的饲养中又获得了另一些资料，这些资料真的也很宝贵，但却无法与在田野里的自由空间中所获得的资料相比拟。不管怎么说，我挖掘过少说也不下一百来个洞穴，而且始终都次次见到那种梨形粪球，但却从来没有，一次都没有见到过圆圆的粪球，一次也没见到过书本上告诉我们的那种浑圆形状的粪球。

这个错误我以前也犯过，因为我非常相信大师们的金口玉言。以前，我在安格尔高原的研究没有任何结果，我在实验室进行饲养也可悲地以失败而告终，但我又一心想给青年读者们一个圣甲虫如何筑巢做窝的看法，所以就接受了传统的浑圆的粪球的荒谬说法，而且还用别的食粪虫的一点情况进行推理，试着勾勒圣甲虫卵的外形，导致了不可饶恕的错误的出现。

现在，我们来详述一下以我亲眼所见为依据的真实的故事。圣甲虫的地下窝巢在地面上一看便知，因为洞外有一堆浮土，似一个鼹鼠丘，是圣甲虫妈妈把洞中挖出的土推到洞外堆积而成的，以便留出一个洞来。这个鼹鼠丘下开着一个大约一分米的不太深的洞，有一条或直或曲的水平通道从洞底通到可能有拳头般大小的宽敞大厅。这就是地下室，虫卵被食物包裹着，在离地面几寸的地下，由酷热的太阳烘烤慢慢孵化。这也是圣甲虫妈妈的宽敞的车间，未来的宝宝的面包被它灵活自如地揉制、加工成为梨形。

这个粪球面包是按长轴线的水平方向躺倒的。其形状以及大小让人想到圣让节时期的小梨子，色泽鲜艳，香气扑鼻，提前成熟，让孩子们爱不释手。梨形粪球的大小基本都差不太多。最大个儿的长四十五毫米，宽三十五毫米；最小个儿的长三十五毫米，宽二十八毫米。

梨形粪球的表面虽不像仿大理石那么光滑，但却非常规则匀称，经过很小的红土颗粒仔细打磨过的。它原是十分松软的，宛如可塑性黏土，因为是刚做好的，但很快便因风干的缘故，外层结起一层硬皮，用手指捏都捏不碎，比木头都硬。这层硬皮是一个保护层，使得隐于其中者避免与外界接触，可以极其安静地消受自己的食物。但是，如果连中间也都风干了，那么处境就相当危险了。我们以后会有机会来谈被迫面对太硬面包的幼虫的可怜处境的。

圣甲虫面包铺加工的是什么样的面团呢？马牛骡是它的供货者吗？绝对不是。但是我以前却是这么认为的，而且每个看见它在一大堆普通牛粪中拼命收集、为己所用的人，也都会这么以为的。它通常就在那儿揉制粪球，然后弄到沙土地下的某个隐蔽处去消受一番。

如果那种沾满草梗的粗糙面包只是为了自己吃的话，那没有什么问题，但如果是给它们的小宝宝们准备的，那就不行了。它必须去进行精加工，使之营养丰富且易于消化。它需要的是绵羊留下的美味，而不是干瘪的牛拉下的一地黑橄榄。绵羊留下的美味是在其不太干的肠子中逐渐形成、加工制作的单层硬饼干。这才是圣甲虫所要的材料、专门用于加工的面团。那不是马的那种无脂肪的粗纤维材料，而是腻滑而有黏性的均匀的物质，饱含着富于营养的汁液。这种材料因其黏性和腻滑而极为适于加工成梨形艺术品，而且它又柔软可口，很符合新生儿的嫩弱的胃。幼虫将可以从这么一个小小的梨形体中获得充足的营养。

这就是梨形食品为何如此之小的原因所在。它那么小，以致使我在看到圣甲虫妈妈正在制作梨形粪球之前，一直怀疑这新玩意儿究竟是什么尤物。我一直都没能从这么小的梨形粪球中看出那是圣甲虫幼虫的食粮，因为圣甲虫既贪馋且个头儿也挺大。

在这个拥有独特新颖形状的大面包团里，虫卵在哪里呢？大家自然而然地就会认为它在那圆圆的梨肚子的中心。这中心点是最安全的地方，不受外面的一切干扰，而且是恒温的。再者，新生幼虫无论从哪儿下口都能遇到厚厚的食物层，不会咬上几口就没有了。因为在它的周围全都是一样的，它也就用不着去挑选了。它随便把自己那嫩牙咬到哪儿，都会无忧无虑地继续津津有味地吃下去。

这种看法似乎非常有道理，以致我也跟着上当了。在我用小刀的刀锋一层一层地往梨肚子中心剥去，深信在中心点会找到虫卵时，却大出我的意料，那儿根本就没有虫卵。梨肚子中心非但不是空的，而且严严实实。那儿也是一堆质地均匀的食物。

我的推断看上去似乎很合理，换了任何一位观察者也会与我持同样看法的，但是圣甲虫却有自己的主张。我们有我们的逻辑，而且还颇引以为豪，但圣甲虫也有自己的逻辑，而且在这一点上还远胜于我们。圣甲虫颇有远见，能预见将要发生的事情，所以便把卵下到别处去了。

到底下到哪儿去了呢？下到梨形粪球最细薄的部分，在最顶端的梨颈那儿。把梨颈纵向剖开，但须加倍小心，别弄坏了里面的东西。那儿挖有一洞，四壁光洁锃亮。这就是胚胎所在的圣龛，这就是孵化室。相对于圣甲虫妈妈的个头儿来说，虫卵算是挺大的了，它呈长椭圆形，白乎乎的，长约十毫米，宽有五毫米多。它同四壁之间有一层薄薄的间隔，与四壁都不紧贴，只是梨颈顶端的壁后，虫卵的头顶粘在上面而已。梨形粪球通常是水平躺放着的，除了头顶粘着的那一点而外，幼虫实际上是悬浮在空中，睡在这张最有弹性最热乎的空气床上。

现在，我们已清楚明白了。让我们来看看圣甲虫这么干的原因何在。让我们先来了解一下为什么是个梨形，这在昆虫的制作工艺中可是一种很奇特的形状。让我们来看看虫卵放在那么个奇怪的地方究竟有什么好处。我知道，探究事情的原委及来龙去脉是异常烦琐艰辛的。你可能会像是踏入流沙里去似的，因为那是个神秘的领域，变化多端，一不小心就会陷下去无法自拔的。难道就因为危险而不抛下这种探索吗？为什么要放弃呀？

我们的科学与我们手段之贫乏相比更显得其伟大辉煌，但是面对无穷的未知时又显得如此可悲。它对于绝对的真理都知道些什么？它一无所知。我们只有认识了世界之后才会对它产生兴趣。认识不了，一切都变得枯燥乏味，混沌虚无。一大堆事实并非科学，那只不过是一篇索然寡味的目录而已。必须解读这篇目录，用心灵之火去使之化解开来；必须发挥思想和理想之光的作用；必须诠释。

让我们去攀登这个高峰，以解释圣甲虫的所作所为吧。也许我们可以把我们的逻辑运用到圣甲虫身上去。不管怎么说，看到理性对我们的支配与本能对动物的支配如此绝妙地一致，是非常有趣的。

圣甲虫处于幼虫状态时有一个巨大的危险在威胁着它，那就是食物变干燥。幼虫生活期间的地下洞穴的天花板是一层约一分米厚的土层。这极薄的一层土又如何能挡得住能把土烤焦的大热天的酷热呢？那酷热都能把砖坯烧硬了。所以幼虫的居室内温度高极了，当我把手伸进去时，都感到有股热气在往外冒。

食物至少得存放三四个星期，所以很有可能在卵孵化之前变干，甚至变得无法为幼虫食用。当幼虫那嫩牙咬不着原本松软的面包而咬到硬如磐石的硬皮时，可怜的幼虫将会饿死，而且确实发生过因饥饿而死亡的事件。我就发现过有不少八月烈日的牺牲者，它们早已把松软的食物吃了一个大洞，后来因啃不动剩下的太硬的食物而死于吃出的那个大洞中。粪球剩下的是一个厚厚的壳，像一只没有口的球形锅子，可怜的幼虫在锅里被烤干瘪了。

在那个干硬得像石头似的厚壳中，幼虫就算变成了成虫一样也会被饿死的，因为它冲不破围城，逃不出来。关于幼虫的彻底解放我稍后还要论述，在此多加赘述了。我们来关心一下幼虫的悲惨遭遇吧。我们说了，食物变干燥对于幼虫来说是致命的。我们见到的在厚壳中干死的幼虫就能够证明这一点。下面要做的实验会更加明确地证实这一点。在七月份那筑巢做窝的季节里，我在一些硬纸盒或杉木盒里放了一打儿当天早上从产地挖到的梨形粪球。这些被密封起来的盒子被放在我实验室的暗处，那儿的气温与外面的气温一样。结果，没有一只盒子见到成果：要么是卵干瘪了，要么是幼虫孵化出来后很快就死去了。相反，在一些白铁盒或玻璃笼中的，情况却十分不错，全部存活。

这种差别原因何在？其实很简单，在七月份的高温天气里，硬纸板或杉木板隔热效果差，水分很快就蒸发掉，所以梨形粪球变干，幼虫便饿死了。而白铁盒或玻璃笼则相反，隔热效果好，水分不易蒸发，食物能保持松软，所以幼虫如同在出生地的洞穴中成长得一样好。

圣甲虫避免食物干燥的方法有两种。首先，它用它那宽臂的铠甲使劲地压紧压实梨形粪球的外层，弄成一层比中心更均匀更密实的保护性外皮。如果我把一个用这种方法制作的食品罐头捏碎，那层外皮通常会一下子脱落，露出中心的内核来，这让我联想到一只核桃的核儿和仁儿来。圣甲虫妈妈在按压时只涉及几毫米的表层，所以便出现了一个外壳。它并没往深处按压，这样中间的那个大内核也就分出来了。夏季最炎热的时候，为了让食物保鲜，家庭主妇会把面包放在密封的坛子里。而圣甲虫妈妈的做法有异曲同工之妙，它通过按压制成的外壳，来保护里面的孩子们的食粮。

圣甲虫的所作所为远胜于此：它变成了能够解决最小值的难题几何学家。在其他所有的条件完全相同的情况下，蒸发显然与蒸发面的大小成正比。因此，为了减少水分的丧失，就必须让食物的面积尽量得小；但又必须让这个最小的面积包含最大数量的营养物质，以便让幼虫吃饱吃好。那么，什么样的形状才能达到面积最小而体积又能达到要求呢？按几何学的回答，那就是球形。

圣甲虫于是便把幼虫的食粮加工成为球形，而梨颈暂时地忽略一边。这种球形并非强加给圣甲虫一个必需的外形而盲目的机械条件下造成的结果，也不是在地上滚动而突然获得的成果。我们已经看见了，为了更方便、快捷地把收集到的食物弄到别处去食用，圣甲虫把食物加工成球形，但又没有挪动它的位置。总之，我们已经承认这个球形在滚动之前就做成了。

同样，我们也能立刻确定，在洞底深处制作成了为幼虫准备的梨形。它没有滚动过，甚至都没有挪过窝儿。圣甲虫完全按照所需要的外形对它进行了加工，犹如泥塑艺人用拇指捏泥人一样。

圣甲虫利用自已配备的工具也能制作出曲形不如梨形柔和的其他一些形状出来。譬如，它就能制作较粗糙的圆柱体，那是粪金龟通常制作的香肠面包；它也能草率从事，让没有固定形状的粪块是什么样就什么样。如果盲目从事，活儿就做得更快，它也便有更多的时光尽情享受阳光下的欢乐了。然而不然，圣甲虫特意选择制作梨形粪球，而这种形状要做得精确是非常不易的。它就像深知蒸发的规律以及几何学的规律似的制作出这种繁难的梨形粪球。

目前剩下的是弄清楚梨颈的事了。其功能、作用到底是什么？答案明显是：有极大的作用。孵化室便在梨颈部位，卵便在其中。然而全部的胚胎，不论是植物的还是动物的，都需求空气这个生命的原动力。为了令激发生机的空气这种助燃剂渗透进去，圣甲虫的梨形粪球也有和鸟蛋的蛋壳上的气孔类似的。

为了防止过快地干燥，梨形粪球的外壳被压实变成一层很硬的外皮。它的营养核，也即蛋黄、卵黄，为藏于外皮内的松软的球。它的透气室就是最上端的那个小屋，也就是梨颈上的那个小窝窝，里面的空气将胚胎紧紧围住。为了能呼气吸气，哪里会比孵化室更好的？其位于尖角上面，沐浴在空气里，气体可以穿过薄薄的壁自由地渗进渗出。

食粪虫中无人敢对作为重要条件的空气和水等闲视之。我们将来会有机会看到，食粪虫的食物块形状各不相同。除了梨形外，依据制作者的种类不同，还有圆柱形、鸟蛋形、球形、尖顶形等。然而，虽然是形状各不相同，首要的一点却是永久不变的：卵停留在紧靠表面的一间孵化室内，这是呼吸新鲜空气和吸热的良好方法。圣甲虫制作的梨形粪球在此类精巧艺术领域独占鳌头。

我前面刚提起过，圣甲虫这位上等的揉制工在揉制粪球时所表现出的逻辑性可和我们人类相媲美。就我们目前所知，我做的实验就证实了这一点，此外还有更好的证明。我们将下面这个问题让我们的科学来阐释吧。胚胎是被包围在一大块食物里面的，而由于干燥，这大块食物很快就会变得无法食用。怎样加工这种食物块才好呢？为了易于呼吸到新鲜空气和吸收热量，把卵产在哪里好呢？

所提问题中的第一个问题已经解答过了。我们从所获知识中知道，蒸发和蒸发表面的面积大小是成正比的，因此食物应做成球状，因为球状体包含的物质至多而表面积又最小。关于虫卵，既然需求一个令它免除任何伤害性接触的保护套加以保护，就必须把它放在一个薄薄的圆柱形套子里，再使套子立在球体上方。

如此这样，便满足了所有必须的条件了，制作成球状的食物就可以保持新鲜了。被一个圆柱形薄套保护着的卵可以顺畅地呼吸新鲜空气和吸收热量。这必要条件虽然满足了，但那形状却实在难看。讲实用便就顾不得美了。

我们推理得出的粗糙作品被一位艺术家进行了加工。它将圆柱形修改为半椭圆形，显得优美雅致很多。它又在这个球体上制作出一个精妙的曲面，与球体依旧连接在一起，这就成了一个梨形，成了一个带颈的葫芦。如此一来，它就变成了一件艺术品了，十分美观。

圣甲虫所做的正是美学需要我们做的。它是否也拥有一种审美观？它知道自己制作的梨形很漂亮吗？它肯定是瞧不出梨形之美的。它是在地下一片漆黑中制作出来的。但它摸得出来，即使它的触觉不值一提，并且身披粗糙的角质外壳，但不论怎么说，自己对自己精心制作出来的外形轮廓是肯定会有感觉的！

圣甲虫的造型术

圣甲虫是怎样制造成那有着慈爱的梨形粪球的？首先可以确定的是，这肯定不是在地上通过滚动制作而成的，因为它的形状不管从哪一方面看都是不能滚动的。就算那梨形葫芦的肚子能滚动的话，但是那个椭圆形凸出来的梨颈里面竟是个孵化室呀！这个精巧的作品也绝不是猛烈撞击的结果。它仿佛首饰匠的首饰一样，是不允许被铁匠放在铁砧上捶打出来的。我赞同其他的一些已经提到的十分明显的缘由，然而愿梨形粪球的形状将永远把我们从那认为卵是放在一个摇来晃去的粪球里的陈旧观点中摆脱出来。

圣甲虫这个雕塑家与专业的雕塑家们一样，为了自己的杰作闭门以潜心制作。它藏于自己的洞穴中，全心全意地加工被它运入洞里的粪料。在处理粪料的方法上有两种情况。一种是在粪堆里依据我们已知的那种办法选择优质食料，随即揉制成小球，搓成圆形以后再滚动它。如果仅仅是为了解决自己的口粮问题，它肯定就这样做了。倘若它认为粪球体积太大，又不适合就地挖洞，它就会滚动着这个大家伙上路。它没有目的地走着，直至找到一个合适的地点为止。途中，粪球不会越滚变得越圆，但表层会慢慢变硬，沾上一些泥土以及细沙粒。这层沾上土和沙的表层确切地记录着其跋涉路途的远近。这一点非常重要，我们待会儿可以用得上。

另一种情况是，在它从中选取粪料的粪堆周围就很适合挖洞。那地方没有石头，极易挖洞。这样就用不着长途跋涉，也就无须转动粪球了。羊的松软蛋糕被聚集起来，依照原样存储，放入车间，需要的时候便切成小块加工。这种情况一般并不多见，由于地面粗糙，有很多石头。很容易就可以挖洞的地方零零星星，圣甲虫必须得身负重荷四处找寻。但是，那笼子里铺的一层土是过了筛子的，挖洞就十分容易，每一处都能挖洞建巢，所以，圣甲虫妈妈为产卵去劳作时，不需要先把粪块弄成个什么固定的形状，只需把附近的粪块弄到地下去就行了。

这种没有必要事先揉成粪球再运输储存的方法不管是在野地里还是在我的笼子里，其最终结果都非常令人震惊。前一天，我看到一块不成形的粪料消失在地下，第二天或许第三天，我查看了其车间，发觉艺术家正面对自己的杰作哩。当初的没有形状的被一块块拖进洞里的粪块，已经成了形状完美、不可挑剔的梨形粪球了。

这件艺术品身上留着其艺术家的印记。立在洞底地上的那一部分沾着一点泥土，其他的部分都非常光滑明亮。在圣甲虫制造梨形粪球的时候，由于粪球自己的重量和圣甲虫的微微拍打，依旧十分松软的梨形粪球接触地面的那一面仅沾上了点泥土，而其余的大部分面积则保持了圣甲虫精心加工所赋予它的精巧完美。

这些仔细观察到的细节的结论是很明显的：梨形粪球绝不是旋转制作变成的，它不是圣甲虫在宽敞车间的地上经过滚动得到的，倘若这个推测是真的话它应该浑身沾满泥土才对。此外，它那凸起的颈部也排除了此种制作方法的可能性。它甚至从没有从一头翻转到另一头，它的朝上一面没有沾一点儿泥土，这即是有力的证据。圣甲虫既没有移动也没有翻转，就在其所处的地方对梨形粪球进行了加工制作。它使其那宽臂轻轻地拍打梨形粪球，就如同我们在露天地里看见它制作时的那样。

现在我们回过头来讲讲田野里的通常情况。此时，粪球是通过从远方运来拖进洞穴中的，整个表面全沾满了泥土。圣甲虫将怎样处置这只粪球？粪球上已经凸显出未来梨形粪球的肚子来了。假如我只注重寻求答案而不思考曾经使用过的方法的话，这答案就很容易得到了：只要在洞中连同其小粪球一起抓住圣甲虫妈妈，把它和小粪球全都弄到我的实验里仔细观察，研究进展情况就可以了，而这种事我干过许多次。

我用一只短颈大口瓶装满筛过的湿润的土，并把土夯实到需要的程度。然后，我把圣甲虫妈妈及其紧搂住的宝贝粪球放在我制造的土层表面。我把大口瓶放在半明半暗的地方之后，等待着。我的耐心并未经受太久的考验。圣甲虫因卵巢的活计所迫，又重新开始了被我打断了的工作。

在某些情况下，我看见圣甲虫一直待在地面上，把粪球打碎敲破，弄得粪渣满地皆是。这根本不是因为圣甲虫被捉住成了俘虏的绝望之举，恍惚之中把宝贝粪球给毁坏掉。它那是明智的合乎卫生的举动。有必要对在一些疯狂的争抢者中间匆忙弄到的粪球进行仔细的检查，因为在强盗们中间，就在收获地点进行翻检并不总是很合适的。粪球有可能裹进一些小蜣螂、蜉金龟什么的，因为忙着拼抢而顾不上仔细挑拣。这些无意间闯入其间的入侵者非常自在地待在粪球里，将来会与合法的消费者争食未来的梨形粪球的。必须把这帮馋虫从粪球中清除出去。因此，圣甲虫妈妈便把粪球打碎，变成碎屑，仔细搜查。然后，再重新把粪渣聚拢，粪球又做好了，这时表面已无泥土了。于是圣甲虫把它拖入地下，它被加工制作成为除支撑的那一面外无泥土的梨形粪球。

但更常见的是，粪球被圣甲虫妈妈原封不动地埋入地下，如同我从洞中把它挖出来时那样，外层很粗糙，这是因为圣甲虫妈妈把它从收集点一路滚动，直至理想的加工点所造成的。在这种情况下，我在大口瓶底看见的是已成为梨形的粪球，外壳很粗糙，表面嵌满了沿途沾上的泥土和沙子，由此可见梨形粪球并不要求从里到外进行全面的加工改造，而是通过简单地按压，拉出梨颈就可以了。

在绝大多数情况之下，事情是按正常顺序发展的。我在田野里挖出来的梨形粪球几乎全都有一层硬痂，有不同程度的粗糙面。如果没有发现这硬痂是因长途运输所造成的，那便会以为这沾满土和沙的外壳是圣甲虫在地下制作时滚动粪球所致。彻底地纠正了这一错误的是：我所看到的那几个罕见的光滑粪球，特别是我的笼子里挖出的那几个极其干净光洁的粪球。这几个梨形粪球告诉我们，用就近收集的并未成形便储存起来的粪料加工成梨形粪球必须彻底地塑造，而且根本就不是用滚动加工的方法。这几个梨形粪球还告诉我们，那些表层粗糙的梨形粪球并不是在车间里滚动时沾上泥土造成的，而纯粹是表明它们在地面进行了长途跋涉所致。亲眼观看梨形粪球的加工制作并不是一件轻而易举的事：那个在黑暗中干活儿的艺术家稍被光线照到，就坚决罢工停手。它需要漆黑一片才能进行雕塑，我则必须有光亮才能看到它。这两个条件不可能同时得到满足。不过，我们不妨试一试，断断续续地抓住那不能完全展露的真情实况。我采用了下面这个办法。

我还是用了先前的那个短颈大口瓶。我在瓶底铺了一层几指厚的土。为了弄一个我所必需的四壁透明的车间，我在土层上支起一个三脚架，有一分米高，我在其上放置一个与大口瓶瓶口直径相同的枞木盖板。这样装置好的玻璃壁板房就是圣甲虫干活儿的宽敞的地下室。枞木板边缘被切开一个小口，刚够圣甲虫及其粪球通过的。最后，在枞木盖板上堆上一层尽可能厚的土。

在堆土时，有一部分盖板上的土会滑落，从所开缺口处漏到房间里去，形成一个宽宽的斜坡。这是我计划好的。当圣甲虫发现连接口之后便借助这一斜坡，下到我为之准备好的透明屋中去。当然，这个透明屋必须全黑之后它才会去的。因此，我便用硬纸板做了一个上面封住口的套，把短颈大口瓶给罩上。这样一来，那间房间就全黑了，符合了圣甲虫的要求。我只要猛地拿起套来，我所要的光亮也就有了。

万事俱备，我便开始寻找带着自己的粪球宝宝刚退隐进天然洞穴中的圣甲虫妈妈。就像我所希望的那样，一个上午就全安排妥当了。我把那位圣甲虫妈妈及其粪球宝宝放在上层土的表面上，并在大口瓶上罩上了纸套，然后便耐心地等待着。只要卵没安置好，圣甲虫妈妈便会执着地完成自己的工作，它将会为自己挖一个新的洞穴，并随时一点一点地把粪球往洞坑中拖；它将会穿过上面的那层不太厚的土；它将碰到枞木板盖的阻碍，这是与它多次在露天地里挖洞时遇到的阻挡去路的碎石一样的障碍；它将会探寻受阻的原因，并发现了那个缺口，于是它便从这个小门下到下面的小屋，小屋对它来说很宽敞，可以自由爬动，如同我刚才让它搬家前它所住的地下室一样。我就是这么推断的。但这一切都将需要时间去验证，而我觉得为了满足我那急不可耐的好奇心，最好一直等到第二天。到时候去看看了。头一天我把实验室的门敞开着，因为门锁的一点点响动就会惊动我的那个疑心很重的劳作者，它会马上停下手中的活儿。为了减小动静，我进实验室前换上了一双软底拖鞋。我猛地一下掀去纸套。太好了！我的推断一点没错儿。圣甲虫正待在玻璃车间里，我看见它正在忙活着，宽爪正放在梨形粪球的雏形上。但这突然的一亮把它惊得僵在那里一动不动。这种情况延续了几秒钟的工夫。然后，它转过身去，笨拙地往回爬上斜坡，想进到地道的黑暗的高处。我看了一眼它干的活儿，记下了其作品的形状、姿态、方位，然后又把纸套给套上，让里面全黑下来。如果想再做这种实验，就不能让这种突然袭击持续得太久。

我突然而短暂的窥探，发现了这项神秘工程的初步信息。粪球一开始完全呈圆球形，而现在出现一个大鼓包，像个不太深的火山口。这件活计使我联想起某些史前时期的瓦罐——但这件活计的比例要小很多——肚子是圆形的，边口敦实，颈部有一圈小槽围着，此梨形粪球的雏形显现了圣甲虫的制作工艺，这工艺和不懂得陶车技术的第四纪人类的工艺一模一样。

挖出的一圈沟槽将这可塑的粪球一边勾勒出一圈，那即是梨形粪球的颈端。这只粪球雏形还被拉长出来一个圆钝的凸起，这凸起部分的中心部位被压过，粪料被挤压到边上去了，由此形成一个边缘不正规的火山口。到此，活计便已初步完成了。

傍晚时，我又无声无息地再次突然造访。清晨被惊扰的圣甲虫妈妈已经回到了常态，返回自己的车间。现在又忽然一片光明，它再一次被吓到，急忙逃窜，跑到上面去躲藏起来。被我使用亮光三番两次地摆布的可怜的圣甲虫妈妈虽然躲在上面，但却是满腹遗憾，很不愿意罢休。

它的活计有些进展：火山口更深了，厚实的边口不见了，变得更细更薄，收起来，伸长即是梨颈。然而，粪球却没挪动过。其姿态、方位全部是我原来所记下的模样。接地的那一端依旧在下面，仍旧在同一个点上；朝上的一面还是朝上；已变成了梨颈的火山口仍然在我的右边。由此可见，我原先的推测是完全正确的：粪球并无滚动，只是受到挤压，然后揉制加工。

第二日，我实施了第三次探访。昨天还是半开着的袋状梨颈现在已经合上了。卵产下来了，工程业已完成，仅需再进行一番全面磨光、修饰就行了。我惊扰它的时候，圣甲虫妈妈估计正在做这种磨光、修饰作业，因为其是非常追求粪球的几何形完美的。

我错失了工程中最繁杂困难的部分，我大概看清楚了卵的孵化室是如何建成的：围绕着初始阶段的火山口的凸出物通过爪子的按压后变得更小更薄了，而后伸长成在开口处逐渐缩小的口袋。到此为止的活计还是可以提供满意的解答的。然而，当我想到圣甲虫的那些僵硬的工具时，那令人联想到木偶动作的宽大锯齿状铠甲的生硬笨拙的动作时，至于卵将在其中孵化的那间小屋如何建得如此完美，我就不容易解释了。圣甲虫是如何使用这种挖矿石倒挺合适的粗糙工具建成那育婴室、那内部十分光洁的产卵房的？那锯齿很大，就像开石用的锯子的爪子，在从那口袋的狭小口子伸进去时，是不是变得与刷子一样柔软了？为什么不可能呀？我们早就说过这种情况了，而圣甲虫的状况却又证明了这一点：工具在能工巧匠的手里什么都能做。圣甲虫使用自己所配备的随便任何工具都能发挥其专家的才能。它宛如富兰克林所讲的那种模范工人，可以把刨子当锯子，可以把锯子当刨子，如何使唤都可以。圣甲虫就使用它刨土的那把大锯齿耙做抹刀和刷子用，将幼虫即将要诞生的小屋抹得光滑。

最后，还有一个细节是关于这个孵化室的。在梨颈的顶部，有一个地方总是显得和别的不一样：有几根纤维立在那儿，可梨颈的其他地方全部细心地加以抹光滑了。那边是塞子，圣甲虫妈妈一产完卵就会用这个塞子把那狭小的开口堵上。然而这个塞子结构松散，证明没有被拍打挤压过，而其他地方全都认真拍压过了，没有一点突出的纤维。

为何圣甲虫在别的地方都用爪子拍压实了却只有顶端留出个例外呢？因为圣甲虫卵使其后端靠在这个塞子上，倘若它受到挤压，被推向后方，这个塞子就会把这种压力传输给胚胎，令胚胎有死去的危险。圣甲虫妈妈知道这一危险，就用一个没有拍压过的塞子封住口子，如此这样孵化室内有足够的空气流通，而虫卵也因此免于受到挤拍所引起的震荡的危害。

西班牙蜣螂

为了虫卵，昆虫由本能所做的正是人经过经验以及研究所获知的理性会使昆虫去做的，这一点却不是哲学微不足道的道理所能够解读的。所以，受到科学之严谨的启发，我任何事都需小心对待。我这并非是要给科学一副令人憎恶的面孔，因为我确信人们即使不使用一些粗俗的词汇也可以讲出一些绝妙的事情来。清晰透彻是耍笔杆子的人的崇高手段，我要竭尽全力地做到这一点。所以，使我停笔思考的那种谨慎是属于其他范畴的。

我在询问我自己，我这是不是遭到某种幻想的欺骗。我心里在思考："圣甲虫和别的一些甲虫是粪球制作工匠。那是它们的手艺，不明白它们是从哪儿学的这种行当，或者是机体结构导致的，尤其是因为它们有长长的爪子，并且有的爪子还稍微弯曲。假如它们在为卵而忙碌的话，那它们在地下继续发挥自己那制作粪球的特长又有什么好奇怪的呢？"

倘若先撇开那些难以讲得透析的梨颈和蛋形粪球突出的一端的话，余下的就是最大的食物团，也即是昆虫在洞外制作的食物球团。还剩下的是圣甲虫在太阳地里玩耍的却不做他用的小粪球。

如此说来，此类在夏季酷热中被认为是最有效防止干燥的球形物有什么作用呢？就物理学来说，粪球及其相似形状粪蛋的此类特性是不用怀疑的，然而，这两种形状和已克服的困难仅有一种偶然的联系。机体结构致使其在田野里制作粪球的这种昆虫在地下仍在制作粪球。假如说幼虫直到最后都有软嫩的食物放在嘴边而悠然自得的话，那我们也就不需要对其母之本能大加赞颂了。

为了最终使自己信服，我就需要寻找一只仪表堂堂的食粪虫，它在平常生活中根本就不了解粪球制作工艺，但是到了产卵时节，它却会一反常态，把得到的材料制作成粪球。我家周围有这样的食粪虫吗？有的。它甚至是除圣甲虫外最美最大的一种，那即是西班牙蜣螂，其前胸截成一个险坡，头上也长着一个十分惹人注意的怪角。

西班牙蜣螂身材矮胖，蜷成一团，很是圆厚，行动缓慢，绝对对圣甲虫的体操技能一点都不知道。它的爪子很短，稍微有些风吹草动，就会把爪子缩回肚腹下端，与粪球制作工们的长腿简直没法比。只需看看它那五短身躯、笨拙的样子，就极容易猜想得到它是根本不喜欢推着一个大粪球去远徙的。

西班牙蜣螂确实喜静不喜动。一旦找足了食物，夜间或许黄昏时候，它就会在粪堆下挖洞。挖的仅是个粗糙的洞，能放进去一只大苹果。而后，它三两下地一摆弄，粪料就成了屋顶，或者至少堆在其门口；体积很大的食物没有一个准形状地落进洞里，这也就是它贪馋好吃的证据。只要宝贝食物还剩余，西班牙蜣螂就不会返回地面，仅仅是一门心思地大快朵颐。直至饭尽粮绝，这种隐居生活才算是结束。因此，夜间，它就重新开始寻觅、收获、挖洞，再建另外一个临时居所。

有了这种无须事先准备便可吞食垃圾的本领，显而易见眼下西班牙蜣螂根本就不会去弄清楚揉捏粪球的工艺。再说其爪子短小、笨拙，好像根本无法干这类工艺活儿。

五月份，最晚六月份，产卵期就到了。西班牙蜣螂已习惯了拿最肮脏的粪料填满自己的肚子，现在是时候考虑自己的子女了，这让它很是为难。就像圣甲虫一样，这时候它也必须弄到绵羊的软软的排泄物做成一个软面包。而且还得同圣甲虫一样，这个软面包必须营养丰富，能就地整个儿地埋入地下，地面上不留任何残渣碎末，因为必须勤俭节约，一点也不能浪费。

它没有远行、没有运送、没有做任何的准备工作，那个软面包就被划拉到洞里去，就在它自己的栖身之地。为了自己的孩子们，它在重复做着原先为自己所做的事情。至于地洞，足有一个鼹鼠洞大，是个宽大的洞穴，距地面深有二十厘米左右。我发现它比西班牙蜣螂大快朵颐时住的那种临时住宅要宽敞得多，精致得多。

不过，我们还是让西班牙蜣螂自由地干活吧。偶然发现的情况所提供的资料可能是不全面的、片断性的、内在关系也不很明显。笼中的喂养就非常利于观察，蜣螂也十分配合。我们还是先看看它是怎么储存食物的吧。

在黄昏那朦胧的光线下，我看见它出现在洞门口，它是从地下深处爬上来收集食物的。因为在洞口附近我放了很多的食物，所以它没花什么工夫就找到了。而且我还精心地常常更换。它天生胆小，一有动静就随时准备缩回去，所以它步子很缓慢、不灵活。它用头盔划拉、翻找，用前爪拖拽，很小的一抱食物就给弄出来了，但却被拖散开来，弄成碎末。蜣螂把食物倒退着拖着，消失在地下。不到两分钟的工夫。它又爬到地面上来了。它依旧小心翼翼的，用展开的触角探查周围，然后才跨出门槛。

它能闯到与它相隔两三寸远的粪堆那儿，对它来说可是一件了不起的大事了。它宁愿食物正好位于其洞宅门旁，构成其住宅的屋顶。这样它就用不着出门，免得提心吊胆的。可我却另有打算。为了观察方便起见，我把食物放在门口，但离洞口并不远。慢慢地，胆小的蜣螂心里踏实了，来到露天地里，到了我的面前，但我还是尽可能地不让它发现。它又没完没了地反复搬运食物了，但它搬运的总是一些不成形的碎块、碎屑，就像是用小镊子夹住的那样。

我对它储存食物的方法颇有些了解，所以任由它自己继续这么干了大半夜。天亮时，地面上什么都没有了，蜣螂也就没再出来。只一夜工夫，足够的宝藏便堆积起来了。我们先等上一段时间，让它有余暇把自己的收获随其心愿整理存放好。在这个周末之前，我在笼子里翻挖，把我曾看见它存放一部分粮食的那个洞挖开来。

如同在野外的洞中一样，那是个屋顶不平的宽敞大厅，屋顶低矮，但地面几乎是平坦的。在大厅一角，有一个圆洞张开着，像是一个瓶口。那是太平门，通向一条地道，往上直达地面。在这个新土上挖成的住宅四壁都被精心压紧、压实，我挖掘时虽有震动，但却没有坍塌。看得出来，蜣螂为了未来，施展了全身本领，费尽了全部挖掘工的力气，建造了坚固耐用的住宅。如果说那个只是为了在其中填饱肚子的陋室是匆匆挖成的，既无样式又不坚固的话，那么如今这所房子则成了宽阔壮美的地宫了。我怀疑雌雄蜣螂同心协力地完成了这项大的工程。至少，我经常看到一对蜣螂待在用于产卵的地洞里——这宽敞而豪华的屋子想必曾经是婚礼的彩厅。婚礼就是在这个大拱顶下举行的，而新郎想必帮着盖了这座大厅，以此来表达自己那非同凡响的爱情。我还猜想新郎也帮着新娘收集和存放粮食。在我看来，新郎是那么强壮，也一抱一抱地把粮食运往地宫。两人齐心协力，这份儿细致的活计就会很快收工了。但是，一旦屋内存粮已满，新郎就悄悄地退回地面，去另处安家立命：让蜣螂妈妈独自去完成母亲的职责。雄蜣螂在这个家里的作用也完结了。

在这个我们看见有那么多的小粒粮食运进来的地宫中能发现什么呢？一大堆乱七八糟的散乱颗粒吗？绝对不是的。我在里面发现的始终都是一个整块的大圆面包，占满了整个屋子，只在四周留下一条只容蜣螂妈妈来回走动的狭小的过道。这块巨大的蛋糕没有固定的形状。我见到过蛋形的，形状和大小如火鸡蛋；我也见到过扁平椭圆形的，状如一个普通的洋葱头；我还见到过几乎浑圆形的，如同荷兰奶酪一般；我也曾见到过朝上的一面圆圆的，微微鼓起，就像是普罗旺斯的乡村面包，或者更像是复活节时食用的蒙古包状的烤饼。不管是什么形状的，表面都很光滑，曲线也很柔和。这下子我明白了：蜣螂妈妈把先后搬运进洞的无数散碎食物聚集起来，揉成一整块，然后，它把这一整块食物搅拌、混合、压实成为颗粒均匀的食物。我多次看到这位女面包师站在那个大面包上。与之相比，圣甲虫做的那个小粪球简直是小巫见大巫了。在这个有时有一厘米宽的粪球凸面上，西班牙蜣螂走动着，跨着步；它轻轻地拍打这个大面包，让它变得瓷实、均匀。我只能偷偷地瞥上一眼这个滑稽的场景，因为一看见有人，女面包师便顺着弯曲的斜坡滑下来，藏于面包下面。

为了深入观察，探索细枝末节，就必须要点花招。这并不困难。也许是因为我与圣甲虫长期打交道让我的研究方法更加灵活多变了，也许是西班牙蜣螂心并不太细，更能忍受狭窄囚室的烦闷，所以我得以毫无阻碍、随心所欲地观察筑巢的各个阶段的情况。我使用了两种方法，每个方法都能告诉我某些特殊的东西。

在笼子里有了几个雌蜣螂做成的大面包之后，我便把蜣螂妈妈与这几个大面包一起搬出来，放到我的实验室里去。容器分两种，按我的愿望让它们或明或暗。如果我希望容器里面光亮，我就用大口玻璃瓶，直径差不多与蜣螂洞一般大小，也就是 12 厘米左右。每只瓶子底部铺了一层薄薄的新沙子，薄得蜣螂无法钻进去，但却足以让它不致在玻璃地上滑来滑去，而且还让它以为是与我刚让它搬离的地方一样的沙地。而后我把蜣螂妈妈及其大面包一起放在这层沙子上。

无须指出，即使在极其微弱的光线下，蜣螂因惊吓也不会做出什么的。它需要完全无光亮，于是我便用一个硬纸板盒把大口瓶给罩起来了。我只要小心翼翼地稍稍掀起一点这个硬纸板盒，就可以在我认为合适的时间随时借着室内的弱光，偷窥女囚正在干什么，甚至能观察上好一段时间。大家都看到了，这个方法比我当时想观察圣甲虫制作梨形粪球时所使用的方法简便得多。西班牙蜣螂性格更温驯一些，适合使用这种方法，如果用在圣甲虫身上可能就行不通了。因此，我在实验室的大桌子上放了一打儿这样的可明可暗的容器。谁要是见了这一溜瓶子，可能会误以为灰纸盒套下面盖着的是异邦的食品调料哩。

如果要全不透光的，我就用花盆，里面堆上新沙子。花盆下面弄成一个窝，用硬纸板搭个屋顶，挡住上面的沙子，蜣螂妈妈和它的大面包就放在窝里。或者干脆我就把它和它的大面包放在沙子上面。它会自已挖洞做窝把面包藏进去，如同往常一样。无论采用哪种方法，都得用一块玻璃片盖住，免得让俘虏逃逸。我期待着这些不同的、不透亮的容器能为我澄清一个棘手的问题，这个问题我以后会阐明的。

这些用不透亮的纸盒罩住的大口瓶能告诉我们一些什么呢？能告诉我们许多有趣的东西。它们让我们知道，这个大面包尽管形状多变，但它始终是规则的，它的曲线并非是因滚动导致的。我们在检查天然洞穴时已经很清楚，这个几乎占满了整个屋子的圆球，是根本无法滚动的。再者，蜣螂也没有这么大的力气去推动这么大的一个粪球。

不时地查看大口瓶都会得知同样的结论。我看见蜣螂妈妈立于面包上，左敲右拍抹平突出的地方，把粪球修整得臻于完善。我还从未见到过它试图把那个大家伙翻转过来。这就十分明了了：圆面包并非滚动而成的。

蜣螂妈妈的勤奋与耐心细致让我想到我以前从未想到的一个问题：制作这么长的时间。为什么要对这块大东西翻来覆去地修修补补？为什么在吃它之前要等待那么长的时间？确实，要经过一个星期甚至更多的时间之后，蜣螂在面包打磨，变得光鲜之后才决心享用它。

当面包师把面团和好搅匀之后，它就把它拢成一堆放到和面槽的某个角落里。在体积大的块团内，面包发酵的温度调节得更好。蜣螂深谙面包制作的这一诀窍。它把收集到的食物堆在一起，精心揉制，做成粗坯，然后再让它有时间去进行内部发酵，让粪团味道变美，并让它有一定的硬度，以利于日后的加工。只要这道程序没有完成，女面包师以及伙计就要等待。对蜣螂来说，这个时间很长，至少得等待一个星期。

发酵成功了。小伙计把大面团分成小面团，女面包师也这样做。它用头盔上的大刀和前爪上的锯齿切开一个圆槽口，并切下一小块体积规则的面团来。这个切割动作干净麻利，一刀见形，无须修修补补，完全符合要求。

接下来就要加工这个小面团了。于是，蜣螂便用它那似乎并不适于这种工作的短小的爪子尽量拖住小面团，使用其唯一可以使用的挤压方法把小面团加以挤压。它非常认真执着地在尚未定型的粪球上移动着，上下左右前前后后，有板有眼地到处挤压，然后又始终耐心、细致地加以修饰。这样整整干了二十四个小时。而后，凹凸不平的粪团就变成了像梨子般大小的完美的球形面包了。在其拥挤狭窄的车间的一角，矮胖的艺术家几乎待在原地一动不动地完成了自己的杰作，并且也没挪动过那个面团一次。通过耐心细致地长时间工作后，它最终制作成了那个非常浑圆的球形，然而这是它那笨拙的工具和狭窄的空间让人觉得根本不可能完成的事。

它还得花费较长的时间去仔细完善、抹平那个球形，用爪子柔情地翻来覆去地涂抹，直至把所有突出部位都给抹掉为止，看上去它那小心翼翼地涂抹没有止境似的。然而，临近第二天的傍晚时分，它以为这个圆球已经可以了。蜣螂妈妈爬上它的建筑物的圆顶，一直在挤压，在其上面压出一个不太深的火山口来。它将卵产在这个小盆里了。

而后，它使用非常粗糙的工具，以很大的谨慎和惊人的细致促使火山口聚拢起来，建成一个拱顶，铺在卵的上部。蜣螂妈妈轻轻地转动，将粪料一点一点地耙拢，推往高处，封上顶部，这是各个工序中最棘手的工作。稍微压重或者扒拉得不到位，都会危及薄薄的天花板下的虫卵。封顶的工作常常要停一停。蜣螂妈妈低下头，动也不动地屏息倾听，看看洞内有什么不寻常之处。看来没有问题，接着，耐心的女工又开始忙碌起来：从两侧一点点朝屋顶耙粪料，屋顶渐渐变尖、变长。一个顶端很小的蛋形就这样取代了球形。在或多或少有点凹凸的蛋形下面的就是虫卵的孵化室。这类细致的活计还得花上整整一天。先加工粪球，在粪球上面挖出个小盆，把卵产在盆里，将圆盆封顶盖住虫卵，这些工序总共需要两天两夜，有时还会更长一些。

蜣螂妈妈便又回到了那个切去一块的大面包旁边。它再一次切下一小块，用同样的操作法将它变成一个蛋形粪球，在另一个小盆中产下卵。剩下的粪球面包还可以做第三个，甚至还时常可以做第四个蛋形粪球。蜣螂妈妈在洞穴只堆积了仅有的一个粪料堆，以我之见，最多可以做四个蛋形粪球的。

产下卵后，蜣螂妈妈就会待在自己那小窝里，里面差不多满满地堆放着三四只摇篮，一个紧贴着一个，尖的一头朝上。现在它要做什么呢？估计是想要出去转转，这么久没吃东西得恢复一下体力了吧？谁要有这种想法就大错特错了。它依旧停留在窝里，自从它进入洞里，它就没吃过东西，就连碰也没碰过那个大面包。大面包已经分切成几等份，便是其子女们的食粮。在疼爱子女上，西班牙蜣螂控制自己的精神实在十分感人，宁愿自己挨饿也绝不会让子女少吃短喝。它如此这般忍受饥饿还有第二个原因：守卫在摇篮边上。从六月底起，地洞就很难弄成了，因为雷雨大风和行人的踩踏，洞全都没有了。我所见到的几个洞穴里，蜣螂妈妈经常在一堆粪球边上打盹儿，每个粪球里都有一条已完全发育的胖嘟嘟的幼虫在大吃大喝着。我使用那些装满新沙子的花盆做的不透亮的容器里的情况证实了我从田野上所碰到的情形。蜣螂妈妈们在五月上旬和食物一起被埋进沙里，它们就再也没有在玻璃罩下的地面上出现过。产卵之后，它们就在洞中隐居了。它们和它们的那些粪球一起度过炎热干燥的伏天，情况是这样的：我将大口玻璃瓶盖子揭开时所看到的便是它们在守卫着那些摇篮，直至九月份前几场秋雨过后，它们方才爬出来。而此时新一代已经成形了。蜣螂妈妈在地下非常高兴地看到子女们长大了，这在昆虫界是极其罕见的天伦之乐。它听到自己的孩子们摩擦着茧子想要破茧而出，它看到其如此精心加工的保险箱被打破。倘若地面的湿气没能令囚室变得软一些的话，它或许会走上前去帮自己那些筋疲力尽想出却出不来的孩子。妈妈和它的孩子们一起离开地洞，一同上来迎来秋高气爽，这季节，太阳暖暖的，路上的天赐美食到处都是。

米诺多蒂菲

为了命名本章要介绍的这个昆虫，专业分类学家采取了两个恐怖的名字：一个为米诺多，即弥诺斯[1]的那头在克里特岛[2]地下迷宫中吃人肉的公牛的名字；另一个为蒂菲，就是巨人族中的一位，是大地的儿子，曾尝试登天的那位的名字。凭着弥诺斯之女阿里阿德涅给的一团线，阿德尼安·忒修斯抓住了米诺多，将其杀死，安全无恙地走出地下迷宫，进而使自己祖国的百姓彻底摆脱了被这半人半兽的怪物吞食的命运。蒂菲则在自己垒起的高山之巅遭遇到雷劈，摔进埃特拉火山口内。

他的气息化为了火山的烟雾滞留在火山口中。他倘若一咳嗽，就会引起火山喷发出岩浆来；他假使想换个肩膀扛着，想使另一个肩膀歇一会儿，就会让西西里岛[3]不得安宁：他会引爆西西里岛的地震。在昆虫的故事里寻求到一种对此类古老神话的回忆倒并不使人扫兴。这些神话人物的名字听起来既响亮又好听，它们并不会引来和实况真情相悖的矛盾，而那些按照构词法硬造出来的名称倒经常是名不副实。假若用一些朦胧相近的名字把神话与历史联系起来，这种名字就会是最让人称心的。米诺多蒂菲便是这种。

所以，人们把一种体形较大、与地下打洞的昆虫血缘非常相近的黑色鞘翅目昆虫称作为米诺多蒂菲。它是一类平和无害的昆虫，可是它的角可比弥诺斯的公牛还要厉害。在我们的那些披着甲胄的昆虫里面，没有谁有它的武器如此咄咄逼人。雄性米诺多蒂菲胸前拥有三根一束的平行向前伸的锋利长矛。假使它体壮如牛的话，纵使忒修斯本人在野外遇见它，也不敢迎战它那支恐怖的三叉戟的。寓言里的蒂菲野心勃勃，想通过将连根拔起的群山垒成

---

① 希腊传说中宙斯与欧罗巴之子，是克里特的国王。

② 位于地中海北部，是希腊的第一大岛，总面积 8300 平方公里。行政上属于克里特大区。

③ 是地中海最大和人口最稠密的岛，属于意大利，位于亚平宁半岛的西南。公元前 8 世纪至前 6 世纪希腊人在岛东岸建立殖民地。公元前 241 年成为罗马帝国的一个省。

一根立桩，去打劫诸神的仙境。博物学家们的蒂菲就不会登天，仅会入地，可以把地钻得很深。蒂菲只需用肩膀一扛，就可以震颤一个省；我们的昆虫蒂菲却用脊背去拱，将泥土拱松动，使小土堆震颤不已，好像被埋在火山里的蒂菲一动，埃特拉火山便轰隆作响一样。

我们即将描述的就是这种昆虫。然而，这个故事又有何用意呢？这么深入细致地去寻求又有什么意义呀？这我明白，这种研究不会令一粒胡椒身价百倍，不会使一堆烂白菜变成无价之宝，也不会铸成装备一支舰队、使得决心拼个你死我活的人们互相对峙的那样的一些严重后果。我们的昆虫并不期望有这么多的荣耀。它只是通过自己那些千变万化的表现来展现自己的生活，它能够帮助我们或多或少弄懂一点所有的书中的最晦涩的那本书——我们人类自己的书。

它价格便宜，易于弄到手，观察起来又很有意思，因此它比其他的那些高级动物更易于满足我们的好奇心。再者说，和我们成为近邻的那些高级动物研究起来非常单调乏味，而它却不一样，其本能、习性以及身体构造都很有特点，是我们从未听到的，因此它可以提供给我们一个新世界，好像我们是在与另一个星球的生物举行研讨会。这即是我高度评价这种昆虫并持之以恒地与之建立联系的原因所在。

米诺多蒂菲喜欢露天沙土地，因为那是羊群去牧场的必经之路，沿路总会不停地拉下羊粪蛋的。那是其日常美餐，假如没有羊粪蛋，其也可以退而求其次，找点非常容易收集的兔子的细小粪便来凑合。一般而言，兔子总是藏到百里香丛中去拉屎撒尿，因为它十分胆小怕事。大约在三月份的头几天，就可以碰见米诺多蒂菲夫妇齐心协力，潜心修窝筑巢。此前一直分居于各自的浅洞穴中的雌雄米诺多蒂菲，现在开始要共同生活较长的一段时间。夫妻双方在茫茫同类之中还能彼此相认吗？它俩之间存在着海誓山盟吗？如果说婚姻破裂的机会十分罕见的话，那么对于雌性一生来说甚至这种破裂的机会根本就不存在，因为做母亲的很久以来就不再离开其住处了，相反，对做父亲的来说，婚姻破裂的机会却很多，因为其职责所在，必须经常外出。如同我们马上就会看到的那样，雄性一辈子都得为储备粮食奔忙，是天生的垃圾搬运工。它独自一人白天按时把妻子洞中挖出来的土运走，夜晚它又独自在自家宅子周围搜寻为自己的孩子们做大面包的小粪球。

有时候，各家住宅比邻而建。收集粮食的丈夫归来时会不会摸错了门，闯进他人家中去呢？在它外出寻食时，会不会在路上碰见一位待字闺中的散步女子，于是便忘了与妻子的恩爱，准备离婚呢？我已经着力研究这一问题了。有两对夫妇正在挖土建巢时被我挖了出来。我用针尖在它们鞘翅下部边缘做了无法抹去的记号，所以我能把它们区分开来。我随手把这四位分别放在一块有两拃深的沙土场地上。这样的土质一夜工夫就能挖出一口井来。在它们急需粮食的情况下，我就给它们弄一把羊粪放进去。我用一只瓦钵翻扣在场地上，既可为它遮阳又可防止他们逃跑，让它们安安静静地去沉思默想。翌日，我得到了非常满意的答案。场地上只有两个洞穴，两对夫妇如原先一样重新相聚在一起，都各自找到了自己的结发妻子。次日，我又做了第二次实验，然后又做了第三次实验，结果都一样：用针尖做了记号的一对儿在一个洞中，没做记号的另一对儿则在通道尽头的另一个洞穴里。

这样的实验我又重复了五次，它们每天都得重新组建家庭。现在，事情变糟了。有时，接受试验的四只中每只各居一屋，有时在同一个洞穴中住着两只雄性，或者两只雌性，有时一个雌性接待另一雌性或雄性，但组合方式与一开始完全不同。我过分地重复实验了，这以后就乱了套了。我每天这么折腾都把这些挖掘工弄烦了。一个摇摇欲坠的宅子老是在重建，终于把合法夫妻给拆散了。既然房屋每天倒塌，正常的夫妻生活就再也过不下去了。

不过这并无大碍，反正一开始的那三次实验已足以证明，尽管那两对夫妇一次一次地受到惊吓，但似乎并没有破坏它们夫妇关系那微妙的纽带，夫妇关系仍有着一定的抗拒力。夫妇双方在我精心制造的一系列混乱之中仍旧能够认出对方来。它们相互间信守着山盟海誓，这在朝三暮四的昆虫界确实是一种难能可贵的高尚品质。

我们人类是根据话语、音色、音调相互识别的，而它们则是哑巴，没有任何方法呼唤，剩下的只能是嗅觉了。米诺多蒂菲寻找自己的妻子的情况让我想起了我家的爱犬汤姆。汤姆在发情期间，鼻子朝上，嗅闻由风送来的空气，然后跳过围墙，急忙奔向远方传来的具有魔力的召唤。我由此还想起了大孔雀蝶，它们为向正值婚嫁的雌蝶表示敬意从好几公里以外飞来。

但是，这种对比尚有许多不尽如人意之处。大孔雀蝶在受到妙龄雌蝶召唤时尚不认识这位美人儿，而对长途跋涉前去朝圣一窍不通的米诺多蒂菲则完全相反，它稍微转上一圈便径直奔向它已经常与之接触的女人了；它通过对方身体中散发出的与别人不同的气味，通过自己情人身上的独特气味将自己的情人辨别出来。这些带有气味的散发物由什么成分构成的呢？米诺多蒂菲尚未告诉我。这很遗憾，它本会告诉一些有关其嗅觉之神功的有趣故事的。

那么，这对夫妻如何在家庭中分工的呢？要想知道这一点那可不是容易的事，不是用小刀尖挑出来看看就行了的事。谁要是想参观在洞中挖掘的这种昆虫的话，就得动用镐头，那可是很累的活儿。这种昆虫的宅子可不像圣甲虫、螳螂和其他一些昆虫的屋子，用小铲子轻轻一铲，毫不费力地就挖开了。米诺多蒂菲住在一口深井中，只有用一把结实的铁铲，连续挖上好几个小时才能挖到底。如果太阳稍微火辣一点，你干完这个活就肯定累成一摊泥了。唉！我年岁大了，可怜的关节都生锈了！明知地下有个有趣的问题想探究一番，可就是力不从心，挖不动了！但是，我热情未减，仍旧如当年挖掘条蜂喜爱的海绵性山坡时一样的热情似火。我对研究工作的喜爱丝毫没有减退，只是力气不如从前了。幸好我有一个帮手，他就是我的儿子保尔，他身轻体健，臂膀有力，帮了我的大忙了。我动脑，他动手。

家中所有人，包括孩子们的妈妈，都非常积极地帮我们一把。坑越挖越深，必须隔着老远仔细观察铲子挖上来的那些东西，找点滴资料，这时候人多眼睛就亮。一个人没看见的，另一个人就会瞅见。双目失明的于贝尔依靠一个目光敏锐的忠实仆人对蜜蜂进行研究。我比这位伟大的瑞士博物学家条件可强得多了。我的眼睛虽然已经老花，但视力还是挺好的，何况我的家人的眼睛都很好，他们都在帮助我。如果说我还在进行着我的研究事业的话，他们是功不可没的。我非常感激他们。

大清早我们就赶到了现场。我们找到了一个洞穴，还有一个挺大的土堆，土堆呈圆柱形，是一下子推上来的一整块土。挪开土块，便现出一口很深很深的井。我用途中捡拾的一根很长很直溜儿的灯芯草秆儿试探着往井下伸去，越伸越深。最后，在一米五十左右的深处，那根灯芯草秆儿就不再往下去了。我们探到了，米诺多蒂菲的卧房终于被我们探到了。

我们用小铲子小心翼翼地剥落卧房外面的土，于是便看到了屋里的主人，先挖出来的是雄性米诺多蒂菲，再稍许往下挖一点就挖到了雌性米诺多蒂菲了。夫妻俩被取出来之后，露出一个颜色很深的圆点：那是粮食柱的末端。现在慎之又慎的小心挖掘。我们沿着洞底边缘把中间的那块土与其周围的土切割开来，然后用小铲子兜底儿把那块土整个儿地铲起来，既要小心谨慎又得干净利落。铲起来了！我们弄到了米诺多蒂菲夫妇及其卧房了。我们挖了一个上午，累得精疲力竭，总算弄到了这笔财富。从保尔身上冒出的热气，就能看出他花了多大的力气。

一米五十这个深度也不可能是一成不变的，深度会被许多因素所改变，比如昆虫钻过的地方的湿度和土质如何啦，根据或多或少地接近产卵期，昆虫干活的热情的大小和时间是否充裕啦。我看见过有一些洞穴还要稍许深一些，我也见到过另有一些洞穴还没达到一米深。不管是什么情况，为了生儿育女，米诺多蒂菲都必须有一个很深很深的住所，而据我所知，没有任何一种昆虫挖掘工挖过这么深的。我们马上就会寻思逼使羊粪蛋的收集者居住在那么深的地方的原因到底是什么呢？

在离开现场之前，我们先记下一个事实，确证这一事实以后会很有价值的。雌性米诺多蒂菲是住在洞穴底部的，而其丈夫则待在其上方不远处，它俩都被吓得一动也不敢动，现在尚无法确知它俩在干什么。

我翻挖的各个洞穴中都一再地发现了这一细节，它似乎说明这对伙伴各自有一个固定的位置。

更擅长养儿育女的米诺多蒂菲妈妈住在下层。它独自在挖掘，因为它精通垂直挖掘的技术，这种方法事半功倍，可以挖得很深。它是个能工巧匠，始终不停地对着坑道工作面挖掘着。它的丈夫只是待在它身后作为帮手，用它的角背篓随时清理浮土。这之后，能工巧匠变成了女面包师，把为孩子们准备的糕点揉制成圆柱形；而米诺多蒂菲爸爸则为它做小工，为妈妈从外面运进来面食原料。如同在所有的和睦家庭中女主内男主外一样。这可能就是为什么在管形宅子中它俩所居的住处始终不变的缘故，将来我们会知晓这种猜测是否与事实相符。

现在，让我们在家里从容地、自在地观察我们好不容易挖掘出来的洞穴中间的那整块土。这块土中有一个呈香肠状的食品罐头，长短粗细几乎像拇指一般。里面装着的食品颜色很深，压得很瓷实，分好多层，可以辨别出其中有已压碎了的羊粪蛋。有时候，面包被揉得很细，从头到尾都十分的均匀。更多的时候这圆柱形面团像一种牛皮糖，里面有一些疙疙瘩瘩的。根据女面包师的忙闲情况，它所揉制的面包看上去千差万别，有时间就做得讲究，没时间则敷衍了事。

食品罐头紧紧地嵌在洞穴的那个死胡同里，那儿的墙壁比井里其他地方的更光滑，更平整。用小刀尖轻易地就可把它与周围土层剥离开来，就像剥树皮似的。这个不沾一点泥土的食品罐头就这样被我弄到了。

这项工作已做完，我们再来了解一下卵的情况，因为这只罐头肯定是为幼虫准备的。由于我从前了解到粪金龟是把自己的卵就产在“血肠”底部食物中间的一个特别的窝窝儿里的，所以我期待着在“香肠”底部的一个密室里找到粪金龟的近亲米诺多蒂菲的卵。我判断失误了。在我所猜想的地方并未找到我想要的卵，也不在“香肠”的上部，反正食品罐头里处处都没有。

我又在食品罐头外面寻找，终于找到了。卵就在罐头食品柱的下面的沙土里，完全不在妈妈精心安排的保护范围之内。那儿没有一间新生儿细嫩肌肤所要求的墙壁光滑的小房间，而只有一个并非精心建造而是妈妈胡乱扒拉起来的粗糙的废墟堆。幼虫将在这个离食物有一段距离的硬床上孵化。为了吃到食物，幼虫必须扒拉沙土，穿过这个有几毫米厚的沙土天花板。

我既已挖出了那连带着食品罐头的整块土，又有我自制的器具，我就可以观察这段香肠是如何制成的了。

米诺多蒂菲爸爸爬出洞外，选好其长度大于井口直径的一个粪球。它把粪球往井口挪去，要么倒退着用前爪拖拽，要么用头盔轻轻顶着一下一下地往前推。推到井口边时，它是不是猛一使劲儿，一下子把粪球推进洞里去呢？绝对不是，他依照自己的计划办事，不会让粪球重重地摔落在地上的。它爬进井口，前足搂紧粪球，小心地把一头塞进井内。到了离井底一定距离的地方，它只需把粪球稍微倾斜一点，粪球就可以两头顶着井壁，因为其轴心很宽。这样就构成了一块临时的楼板，可以承重两三个粪球。这就是米诺多蒂菲爸爸的加工车间，它可以在此干活儿而又不影响在下面工作着的自己的妻子。这是一座磨坊，在这里加工着制作面包的粗面粉。

这个磨坊工爸爸装备精良。你瞧它的那支三叉戟。坚挺的前胸上留有一束三根的锋利长矛，两边的两根长，而中间的那根短，三根的矛头全都直指前方。这件兵器有何用途呢？我起先以为只不过是雄性的一件饰物，如同粪金龟族中其他许多族类都佩戴着的一样，只是形状各异而已。可米诺多蒂菲的这个是它的一件劳动工具，而不是普通饰物。

那三根矛尖并不取齐，形成了一个凹弧，里面可以装载一个粪球。在那块没铺得太好、摇来晃去的楼板上，米诺多蒂菲爸爸得用四只后爪支撑着井壁才能保持平衡。那它将如何把那个滑动的粪球固定住，并把它压碎呢？我们来看看它是怎么干的吧。

它稍稍弯下身子，把三叉戟插入粪球，如此一来粪球便卡在新月形的工具中不能动弹了。米诺多蒂菲爸爸的前爪是空闲着的，所以它就能用其前臂上的锯齿状臂铠去锯粪球，将它切成一小块一小块的，从楼板缝隙处扔下去，降落于米诺多蒂菲妈妈的身边。

自磨坊工那边掉下去的是粗粉，没过过筛子，其中还掺杂着磨得不太细的碎块。纵然这面粉磨得不细，但依旧给正在精心制作面包的女面包师帮助很大，让它可以简化工序，一会儿便能把好粉次粉分离开来。在楼上的粪球，包括楼板全被磨碎后，有角的磨坊工匠就会回到地上，寻求新的粪料，而后再耐心地重新开始研磨。

作坊中的女面包师也一直忙着。它将自己身旁纷纷散落的面粉收拾起来，进而碾碎深加工再分类，软一些的用为面包心，硬一些的用为面包皮。它绕过来绕过去的，使用自己那扁平的胳膊慢慢地拍打着原料，随后，它将原料一层层地摊开，再用脚踩结实，好像葡萄酒酿制工在榨葡萄汁一样。踩瓷实之后的大面饼易于储存。经过大约十天的共同努力，夫妇二人成功做成了长圆柱形的大面包。丈夫提供面粉，妻子制作加工。

现在应该总结一下米诺多蒂菲的种种品德了。过完严冬，雄性米诺多蒂菲就开始寻觅配偶，找到之后就和它在地下安居，此后，它就会对自己的妻子忠贞不渝，尽管它时常要外出，并且也会碰上可能让其移情别恋的女性，但它始终铭记结发妻子。它以一种没有任何东西可以使之减退的热情协助自己的那位在孩子们独立之前绝不出门的挖掘女工。整整三十多天，它用它那叉口背篓将挖出的土运往洞外，一直是任劳任怨，从不被那艰难的攀登所吓退。它将轻松的耙土工作留给妻子去做，自己做那些又粗又重的工作，将土从一条狭窄、高深、垂直的坑道朝上推到洞外。

接着，这位运土小工又成为粮食寻觅者，到处去寻觅粮食，帮孩子们收集吃的东西。为了减少妻子剥皮、分拣、装料的活儿，它又变成了磨面工人。在距洞底一定的距离处，它在磨碎被太阳晒干、变硬了的粮食，加工变成粗粉、细粉；面粉不断地纷纷散落在女面包师的面包房内。最终，它筋疲力尽地离开了家，于洞外露天地里凄凉地死去。其英勇顽强地尽了自己作为父亲的职责，他为了让自己家人过上幸福生活作了巨大的奉献。然而米诺多蒂菲妈妈也全心放在这个家上，从没有出过大门。古人将这种贞洁女子叫作 domimansit。它将一个个面团揉成圆柱形，将一只只卵分别产在一个个面团里，此后就守护着自己的这些宝贝，直至孩子们成长，可以独立离去为止。当金风送爽时节来临时，模范妈妈最终又回到地面上来，孩子们围绕着它。孩子们自由自在地四散离去，去羊群常去吃草的地方去捡拾粪球，大快朵颐。此时，一心一意为了孩子们的慈母早已无所事事，溘然逝去。

对，在父亲们对自己的孩子那寻常的漠不关心中间，米诺多蒂菲却与众不同，其对自己的孩子们倾注了全部的心血。它一直想到自己的家人，从没有考虑过自己。它本可以尽享美好的时光，本可以与同伴们一起欢乐，本可以和女邻居们调情戏耍，但它并没有如此，却是埋头于地下的劳动，拼死拼活地留下一份产业给自己的家人。在它足僵爪硬，奄奄一息的时候，它可以无愧地安慰自己："我尽了做父亲的责任，我对我的家人尽心尽力了。"

南美潘帕斯草原的食粪虫

踏遍全球，游遍五湖四海，走过南北极，观察生命在不同气候条件下的无穷无尽的变化状况，对于善于考察研究的人来说这绝对是最美的好运。鲁滨逊的漂流令我欢喜兴奋，我年轻的时候就揣着他那种美妙的奇想。但是，紧接着环游世界那美丽梦幻而来的却是郁闷和蛰居的实际。印度的热带丛林、巴西的原始森林、南美大兀鹰喜欢的安的列斯山脉的崇山峻岭，全部变成一块作为探察场的荒石园了。

但是上苍庇佑，让我并没有为此而埋怨个不停。思想上的收获并不是一定需要长途跋涉。让·雅克在那金丝雀生活的海绿树丛中采集植物，贝尔纳丹·德·圣皮埃尔偶然地在她窗边生长的一株草莓上发现了一个世界，萨维埃·德·梅斯特尔将一张扶手椅当作马车在自己的房间里进行了一次世界著名的旅行。

这种旅行方式是我可以做到的，但是没有马车，因为在荆棘丛里驾车很不容易。我在荒石园附近上百次地一段一段地绕行，我于一家又一家人家停留，悉心地询问，间隔如此一长段时间，我就可以得到零零星星的答案。

我对昆虫小村镇一点儿都不陌生，我在这个小村镇里弄明白了螳螂栖息的种种细枝，我了解了苍白的意大利蟋蟀在安静的夏夜轻轻吟唱的所有荆棘丛，我熟悉了黄蜂这个棉花小袋编织工耙平的棉絮的全部小草，我走遍了切叶蜂这个树叶的剪裁工出没的所有丁香矮树丛。

倘若说荒石园的角角落落的踏勘还不够的话，我便跑得更远些。可以获得更多的贡品。我绕过周围的藩篱，在大概一百米之处，我和埃及圣甲虫、天牛、粪金龟、蜣螂、螽斯、蟋蟀、绿蚱蜢等进行了接触，总而言之我和一大群昆虫部落有了接触，想要弄清楚它们的进化史，就得耗尽一个人整个一生。显然，我和自己的近邻接触就足够了，不用长途跋涉跑到很遥远的地方去。

再者说踏遍全世界，将注意力分散在如此多的研究对象上，也还是在观察研究。四处旅行的昆虫学家可以将自己所得的许许多多的标本钉在标本盒内，这是专业词汇分类学家以及昆虫采集者的兴趣，然而收集详尽的资料却是另一码事。他们是科学上到处奔波的犹太人，没时间停下来。在他们为了研究这样那样的事实时，便可能要停在一个地方很久，但是，下一站又在敦促着他们上路。我们便不会令他们勉为其难了。便让他们在软木板上钉吧，就令他们用塔菲亚酒的短颈大口瓶去浸泡吧，就让他们将耐心观察、需时费力的工作留给深居简出的人吧。

这便是为何除了专业分类词汇学家列出的枯燥乏味的昆虫体貌特征之外，昆虫的历史极其匮乏的原因所在。异国的昆虫数目繁多，难以数计，它们的习性我们几乎一直都不清楚。但是我们可以将我们眼前所见到的情景和别处发生的情况相比较。看一看同一类昆虫在不同的气候条件下有着怎样基本的变化是十分有益的。此时，无法远行的遗憾重新涌上心头，让我比以前任何时候都更加觉得无可奈何，除非我从《一千零一夜》的那张魔毯上寻找一个座位，向我想要去的地方飞去。啊！多么神奇的飞毯啊，你肯定会比萨维埃·德·梅斯特尔的马车更加舒适。只是希望我可以在你上面找到一个可坐角落，携带着一张往返机票！

我果然找到了这个角落。这个意想不到的好运是基督教会学校的修士、布宜诺斯艾利斯市萨尔中学的朱迪利安教友带给我的。他虚怀若谷，受其恩泽者对理应对他表示的感激很不高兴。我在此只想说，按照我的要求，他的双眼代替了我的眼睛。他寻找、发现、观察，然后把他的笔记以及发现的材料寄来给我。我用通信的方式同他一起寻找、发现、观察。

我终于成功了，多亏了这么卓绝的合作者，我在那张魔毯上找到了座位。

我现在到了阿根廷共和国的潘帕斯大草原，渴望着把塞里昂的食粪虫的本领与其另一个半球上竞争者的本领比较一番。

开端极好！萍水相逢竟然让我首先得到了法那斯米隆那漂亮的昆虫，全身黑中透蓝。

雄性法那斯米隆前胸有个凹下的半月形，肩部有锋利的翼端，额上竖着一个可与西班牙蜣螂媲美的扁角，角的末端呈三叉形。雌性则以普通的褶皱代替了这漂亮的装饰。雄性与雌性的头罩前部都有一个双头尖，肯定是一个挖掘工具，也是用于切割的解剖刀。这种昆虫短粗、壮实、呈四角形，让人联想到蒙彼利埃[①]周围非常罕见的一种昆虫——奥氏宽胸蜣螂。

如果本领要随形状不同的话，那我们就该毫不迟疑地把如同奥氏宽胸蜣螂制作的同样又粗又短的香肠面包归之于法那斯米隆。唉！每当牵涉本能的问题时，昆虫的体形结构就会造成误导。这种脊背正方、爪子短小的食粪虫在制作葫芦时技艺超群。连圣甲虫都不能制作得这么像模像样，尤其是个头儿又这么大的葫芦。

这种粗壮短小的昆虫制作的产品之精美让人拍案叫绝。这种葫芦制作得如此符合几何学标准，简直无可挑剔：葫芦颈并不细长，然而却把优雅与力量结合在一起。它似乎是以印第安人的某种葫芦作为模型制作的，特别是因为它的细颈半开，鼓凸部分刻有漂亮的格子纹饰，那是这种昆虫的跗骨的印迹。它好像是用藤柳条嵌护着的一只铁壶，大小可以达到甚至超过一只鸡蛋。

这真是一件奇珍异品，尤其是这竟然是出自一个外形笨拙、粗短的工人之手。不，这再一次说明工具不能造就艺术家，人和虫都是这么个理儿。引导制作工匠完成杰作的有比工具更重要的东西：我说的是“头脑”——昆虫的才智。

法那斯米隆不仅对困难嗤之以鼻。它还对我们的分类学不屑一顾。一说食粪虫，就解释为牛粪的狂热追慕者。可法那斯米隆之重视牛粪既非为自己食用也不是为了自己的孩子们享用。我们常常会看见它待在家禽、狗、猫的尸骨架下，因为它需要尸体的脓血。我所绘出的那只葫芦就是立在一只猫头鹰的尸体下面的。

这种把埋葬虫的胃口与圣甲虫的才能相结合的虫，谁愿意怎么看就怎么

---

① 位于法国南部，地中海沿岸，经莱兹河与海相通，是朗格多克-鲁西永大区的首府和埃罗省省会，是法国第六大城市，也是法国西南部最重要的商业、工业中心。

看吧。我嘛，我不想去解释这种现象，因为昆虫的一些癖好让我困惑不解，它们的这些癖好似乎无人能依据它的外表做出判断。我知道在我家附近就有一种食粪虫，它也是尸体残余的唯一的享用者。它就是粪金龟，是经常光顾死鼹鼠和死兔子的常客。但是，这种侏儒殡葬工并不因此就鄙视粪便，它像其他的金龟子一样照旧大吃不误。也许它有着双重饮食标准：奶油球形蛋糕是供给成虫的，而略微发臭的有浓重口味的腐肉食料则是喂给幼虫的。

类似情况在别的昆虫、别的口味方面也同样存在。捕食性膜翅目昆虫汲取花冠底部的蜜，但它喂自己的孩子时却用的是野味的肉。同一个胃，先吃野味肉，后汲取糖汁。这种消化用的胃囊在发育过程中必须发生变化吗?！不管怎么说，这种胃同人类的胃一样，年轻时喜欢的老年后就开始厌烦了。

让我们更加深入地观察研究一下法那斯米隆的杰作。我弄到的那些葫芦全都干透了，硬得几乎跟石头一样，颜色也变成浅咖啡色了。我用放大镜仔细观察，里外都没有发现一丁点儿木质碎屑，这种木质碎屑是牧草的一个证明。这么说，这怪异的食粪虫没有利用牛屎饼，也没有利用任何类似的粪料，它是用其他材料制作自己的产品的。那么它到底用的是什么材料呢?

开始时是很难弄清楚的。我把葫芦放在耳边摇动，有轻微的响声，就像是一个干果壳里面有一个果仁在自由滚动时发出的声响一样。葫芦是不是有一只因干燥而抽缩了的幼虫呀?我起先一直是这么认为的，但我弄错了。那里面有比这更好的东西，这可让我长了不少见识。

我用刀尖小心翼翼地挑破葫芦。在一个同质的均匀内壁——我的三个标品中最大的一个的内壁竟厚达两厘米，中间嵌着一个圆圆的核，满满当当地充填在内壁孔洞里，但却与内壁毫不粘贴，所以可以自由地晃动，因此我摇动时它便发出了声响。

就颜色与外形而言，内核与外壳并无差异。但是，把内核砸碎，仔细检查碎屑，我就从中发现一些碎骨、绒毛絮、皮肤片、细肉块，它们全都淹没在类似巧克力的土质糊状物中。

我把这种糊状物在放大镜下面进行筛选，去除了尸体的残碎物之后，放在红红的木炭上烤，它立即变得黑黑的了，表层覆盖着一层鼓胀的光亮物，并散发出一股呛人的烟，很容易闻出那是烧焦的动物骨肉的气味。这个核全部浸透了腐尸的脓血。

我对外壳进行同样处理后，它也同样变黑了，但黑的程度没有核那么深。

它几乎不怎么冒烟，它的外层也没有覆盖一层乌黑发亮的鼓胀物，它一点也没含有与内核所含有的那些腐尸的碎片相同的东西。内核与外壳经烧烤之后，其残余物都变成一种细细的红黏土。

通过这粗略的观察分析，我们得知法那斯米隆是如何进行烹饪的。供给幼虫的食品是一种酥馅饼……肉馅是用它头罩上的两把解剖刀和前爪的齿状大刀把尸体上能剔出来的所有东西全都剔出来做成的，有下脚毛、绒毛、捣碎的骨头、细条的肉和皮等。一开始，这种烤野味的作料拌稠的馅呈浸透腐尸肉汁的细黏土冻状，现在变得硬如砖头。最后，酥馅饼的糊状外表变成了黏土硬壳。

这位糕点师傅对其糕点进行了包装，用圆花饰、流苏、甜瓜筋囊加以美化。法那斯米隆对这种厨艺美学并非外行，它把酥馅饼的外壳做成葫芦状，并饰以指纹状的饰纹。

这种无法食用的外壳在肉汁中浸泡的时间太短，可想而知，并不受法那斯米隆的青睐。等幼虫的胃变得皮实了，可以消受粗糙的食物时，它会刮点内壁上的东西充饥，这一点倒是有可能的。但是，从整体来看，直到幼虫长大能出走之前，这个葫芦一直完好无损。它不仅开始时是保护馅饼新鲜的保护神，而且始终都是隐居其间的幼虫的保险箱。

在糊状物的上面，紧挨着葫芦的颈部，被修整成一个黏土内壁的小圆屋，这是整个内壁的延伸部分。一块用同样材料制成的挺厚的地板把它与粮食隔开。这就是孵化室，卵就产在那儿，我在那儿发现了卵，可惜已经干了。幼虫在这个孵化室里孵化出来，事先得打开一扇隔在孵化室和粮食之间的活动门，才能爬到那个可食的粪球处。

幼虫诞生在一个高出那块食物并与之并不相通的小保险匣里。新生幼虫自己必须及时地钻开那食品罐头盒盖里。后来，当幼虫待在那罐头食品上面时，我的确发现地板上钻了一个刚好能让它钻过去的孔。

这块裹着厚厚的一层陶质覆盖层美味的牛肉片，根据缓慢孵化的需要，长时间地保持新鲜。怎么达到这一目的的？我仍搞不清楚。卵在其同样是黏土质的小屋里安全无虞地待着，完好无损。到这时为止，一切都尽善尽美。法那斯米隆深谙构筑防御工事的奥秘，深知食物过早地发干的危险。现在剩下的是胚胎呼吸的需求问题了。

为了解决这个呼吸问题，法那斯米隆也是匠心独运、智慧超群的。葫芦颈部沿着轴线打通了一条顶多只能插入一根细麦管的通道。这个闸口在内部开在孵化室顶部最高处，在外部则开在葫芦柄的末端，呈喇叭形半张开着。这就是通风管道，它极其狭窄而且又有灰尘阻而不塞，因此便防止了外来的入侵者。我敢说这是简单但绝妙的杰作。我这样说是不会错的。如果说这样的一个建筑是偶然的结果的话，那么必须承认盲目的偶然却具有一种非凡的远见卓识。

这种迟钝的昆虫是怎样建好这项繁杂的工程的呢？我在通过一个旁观者的目光观察这南美潘帕斯草原的昆虫时，仅上述这个工程结构在吸引着我。自这个工程结构上可以不出大错地推测出这个建筑工所使用的方法。所以，我便这样设想了它的工作进行情况。

它首先遇上了一具小昆虫尸体，尸体的渗液使下面的黏土变松软。所以，它根据软黏土的大小多多少少地收集起来。收集的多少并无明显的规定，倘若这种软黏土非常之多，收集者便会大加消费，粮仓亦会更加的牢固。如此一来，制成的葫芦便特别得大，较鸡蛋的体积还要大，尚有一个两厘米厚的外壳。只是，如此一大堆的材料远远超出模型工的能力，以致加工得很不好，自外观上看上去，一眼就可看出这是劣质劳动的结果。若是软黏土很稀少，它就会严格节省着使用，这样它动作便会自然得多，弄出来的葫芦反会匀称整齐。

那黏土或许先是通过前爪的按压和头罩的劳作变成球形，然后挖出一个非常宽非常厚的盆形。蜣螂和圣甲虫便是如此做的，它们于圆粪球的顶部挖出一个小盆，在对蛋形或者梨形做最后打磨之前，将卵产在小盆里。

在此第一项劳作中，法那斯米隆仅是一个陶瓷工。无论尸体渗液浸润黏土是如何不充分，只要有了可塑性，任何黏土对它来说均是能够加工制作的。

如今，它成了肉类加工者了。它使用它那带锯齿的大刀从腐尸上切、锯下一些散碎小块来，它便撕便拽，将它认为最适合幼虫口味的部分弄下来。此后，将这些碎片统统聚集起来，再将它们同脓血最多的黏土混合在一块儿。这一切搅拌得十分均匀，就地造成了一只圆粪球，不用滚动，如同其他食粪虫制作自己的小粪球类似。另外说一句，这只粪球是按照幼虫的需要量制造的，不管最后那个葫芦有多大，它的体积几乎保持不变。现在酥馅饼做成了，它被放进大张开口的黏土盆里放好。它没有挤没有压，以后能够自由转动，不会与其外壳有任何粘连。此时，陶瓷制作的活儿便又开始了。昆虫使劲挤压黏土盆厚厚的边缘，为肉食造好模套，最后使肉食的顶部被一层薄薄的内壁包裹住，而其他部分则被一层厚厚的内壁包住。顶部的内壁上，留下一个环形软垫，这儿的内壁的厚度与日后在顶部钻洞进粮仓的幼虫的弱小程度成正比。此后，这个环形软垫同时进行压模，变为一个半圆形的窟窿，卵便产在其中。以挤压黏土盆的边缘，使其慢慢封口，变为孵化室，制作葫芦之工序就宣告结束了。这道工序更加需要高超的技艺。在制作葫芦柄的同时，须一边紧压粪料，一边沿着轴线留出通道当作通风口。

我觉得建造这个通风闸口非常困难，那是由于计算稍微有点偏差，这个狭窄的口子便会立刻被堵住了。我们最优秀的陶瓷工中最心灵手巧的工匠若是缺少一根针的帮助也是干不成这件活儿的，它将针先垫在内部，完成之后，就将这根针抽出来。这种昆虫是一种利用关节连接之机械木偶，它在没有意识的情况下，便挖出了一条通过大葫芦柄的通道。若是它想到了，兴许就挖不成了。

葫芦制作完成后，便得对它粉饰加工了。此是一件费时又费力的活，要使曲线精美流畅，并且在软黏土上留下印记，如同史前的陶瓷工用拇指尖印在其大肚双耳坛上的印记相同。

这件活计完成了。它便会爬到另一具尸体下面重新开工，由于一个洞穴仅有一个葫芦，多了便不可以，如同圣甲虫制作它的梨形小粪球类似。

粪金龟和公共卫生 ／

食粪虫通过成虫的形态完成一年的轮回，在来年春季的欢快节日里自己的子女膝下承欢，并且家里又添丁进口，成员成倍增长，这些在昆虫的世界里肯定是无出其外的。蜜蜂此种本能方面的贵族，只要蜜罐装满便随即死去；另外一位贵族——蝴蝶，虽然并非本能方面的贵族但却是服饰华丽的贵族，当它将自己那成团的卵固定在得天独厚之地时也便离开人间；浑身披着铠甲的步甲虫的子孙后代被它散放在乱石下之际，随即便命归黄泉了。

其他昆虫也是这样，除了那些群居的昆虫以外。群居昆虫之母亲可以独自或在仆从陪伴下幸存下来，规律是具有普遍性的：昆虫生来便是无父母的孤儿。可我们要说的这种情况却是一种意想不到的反常现象：低贱的滚粪球工却逃过了那种扼杀高贵者的残酷规律。食粪虫享尽天年，成为长寿元老，并且鉴于其所作的贡献，它也确实实至名归。

所有腐烂的东西被有一种公共卫生要求在最短的时间全部清除干净。巴黎至今还未解决它那可怕的垃圾问题，这迟早是这座巨大城市的生存或者死亡的问题。大家在考虑，此城市之光会不会有这么一天被土壤中饱含的腐烂物质所散发出的臭气给熏得熄灭了。集聚着数百万人口的大都市虽拥有无尽的财力与智力但也无法解决的问题，一个小小的村庄便可轻而易举地就给解决了。大自然对乡村的清洁卫生满怀关心，但对于城市虽说还谈不上是充满敌意，但依旧漠然置之。大自然为乡间田野创造了两种清洁工，没有什么可以使之厌烦倦怠、疲惫懒散的。第一类便是苍蝇、葬尸虫、皮蠹、食尸虫类、阎虫科，它们专一于尸体解剖。它们将尸体分割切碎，在自己的胃里将碎尸烂肉消化之后再还以生命。

一只鼹鼠被耕作的农具划烂肚皮，它的已经发紫的脏腑把田间小径弄脏；一条栖息在草地上的游蛇被路人踩死，这个蠢货还想着自己是除掉祸害，做了好事；一只还没有长毛的雏鸟从窝里摔下，落在依托其窝的大树下方，可怜巴巴地摔为肉酱，数以万计的这种残尸碎肉处处都是，若是不及时地加以清理，其臭气将成为非常大的公害。不过我们也无须害怕：此种尸体一旦在某处出现，小收尸工们便马上赶到。它们立即对尸体进行处理，掏干净内脏，吃得仅剩下骨头，或至少要把尸体弄得仿佛一具干尸。不到一天，老去的鼹鼠、游蛇、雏鸟等等便无踪影，环境卫生得以保障了。

第二类清洁工也一样是热情饱满的。城市中为了清洁卫生而在厕所里使用氨水消毒，其味非常难闻，农村里的厕所就无须洒氨水。农民在需要独自一人待着时，一段矮墙、一道篱笆、一丛荆棘便可避人耳目。毋庸赘言，你一定可以知道此人在那里干什么。在你被一簇簇长生草、厚厚的苔藓以及其他一些漂亮的东西装点的陈砖旧瓦所吸引，走近一堵好似为葡萄培土的矮墙边之时，天哪！这漂亮的隐蔽处的脚底下是一大摊什么东西啊！你赶快逃之夭夭，苔藓、长生草、青苔等都不再吸引你了。你第二天再去原地看一下，那些东西不见了，整块地方变得干净了——食粪虫到过这里。

对于这些勇士们来讲，以防屡屡出现的有碍观瞻的东西被人看到，只不过它们职责中最微不足道的了，它们肩负的是一项更加崇高的使命。科学向大家证实，人类最可怕的各种灾祸均可在微生物中找到根源。微生物与霉菌类似，是植物界的极边缘的生物。在流行疾病暴发期间，这些可怕的病原菌[1]在动物的排泄物中快速大量地繁殖。它们污染着空气以及水这两种生命的第一要素，它们散布在大家的衣物、食物之上，将疾病传播开来。凡是被这些病原菌污染了的东西统统都要用火烧掉，用消毒剂消灭掉，用土深埋掉。

为了以防万一绝不能把垃圾存于地面。垃圾是否无害？垃圾是否危险？虽然说不准，但最好还是把垃圾消除掉。早在微生物让我们明白这种警惕是多么必要之前，古代的贤哲似乎就已经明白了这一点。东方民族比我们更容易受到传染病的危害，他们早已在这一方面掌握了一些明确的规律。摩西虽然是古埃及这方面科学的传播者，他在同自己的人民在阿拉伯沙漠中流浪的时候，已经在法典中制定了处理的方法。他说道："你为了解决自己的内急，你就走出营地，带上一根尖头棍子，在沙地上挖个坑，然后把你的污秽物用挖出的沙土埋起来。"

这种简单的处理方法中透着重大意义。可以相信，如果在大规模朝觐克尔白圣庙期间，伊斯兰教采取这种措施以及其他一些类似措施的话，麦加就不会每年都成为霍乱的发源地，欧洲也就不用在红海两岸设防以防堵瘟疫的蔓延。

普罗旺斯农民也像自己祖先中的一支阿拉伯人一样不注意卫生，根本不考虑这方面的险情。幸好，摩西训诫的忠实执行者——食粪虫在为此而辛勤劳作。消灭、掩埋带菌物质全都是它。以色列人一有内急要解决便腰里别着一根尖头棍跑出营地，而食粪虫也随即赶到，还带着比以色列人的尖头棍更高级的挖掘工具。解手的人一走，污秽物便被它立即挖出一个井坑深深埋在里面，不再产生危害。

这帮掩埋工所搞的服务工作对于野外的环境卫生意义十分重大。而我们，这种净化工作的主要受益者，反而对这些小勇士有点鄙夷不屑，还用粗言恶语对待它们。做好事，不为人理解，反遭恶名，被石头砸死，被人用脚踩死，看来这已成了一定之规了。蟾蜍、刺猬、猫头鹰、蝙蝠以及其他一些为我们服务的动物，就是明证，它们不奢求我们什么，只是希望我们多少有点宽容之心。

---

[1] 又称为病原微生物，是指能入侵宿主引起感染的微生物，有细菌、真菌、病毒等。

那些垃圾污物肆无忌惮地暴露在太阳地里，而保护我们免受其害的，在我们这一带，最英勇卓绝的卫士就是粪金龟。这并不是因为它们比其他的埋粪工更加勤快，而是因为它们有一副好的身子骨，能干苦活儿累活儿。再者，当它们稍稍恢复一下体力时，它们则喜欢对我们最恶心的污秽物下手。

我们附近有四种粪金龟在从事这项工作。有两种（突变粪金龟和野生粪金龟）比较罕见，我们也就不专门去观察、研究它们了。相反，另外两种（粪生粪金龟和伪善粪金龟）却十分常见。后两种粪金龟背部墨黑，胸前都穿着华美的衣服。看到专事淘粪的工人竟穿得如此漂亮，我不禁惊讶无语。粪生粪金龟面部下方像紫水晶般闪亮，而伪善粪金龟的面部下方则闪烁着黄铜的光芒。我笼子里喂养着的就是这两种粪金龟。

我们先来看看它们作为掩埋工的本领都有哪些。笼中一共有十二只，两种粪金龟混在一起。笼子里原先放置大量食物，这一次事先把所剩的吃食全部清除掉了。我想估算一下一只粪金龟一次能掩埋多少东西。日落时分，我把刚在我家门前拉了一摊的骡子的粪便放进笼子里去给那十二个囚徒，这摊粪足可以装一篮子了。

第二天清晨，那摊骡粪全都埋于地下了。地上几乎一点也没有了，顶多有点碎渣渣什么的。我因此可以大致估算出：按每只粪金龟都干了同样的工作量，那它们每人掩埋了大约有一立方分米的粪便。如果我们想到它们那瘦小的身材，又要挖洞又要运物，那真叫人感叹：这可真像泰坦干的活儿呀！而且，这才仅仅用了一个夜晚而已。它们有如此丰富的储存量会不会死守着财富待在地下不出来了呢？绝不是这样的！现在正是大好时光。黄昏来临，宁静温馨。现在正是精神振奋、心情舒畅的时刻，正是去远处大路上寻物觅宝之时，因为路上正有牛羊群放牧归去。我的住客们离开了地窖，返身回到地上。我听见它们簌簌地在爬栅栏，冒失地撞到壁板上，黄昏时的这番热闹气氛我是预料到的。我白天已经收集了与头一天一样丰盛的食物，正好拿来喂给它们。到了夜里，这些食物又都不见了踪影。第二天，地面上又干干净净的了。只要夜色美好，只要我总有足够的东西满足这帮贪得无厌的敛财奴，那么这种状况就会持久地延续下去。

尽管其食物异常丰富，粪金龟在日落时分还是会离开已储存的食物，在太阳的余晖中嬉戏，并寻找新的可开发地。对于它来说，好像已得到的并不算什么，只有将要得到的才有价值。那么，每晚黄昏那美好时刻它所更新的粮食仓库，它到底用来干什么呢？很明显，粪金龟一夜之间是无法消费完这么丰盛的食物的，它储存的食物多得已不知如何处理。它只知积攒，却不完全利用，而且，它还不满足于自己那满满的粮仓，每晚还在拼死拼活地忙着往仓库里运送。它随处建造粮仓，每天随便遇到哪座仓库就在哪里弄些吃的，吃不了的就几乎全部剩在那儿。从我笼子里喂养的粪金龟来看，它们那种掩埋工的本能要比作为消费者的食欲来得迫切。笼子里的地面在增高，我则不得不随时把它弄平。如果我把土堆挖开，我就会发现坑井中堆满了粪便，厚厚的，原封未动。以前的泥土已经变成了粪以及土的结块，难以分离，若是我要继续观察而不致搞错，便需大加清理方行。

若想把结块中的粪便分离出来，总不免有误差，不太多就太少，与精确的量很难一致，但通过我的观察，有一点是明白无疑的：粪金龟是热情很高的掩埋工，它们往地下输送的食物远远超过其日常之所需。这样的一种掩埋活动是由一大群出力多少不一的合作者的劳动大军完成的，所以很明显，土壤的净化在非常大的程度上得以实现，并且有这么一支辅助性的劳动大军在作出贡献，公共卫生的保持也才会有希望，此是值得庆幸的。

另外，植物和因植物的连锁反应而连带的一大批生物也得益于此种掩埋工作。粪金龟埋于地下并于第二天抛弃的那些东西并未丢失，远未丢失其利用价值。世界的结算中什么都不会丢失的，清单的总数是不变的。粪金龟掩埋起来的小块软粪便将能够使周围的一簇禾本植物茂盛。一只绵羊经过这儿，将这丛青草吃掉。羊肥壮了，人便有了美味羊腿可以享受了。粪金龟的辛勤劳作给我们带来了一块美味肉块。九十月的时候，在前几场秋雨浸透土壤后，圣甲虫便可打破出生的牢笼，粪生粪金龟和伪善粪金龟开始建造自个的住宅了，这住宅建造得非常简陋，有辱这些以挖土工著称的勇士们。若是单纯是挖掘一个避难所以防冬季的寒冷的话，粪金龟倒也不枉其挖土工之美名：要是在井的深度、工程的完美以及速度方面，没有谁能够与之相提并论。在沙土地以及不难挖掘的地上，我曾经发现一些坑洞，洞深竟然深达一米。还有的可以挖得更深，我由于没有耐心，另外工具也不凑手，便没有去挖挖看究竟深有几许。这便是粪金龟，熟练的挖井工人，无人能及的打洞者。若是天寒地冻，他便会毫不担心地钻到不结霜冻的地层。

不过，建造子孙住宅便是另外一码事了。美好季节转眼即逝，若是想要给每只卵配备一个这样的地堡，那时间是不够的。若想挖掘一个深洞，粪金龟就需要把冬天来临之前的空闲时间全部用上，别无他法。若想使避难所更加安全，它就得将心思全用在造房建屋上，暂时无法去干另外的事情。只是在产卵期间，这么辛勤的劳动是不可能的。时间飞逝，它需要在四五个星期内为自己众多的子女准备很多吃的及住处，这便无法长时间地去挖掘深井了。

粪金龟替其幼虫挖的地洞并不比西班牙蜣螂和圣甲虫挖的深多少，虽然季节有所不同。就我在野地里发现的全部地洞来看，也仅仅是三分米上下，尽管那儿土很容易挖，挖多深都没有问题。

这种简陋状仿佛一段香肠或猪血腊肠的住处，长度不会超过两分米。这段香肠几乎都是无规则的，有的时候弯曲，有时又稍微有些凹凸不平。此类不完美的情况是因为石头地的高低起伏所导致的，粪金龟为直线以及垂直的挖掘工，无法总是依照自己的艺术标准去挖掘。只是，和地道紧贴于一起的粮食也就很忠实地再现了其模具的不规则性。香肠底端是圆的，仿佛地洞底部一样。这圆圆的底部便是孵化室，这个圆形的孵化室能够放下一只小榛子。由于胚胎的需要，室的侧壁非常薄，空气非常容易便可透进。于孵化室内，我看见有一种带点绿的黏液在闪亮，那便是疏松多孔的粪核的半流质状物质，是新生幼儿自粪金龟妈那里得到的第一口食物。

卵便睡在这个圆圆的小窝里，与四周没有任何接触。卵为白色的，为加长的椭圆形，相较成虫的体积相比，卵的体积算非常大的了。粪生粪金龟的卵长达七八毫米，宽约有四毫米多，比粪金龟卵的体积要稍微小一些。

隧　蜂

你熟悉隧蜂吗？大概不熟悉吧，不过这也无碍：就算不熟悉隧蜂，照样能够品尝人生的种种温馨甜蜜。但是，若是你有兴趣去了解，那么此类不显眼的昆虫却会告诉你许多奇闻怪事，并且，若是你想对这个纷繁复杂的世界有更多了解的话，不妨跟隧蜂打个交道，并非一件让人鄙夷不屑的事。既然我们现在拥有空闲的时间，那就熟悉熟悉它们吧，我们能够从中得到不小的收获。

如何来识别它们呢？它们属于一些酿蜜工匠，体形一般比较纤细，相比我们蜂箱中所养的蜜蜂而言，更加修长。它们成群结队地生活在一块儿，身材以及体色又各不类似。有的比一般的胡蜂个头儿要大些，有的又如同家养的蜜蜂相同大小，有的还要更小一些。如此多种多样，会使无经验的人束手无策，只是，有一个特征是永远无法改变的，任何隧蜂均可清晰可辨地烙有本品种的印记。

你瞧瞧隧蜂肚腹背面腹尖上那最后一道腹环。它上面存在一道光滑明亮的细沟。在隧蜂处于防卫状态时，细沟便会忽上忽下地滑动。这条似出鞘兵器的滑动槽沟能够确认它是否是隧蜂家族成员之一，毋庸再去辨别它的体形、体色。在针管昆虫类中，另外任何蜂类都没有这种新颖独特的滑动槽沟。这便是隧蜂的最明显标记，仿佛隧蜂家族的族徽。四月之时，工程小心翼翼地开始了，若非一些新土小包的话，外部是一点儿也看不出的，外面工地上没有任何动静。工匠们很少跑到地面上，因为它们在井下非常忙碌地工作着。不时某些地方会有如此一个小土包的顶端晃动起来，随即就顺着圆锥体的坡面滑落下去，这是某个工匠做成的，它将清理的杂物抱出来往土包上推，不过它自己并没有露出地面。眼下，隧蜂仅仅忙乎这种事。

带着阳光以及鲜花的五月到来了，四月里的挖土工眼下变成为采花工。我无论什么时候都能够看见它们待在开了天窗的小土包顶上，每个身上均沾满了黄花粉。个头最大的是斑纹蜂，我常常看见它们在我家花园小径上筑巢造窝。我们详细地观察一下斑纹蜂。每当储藏食物的活计工作起来的时候，总会冷不丁地来了这么一位不速之客与它们分享食物。它将使我们目睹什么是强抢豪夺。

五月时分，上午十点钟上下，在储备粮食的工作干得正欢时，我天天都会去查看一番我那人口稠密的昆虫小镇。我于太阳地里，坐在一把矮小椅子上，猫着腰，两臂支膝，不动声色地观看着，直至午饭以后。吸引我注意的是一个吃白食者，是一种喊不上名字的小飞虫，不过却是隧蜂的凶狠的暴君。

这歹徒会有名姓吗？我想肯定是有的，只是我却不想浪费时间去查询此种对读者来说并没有什么意义的事情。花费时间去弄清枯燥的昆虫分类词典上的解释，倒不如将清楚明白的叙述事实提供给读者为好。我只需简单描绘一下这个罪犯的体貌特征便可以了。这是一种长约五毫米的双翅目昆虫，胸廓深灰色，面色净白，眼睛深红，上面有五行细小黑点，黑点上长有后倾的纤毛，腹部为浅灰色，腹下方苍白，爪子为黑色。

在我所观看的隧蜂中，它的数量非常多。它经常蜷缩着静候在一个地穴附近的阳光下。只要隧蜂满载而归，爪上沾满黄色花粉之时，它就会冲上前去尾随着隧蜂，前后左右地飞来绕去、紧追不放。最终，隧蜂忽然钻入自家洞中，这双翅目食客便随即迅速落在洞穴入口附近。它头朝着洞门纹丝不动地静候着隧蜂干完自己的活计。隧蜂最终又露面了，头以及胸廓探出洞穴，在自家门前犹豫片刻。那吃白食者依旧纹丝不动。

它们经常是不动声色地面对着面，相隔不到一指宽。隧蜂并未戒备伺机偷食的食客，至少我们从它平静的外表上无法看出来。而食客也丝毫并未担心自己的妄行会惹来怎样的惩罚。面对一根指头就能将它压扁的巨人，这个侏儒却依旧岿然不动。

我本想看到双方有哪一方表现出胆怯来，但未能如愿：没有任何迹象表明隧蜂已知自己家里有遭到打劫之虞，而食客也没有流露出任何因会遭到严厉惩处而应有的顾忌。打劫者与受害者双方只是互视了片刻而已。

体形巨大的宽宏大量的隧蜂只要自己愿意，就可以用其利爪把这个毁其家园的小强盗给开膛破肚了，可以用大颚压碎它，用螯针扎透它，但隧蜂压根儿就不屑于此，任由那个小强盗血红着眼睛一动不动地盯住自己的宅门。隧蜂为什么要表现出这种貌似愚蠢的宽厚呢？

隧蜂飞走了。小飞蝇立刻大大方方地飞进洞去。现在，它可以随意地在储藏室里挑选了，因为所有的储藏室都是敞开着的，它甚至还趁机建造了自己的产卵室。在隧蜂让自己爪子上沾满花粉，胃囊中饱含糖汁的归来之前，没有谁会打扰它，因为隧蜂要做完这些事是需要很多时间的，而私闯民宅者要干坏事也必须有充裕的时间。但罪犯的计时器非常精确，能准确地计算出隧蜂在外面的时间。当隧蜂从野外返回时，小飞蝇已经逃之夭夭了。它飞落在离洞穴不远的地方，占据一个有利位置，伺机再次打劫。

万一小飞蝇正在打劫时，被隧蜂突然撞见，会发生怎样难以想象的情况呢？我看见一些大胆的小飞蝇跟随隧蜂钻入洞内，并待了一段时间，而隧蜂正忙着调制花粉和蜜糖。当隧蜂掺兑甜面团时，小飞蝇尚无法享用，于是它便飞出洞外，静候在洞旁。小飞蝇回到太阳地里，并无惧色，步履平稳，这明显地表明它在隧蜂的洞穴深处并未遇到什么麻烦事。如果小飞蝇太急功近利，围着糕点转个不停，那它后颈上准会挨上一巴掌，这是糕点主人会有的举动，但也仅此而已。盗贼与被偷盗者之间并未起严重的冲突。这一点，从侏儒步履平稳地在忙碌的巨人洞穴里全身而退，泰然自若地飞出的样子上就可以看得出来。

当隧蜂无论是满载而归还是一无所获地回到自己家中时，总要迟疑片刻，它迅速地贴着地面前后左右地飞上一阵。它的这种无规则飞行让我首先想到的是，它在试图以一种凌乱的轨迹迷惑偷盗者。它确实有这样做的必要，但它似乎并没有那么高的智商。它所担心的并非敌人，而是寻找自家宅门时的困难，因为附近相似、重叠的小土包容易混淆它的视线。昆虫小镇街小巷窄，再加上每天都有新的杂物清理出来，小镇面貌日日翻新。它的犹豫不决显而易见，因为它经常摸错门，闯到别人家中。一看到门口的细微差异，它立刻知道自己走错门了。于是，它重又努力地开始弯来绕去地探查，有时突然飞得稍远一点。最后终于摸到自家宅穴。它喜不自胜地钻了进去，但是，不管它钻得有多快，小飞蝇还是待在其宅门附近，脸冲着其门口，等待着隧蜂飞出来后好进去偷蜜。

当屋主再次出门时，小飞蝇则略微退后一些，正好留出一条让对方通过的巷道，仅此而已。它干吗要多挪地方呀？二者相遇是如此的相安无事，所以如果不知道一些其他情况的话，你是想不到这是窃贼与屋主间的狭路相逢。

小飞蝇对隧蜂的突然出现并没有惊慌失措，它只是稍加留心而已。同样，隧蜂也没在意这个打劫它的强盗，除非后者跟它纠缠不清。这时，隧蜂一个急转弯就飞远了。吃白食者此刻也处于两难境地。隧蜂带回时甜汁在其嗉囊中，花粉沾在爪钳里，盗贼无法吃到甜汁，粉末状的花粉尚未定型，进不了口。再说，这一点点花粉也不够塞牙缝的。为了集腋成裘制成圆面包，隧蜂要多次外出采集花粉。必需的材料采集齐备之后，隧蜂便用大颚尖掺和搅拌，再用爪子将和好的面团制成小丸。如果小飞蝇在做小丸的材料上产卵，那么经这一番揉捏，就肯定完蛋了。所以，小飞蝇的卵将是产在做好的面包上面的。因为面包的制作是在地下完成的，吃白食者就必须进入隧蜂的洞宅之中。小飞蝇贼胆包天，果真钻了下去，就连隧蜂身在洞中也全然不顾。失主要么是胆小怕事，要么是愚蠢的宽容，竟然任窃贼为所欲为。

小飞蝇悉心窥探、私闯民宅的目的并不是想损人利己、不劳而获。它自己就可以毫不费力地在花朵上找到吃的，这比它暗地里去偷抢省事得多。我在想，它跑到隧蜂洞中只是想粗略地品尝一下食品，了解一下食物的质量而已。它的宏大的、唯一的要事就是建立自己的家庭。它窃取财富并非为了自己，而是为了自己的后代。

我们把花粉面包挖出来看看。会发现这些花粉面包经常被糟蹋成碎末状，散落在储藏室地板上的黄色粉末里，我们会看见蠕动着的两三条尖嘴蛆虫。那是双翅目昆虫的后代。有时与蛆虫在一起的还有真正的主人——隧蜂的幼虫，但它却因吃不饱而孱弱不堪。蛆虫虽然不虐待隧蜂幼虫，但却抢食了后者最好的食物。隧蜂幼虫食不果腹，身体每况愈下，很快便可怜兮兮地倒下了。尸体也变成了微小颗粒，与剩下的食物混在一起，沦为蛆虫的口中之物。然而隧蜂妈妈在孩子遭难之时都做了些什么呢？它随时可以看看自己的宝宝，只要探头进洞，便可清楚地知晓孩子们的惨状。蛀虫在一地被糟蹋的面包里钻来钻去，稍看一眼就会明白到底发生了什么事。倘使如此它非把这些窃贼子孙弄个肚破肠穿不可！用大颚把它们咬碎，扔出洞外是轻而易举的事。可是愚蠢的妈妈竟然没有想到这么做，反而任由鸠占鹊巢者逍遥法外。

隧蜂妈妈随后干的事更是愚蠢。成蛹期到来之后，隧蜂妈妈竟然把被洗劫一空的储藏室像封堵其他各室一样用泥盖封堵严实。这最后的壁垒对于正在变形期的隧蜂幼虫来说是绝妙的防护措施，但是当小飞蝇光临之后，它这么一堵，可谓荒唐透顶。隧蜂妈妈却乐此不疲地进行着它的荒唐之举，这纯粹是本能使然，它竟然还把这个空房给贴上封条。我之所以说是空房，是因为狡猾的蛆虫吃光了所有食物之后，立即抽身潜逃了，仿佛预见到日后的小飞蝇会遇到一道无法逾越的屏障似的。在隧蜂妈妈封门之前，它们就已经离开了储藏室。

吃白食者既小心谨慎又阴险狡诈。所有的蛆虫都会放弃那些黏土小屋，因为这些小屋一旦堵上，它们便会被葬身其中。黏土小屋的内壁有波状防水涂层，以防返潮，小飞蝇幼虫的表皮非常娇嫩敏感，似乎对这种理想的栖身之地倍感舒适，然而蛆虫却并不喜欢。它们担心一旦变成小飞蝇，就会被困其中，所以及时抽身，分散在升降井附近。

我挖到的小飞蝇确实都在小屋外面，小屋里面从未出现过它们的身影。我发现它们一个一个都挤在黏土里的一个窄小的窝儿内，那是它们还是蛆虫时移居到此后营建的。第二年春天出土期到来时，成虫只需从碎土中挤出去就能到达地面了，这一点儿十分容易。

吃白食者这样迫不得已地搬迁还有另外一个十分重要的原因。七月里，隧蜂要进行第二次生育。而双翅目的小飞蝇却只生育一次，其后代此时尚处于蛹的状态，只等来年变成成虫。采蜜的隧蜂妈妈又开始在家乡小镇忙着采蜜，它直接利用春天建筑的竖井和小屋，这可大大地节约了时间！精心构筑的竖井房舍全都完好如初，只需稍加修缮便可交付使用。

如果天性喜欢干净的隧蜂在打扫房间时发现一只蝇蛹会怎样呢？它会把这个碍事的玩意儿当作建筑废料给处理掉。它会把这玩意儿用大颚夹起，也许把它夹碎，搬到洞外，扔进废物堆中。蝇蛹被扔到洞外，被风吹日晒，必死无疑。

我很钦佩蛆虫的目光高远，不求一时之快，而谋求长远的安然无恙。有两个危险在威胁着它：一为被堵死在牢中，纵使变成飞蝇也很难飞出洞去；二为在隧蜂修缮宅子时把它连同垃圾一起扔到洞外，丢尸荒野。为了避免这双重危险，在屋门封堵前，在七月里隧蜂清扫洞宅前，它便首先逃离险境。

我们现在来瞧一瞧吃白食者最后的情况。在整整半年里，在隧蜂清闲的时候，我对我那昆虫众多的昆虫小镇进行了全面的搜查，一共有五十多个洞穴。地下发生的惨案没有一件逃离我的眼睛的。我们总共四个人，把手当筛，使挖出的土从手指缝中轻轻地筛下去。四个人一个连着一个的连续检查。检查的结果让人心酸，我们竟没有发现一只隧蜂的虫蛹。这聚集着隧蜂的街区，居民全都被双翅目昆虫取代了。后者为蛹状，多得不以数计，我将它们收集起来，便于观察它的进化过程。

昆虫的生活季节完结了，原来的蛆虫已经在蛹壳内缩小、变硬，但那些棕红色的圆筒却依旧静止不动，它们是一些拥有潜在生命力的种子。七月里似火的骄阳也无法将它们从沉睡中唤醒，在这一个隧蜂第二代出生期的月份里，宛若上帝颁发了一道休战圣谕：吃白食者停止休整，隧蜂和平劳动。如果敌对行动继续持续，夏天和春天时同样大开杀戒，那么深受其害的隧蜂或许就要绝种了。就是第二代隧蜂的这段养精蓄锐期，才让生态平衡得以保持下去。

四月份，当斑纹隧蜂在围墙内的小径上翩翩飞舞寻求理想的挖洞建巢的地点时，吃白食者也在忙碌着化蛹成虫。呀！迫害者和受迫害者的历法是这样的精确，多么的让人难以置信啊！隧蜂开始建巢的时候，小飞蝇早已准备就绪：其以饥饿假象迷惑、消灭对方的伎俩又重新上演了。倘若这只是个孤立的个别现象，我们大可没有必要注意它：多出一只隧蜂少一只隧蜂对生态平衡产生的影响并不大。然而事实并不是这样！用各种各样的方式进行杀戮掠夺已经在芸芸众生中横行无度了。自低级到高级的生物界中，凡是生产者都遭受到非生产者的剥削。人类以其特殊地位本应该超然于这些灾难之外，但却反倒成了这类弱肉强食残忍表现的最好诠释者。人心中在想："做生意即是弄别人的钱。"就像小飞蝇心里所想："工作就是弄隧蜂的蜜。"为了更好地掠夺，人类创造了战争这类大规模屠杀以及以绞刑这种小型屠杀为荣的艺术。

人们每个周末在村中小教堂里唱诵的那个崇高的梦想："光荣是属于至高无上的上帝，和平属于凡世人间的善良百姓！"我们永远也不会奢望它会实现。假若战争关系到的只是人类本身，那么将来也许还会为我们保存和平，因为那些慷慨大度的人都在致力于和平。然而，这灾祸在动物界却非常肆虐，但动物是冥顽不灵的，它永远也不会和你讲道理。既然这种灾难是普遍现象，那或许就是无法治愈的绝症了。未来的生活令人不寒而栗，将和现在的生活一样，是一场永无休止的厮杀。因此，人们就会挖空心思，幻想出一个巨人来，他能将各个星球玩弄于股掌之中，他是无坚不摧的力量的代表，同时他也是正义和权力的化身。他知道我们在战争，在杀人抢掠，野蛮人在取得胜利；他明白我们持有炸药、炮弹、鱼雷艇、装甲车和不同种类的高级杀人武器；他还知道包括平民百姓在内的因贪婪而引起的可怕的竞争。那样的话，这个正义者，这个强有力的巨人，假若他用拇指按住地球的话，他会犹豫着不将地球按碎吗？

他不会把地球按碎……但他会令事物顺其自然地发展下去。他心中或许会想："远古的信仰是有道理的，地球是一个生了虫的核桃，在被邪恶这只蛀虫啃咬。这是一种野蛮的幼崽，是朝着更加宽容的命运发展的一个艰难时期。我们顺其自然吧，因为秩序以及正义总是排在最末位的。"

隧蜂门卫

孤独的隧蜂在初春时节单独挖好的住所，到夏季来临时就成了全家人的共同财产。地下有大概一打儿的蜂房，但从这些蜂房里出来的都是雌蜂。这是我饲养的那三类隧蜂的共同规律：它们每年繁衍两代。春天出生的一代都是雌蜂，然而夏季出生的一代雌雄几乎相等。隧蜂家庭成员的缩减，并不是因事故造成的，而是由饥不择食的小飞蝇造出的。隧蜂一家有一打儿姐妹(仅是姐妹)，每个都勤劳能干，并且不需要性伴侣便能生儿育女。此外，隧蜂妈妈的住处肯定不是一间破屋陋室：它住宅的主要部分是出入通道，清除一点瓦砾之后便能进出。这大大省下了隧蜂的宝贵时间。洞底的蜂房是一些几乎完好的黏土小屋，如果要用，仅需用细毛刷轻轻清理就行。那样的话，在幸存的有相同权利的雌蜂中，谁将会继承这所住宅呢？依照死亡的概率计算，继承者会有六七只或更多一点。隧蜂妈妈的住宅最后会花落谁家呢？它们之间根本不会为此吵闹。妈妈的宅子毫无争议地被认为是公共财产。隧蜂姐妹们自同一个通道安静地进进出出，与世无争地忙碌着各自手中的活。

在井的底端，每个隧蜂姐妹都拥有自己的一小块刚挖好的领地，因为旧的蜂房已被占有，目前的数量不够用了。在这些私有穴室中，每位隧蜂妈妈全在一旁干着活儿，守卫着自己的财产，死守自己的隐私。别的地方全都是可以自由往来的公共场所。

隧蜂进进出出忙碌的景象非常好看。一只采花粉的雌蜂自田野中归来，毛茸茸的爪子上沾满了花粉。假若洞门无蜂进出，它就会立马钻入地下去。在门口做瞬间停留都是徒劳无益的，因为工作不等人。偶尔会有几只相继飞来。由于通道过于狭小，容纳不了两只同时进出，尤其是要避免相互摩擦，挤掉了各自爪子上的花粉。于是离洞口最近的就赶紧钻入，别的隧蜂则在门口有序地排队等待进入。一旦第一只钻入地下，第二只就会紧随其后，接着第三只、第四只，一只只地快捷地跟着钻入地下。

偶尔会遇见一只进一只出的情况。那么，要进去的就会稍往后退，令要出的先出去。礼让是互相的，我就看到过有一些隧蜂正要钻出地面，又返回去，把通道让给刚飞回来的隧蜂。大家的相互谦让倒是让行进更加顺畅起来。

我们再仔细地观察一番便能发现一种比这种进出的良好秩序更高级的操作方式。在一只隧蜂在花间采集回来时，我看见一种关闭屋门的活门忽然降了下去，使通道可以通行。当归来的隧蜂一钻进门里，活门又回升到原先的地方，几乎和地面持平，便又关上了。有隧蜂飞出来，活门也是同样操作。活门自后面推顶，朝下降去，门便开启，隧蜂即可飞出。隧蜂一旦飞出来，门便又重新关上。这个在隧蜂每次飞进飞出的时候，在井坑圆柱体内像活塞似的升降开关自由的活门究竟是什么东西？这就是一只隧蜂，它已变成了宅子的守门人。它用自己的大脑袋在前厅上面构成一道无法逾越的阻碍。假如宅子里有谁要进出，它便拉动绳子，退到通道的一处可以容下两只隧蜂的地方去。对方通过后，它就立刻回到洞口，使用脑袋堵住口。它动也不动，用眼光搜索着，仅有在抓捕那些不知趣的家伙时它方才离开自己的岗位。

我们趁它飞出来抓捕猎物的短暂瞬间详细观察了一会儿。它看上去和其他现在正忙着采集花粉的隧蜂一样，可是，它早已秃顶，衣衫不整，没有一点儿光泽。在它半脱毛的背部，褐色和棕红相间的斑马纹腰带几乎完全丧失。它的这身因为长期劳作而磨损的衣服明白无误地告知了我们一些情况：在洞口站岗放哨、看门守屋的这只隧蜂是年龄稍大的老者。它是这个住宅的缔造者，是现在正在忙着搜集花粉的隧蜂姐妹们的母亲，是目前还是幼虫的隧蜂们的外婆。三年之前，当它还正值花季少女的时候，它单独地拼命干活儿，累得筋疲力尽。目前，它的卵巢早已萎缩，也该休息了。不是，“休息”一词不应出现在这里。她依旧在劳作，在为这个家尽自己的绵薄之力。它已经失去了生儿育女的能力，于是当起了看门人。它为自己家人开门关门，把陌生人拒之门外。

谨慎多疑的山羊羔从门缝望出去，对狼说道：“让我看看你的爪子，不然我就不开门。”隧蜂外婆同样谨慎多疑，它也会对来者说道：“让我瞧瞧你的隧蜂黄爪子，不然就不让你进来。”如果它认为来者不是自家人，那么它便将其困在洞外。

我们来看看一只蚂蚁路过洞穴附近的情况。蚂蚁是个厚颜无耻的亡命徒，它很想知道蜜的甜香味为何会从洞底下飘上来。隧蜂看门人脖子一扭，意思是说：“滚开，不然要你的命！”一般情况下这个威吓动作足以赶走蚂蚁了。如果它还赖着不走，隧蜂看门人便会飞出洞来，扑向胆大妄为的狂徒，推搡它、驱赶它。直到把它赶跑为止，之后隧蜂看门人便立刻回到哨位，继续尽忠职守。

现在我们来谈谈切叶蜂。切叶蜂不谙挖洞技巧，便学着同胞的样儿，使用一些别的蜂留下的旧通道。当春天的小飞蝇把隧蜂的地下通道掏得空空荡荡的时候，这通道对于切叶蜂来说就再合适不过了。切叶蜂在寻找一处可以堆放其用刺槐叶制作的羊袋皮似的住所时，经常绕着我的隧蜂小镇飞来飞去、寻寻觅觅。它发现了一个比较合适的洞穴，但是，在它落地之前，隧蜂看门人听见了它嗡嗡的叫声，从而察觉了它的到来，只见它突然飞出，在其门口做了几个手势。切叶蜂立刻就明白了，赶紧离去。

有时，切叶蜂趁机迅疾落下，将头探入井口。隧蜂看门人立即出现，脑袋稍稍抬起，把洞口堵住。于是出现了一种不太严重的对峙。外来者很快便明白这个洞穴已有主人，不可冒犯，也就不再坚持，另觅他处去了。

我曾亲眼看到一个老窃贼——寄生切叶蜂的媚态尖腹蜂，被猛烈地推搡了一阵。这个冒失鬼原以为自己钻入的是切叶蜂的住所，结果它弄错了，它遇上了隧蜂看门人，受到了严厉的惩戒。它赶忙溜之大吉，其他的那些或忙中出错，或蓄谋已久的闯入者也遭到了同样的下场。

隧蜂外婆们之间，也是同样的水火不容。临近七月中旬，当隧蜂小镇热闹繁忙的时候，有两种隧蜂是很容易辨认的：年轻的隧蜂妈妈和隧蜂老媪。隧蜂妈妈数量更多，身轻体壮，衣着艳丽，不停地在田野与洞穴之间飞来飞去。而隧蜂老媪则面容枯槁，无精打采，懒散闲淡地从一个洞穴逛到另一个洞穴，让人觉得它好像迷失了方向，找不到自己的家门了。它们这样游来荡去的是怎么回事呢？我看见它们一个个都垂头丧气的，因为春天那可恶的小飞蝇干的好事它们已无家可归了。很多洞穴被扫荡一空。夏季来临，隧蜂妈妈只好孤身一人离开自己的那间空房子，去寻找一处有摇篮需看护，有岗要站的住宅。但是，这些幸福的家庭已经有了自己的守卫，亦即其创建者，它兢兢业业地紧握住自己手中的权力，对自己失业的邻居漠不关心。一个哨兵足矣，两个哨兵的话，哨位太小，容纳不下。

我偶尔还能看到两位隧蜂外婆在争吵。当寻找职业的游荡者突然来到大门前的时候，合法的那位看守者不像见到自己的孩子从田野回来那样，退回到过道里去。它严阵以待绝不让出通道，并用爪子和大颚进行威胁。对方也不示弱，一副分不出高低不罢手的姿态。于是双方便推搡起来，争斗以外来者的失败而告终。失败者只好去别处寻衅滋事去了。

这些小场景让我们从斑马纹隧蜂的习性中隐约看到某些极有意思的细节。春季筑巢做窝的隧蜂妈妈一旦工程完工，就不再走出家门了。它要么隐于狭小肮脏的洞穴深处，全心全意地干些琐碎的家务活儿，要么懒洋洋地等待着孩子们出世。夏日炎炎，隧蜂小镇再次繁忙之时，它不必再到外面采集花粉，只需在前厅入口处站岗放哨即可，它只允许自己外出劳作的孩子们进入，不许其他别有用心的歹徒存有非分之想。没有隧蜂外婆的许可，谁也甭想入内。没有任何迹象可以证明这个警惕的门卫擅离职守过。我从未见过它离开家门，去花间大快朵颐，借以恢复体力。它年事已高，只能胜任这类看家护院的活儿了。也许用不着吃什么东西，也许孩子们采集归来，时不时地从自己的胃囊中吐出一点儿来给它。不管吃与不吃，反正是隧蜂外婆不再出门了。

但是，它却需要享有天伦之乐。它们当中有许多已经失去了自己的家庭，双翅目小飞蝇把它们的家洗劫一空。被洗劫者们只好离开它那已空空荡荡的洞穴，衣衫褴褛忧心忡忡地在隧蜂小镇四处游荡。它们并未走远，更多的时候待在原地一动不动。它们因而变得脾气暴躁，粗暴地对待他人，竭力赶走别人。它们就这样一天一天地衰老、逝去。它们的下场是什么？小灰蜥蜴一直在窥视着它们，最后拿它们饱了口福。

那些安居于自己领地中、看守着自己孩子们的制蜜作坊的隧蜂，始终保持着高度的警惕，一丝不苟。我越是了解它们，就越发钦佩它们。凉爽的清晨，采集花粉的隧蜂们因找不到被太阳晒熟的花粉而闭门不出时，我就看见隧蜂门卫待在通道上端入口的自己的岗位上。它们动也不动地待在那儿，脑袋堵住入口与地面持平，以防外来者侵入。如果我近距离地观察他们，它们就稍稍后退，在暗处等着我这个不速之客离去。

上午八点至十二点，采集高峰时，我又来观察。由于采集女工们进进出出，一片繁忙，我就看见那扇门开开关关地忙个不停。这时是隧蜂门卫最紧张最累的时刻。

午后的天气过热，花粉采集工们不再去田间野地了。它们钻进住宅底部，油漆新建的蜂房，制造供虫卵所需的圆面包。隧蜂外婆一直留在上面，用它光秃秃的小脑瓜来顶住大门。不论天气炎热到什么程度，门外也不会有午休的机会，因为它必须保证全家人的安全。

夜幕降临或许时间更迟些，我再一次回来观察。我提着灯来观察这隧蜂门卫是否依旧和白天一样尽忠职守。其他的隧蜂都在梦乡中了，然而却没有门卫，它明显的是在惧怕夜间或许会出现的危险，而这些危险仅有它自己才清楚。那么它最后会不会回到下一层的安静处去呢？这种情形是可能发生的，因为在做完一段长时间的聚精会神地保卫家园的工作后，人会觉得非常疲乏，需要休息休息。

显而易见，像这样恪尽职守的守护着洞穴就可以避免类似五月那使家庭成员大幅度减少的灾难的发生。这使盗窃隧蜂面包的窃贼小飞蝇会来试试看！它的冥顽不灵，它的胆大妄为绝对逃不过一直高度警惕着的门卫的，后者稍加威胁就会吓得它落荒而逃，如果来犯者执意不走，那肯定会被门卫用大钳夹个粉碎。这做贼的小飞蝇此后是再不会来了，这点我们大家已经明白：在春回大地前，它们都待在地下，处在蛹的状态。然而，即使没有了小飞蝇，但在蝇科这种低下阶层中，还有别的一些窃取他人财富者。这些东西无恶不作。但是，七月份，我在各个洞穴附近查看时就没有撞到一只。这群混账东西真是暗中偷盗的能人！它们明白隧蜂门口有门卫在把守着！对它们来说，今天是寻找不到合适的机会了，因此蝇科昆虫一直都没有在这里出现，以前发生在春天的那类灾难没有再次发生。

隧蜂外婆因年龄太大了免除了做母亲的忧愁，专司守护大门、保卫一家老小的职责，这告知我们在本能起源中突然出现的一些事。隧蜂外婆向我们展示了一种突如其来的才干。而此类才能，不论是在它自己过去的行为举动中还是在它女儿们的一举一动中都没有任何东西令我们可以猜想出来的。

从前，残暴的小飞蝇就在它面前闯入它的家园，也许更加常常发生的是，每当遇小飞蝇来到入口，和它当面对峙时，愚蠢的隧蜂竟然动也不动，甚至都没有恐吓一下红眼的强盗，然而它本可以轻松地制伏这个小侏儒。它这是被恐吓住了吗？不会的，因为它依旧好像没事似的忙着自己的事情；不会的，因为强者不会就这样被弱者吓倒的。这是因为它对来临的大祸并不知晓，这是由于它愚不可及。

但是今日，这个三个月前还愚昧无知的隧蜂无师自通地深入了解到了危机所在。所有外来者，只要出现，不论个头大小，不管哪一种属，全都拒之门外。假若肢体的恐吓无济于事的话，隧蜂门卫便会冲出洞外，冲向无赖之徒。先前的懦夫现在成了勇士。为何会出现这类 180 度的大逆转呢？我倒希望这是由于隧蜂汲取了春天灾难的教训，所以开始防患危险了；我也很想赞美它是受到经验教训的启迪转而学会担当门卫的重任。然而，我的想法完全错了。如果说隧蜂是因为一点点的进步，终于学会了安排门卫来看守家园的话，那又怎样会对窃贼的担心时有时无呢？五月的时候，它独自一人，的确无法长期把守大门；生活的首件要事便是做家务活。可是，从它惨遭灭门之灾之日起，它起码应该了解这种寄生虫——小飞蝇，并且当后者时时刻刻几乎都在自己的前爪下转悠，甚至跑到自己家里来时，它起码应该将窃贼赶跑才对，但它并没有那样做。

所以，祖辈的深重苦难并没有让后代的平和性格有任何本质的转变，而它亲身经历过的苦难与它七月里突然的警觉也没有一点关系。动物和我们人一样，有自己的快乐，也有着自己的悲哀。它狂热地享受着欢乐，却极少担忧不幸的降临，不管怎么说，这便是动物尽享生活的最佳方式。为了减少苦难和保卫家族，动物有本能的启示，不需要凭什么经验或教训，隧蜂于是就此设立了一个门卫之职。

准备足够的粮食后，隧蜂就不再外出去采集花粉了，而每当此时，隧蜂外婆依旧一如既往地保持着警惕，严守自己门卫的岗位。最后的准备工作也在地下洞穴中进行，这关系到一窝小隧蜂。每个蜂巢紧闭着，洞口大门将始终严密地把守着，直至所有的一切全部结束。接着，隧蜂外婆以及隧蜂妈妈将离开家屋。它们一生尽职尽责，将去往我不知道的某些地方默默地死掉。

从九月开始，第二代隧蜂就开始出现了，不仅有雌蜂，还有雄蜂。

老象虫

冬天来了，昆虫开始进入蛰伏期，这段时间我始终在研究古币学，它让我度过了一段很是不错的日子。我趣味十足地反复琢磨古币那金属小圆块，那就是人们称之为历史灾难的档案。在希腊人耕种过油橄榄树，拉丁人制定过法令的普罗旺斯，农民们翻耕土地之时，却发觉了这些几乎散落得满地都是的金属小圆块。他们将这些金属小圆块拿给我，询问我它们价值如何，但却从来不问我它们的意义有多大。农民们发现的这些小圆块上的铭文和他们有什么关系！人们以前遭受苦难，今天依旧在受苦受难，以后还会受苦受难，对他们而言，此就是历史的车痕，其余的都是胡扯，纯粹是无事之人的消遣罢了。

我对过去的事物则持有漠然的达观态度。我小心翼翼地用指甲尖刮磨小圆古币，将它上面的泥土清除掉，而后将它放在放大镜下仔细观察，尝试着解读上面的说明文字。在我读懂了这青铜古币或者银质古币上的说明时，我可真的是心花怒放，欢天喜地啊。我刚看到一页有关人类的记载，但并不是来自书本那个不很确定的讲述者那里，而是来自差不多与人物、事件一个时期的鲜活存在的档案。这点银子被冲头挤压成扁平状，上面的说明文字标着：VOOC，——VOCVNT，也即是维松，证明它是来自于博物学家普利尼经常度假的那座小城维松。这位著名的博物学编纂者普利尼也许在维松的某位主人的饭桌上品尝过莺，那就是古罗马美食家们赞叹不已的美食，就算是放在现在，在普罗旺斯的美食家眼中，它也是极其有名的，被称为“后腱子肉”。令人颇感恼火的是，我这里的银子却没有对此类情形的记载，这些情形可是更加值得人们铭记的，和一次大战役比起来。

这枚古币一面是个头像，另一面则是一匹奔马。整个古币非常粗糙，头像和奔马都刻得完全不怎么样。纵使是第一次在墙上用石头胡乱涂画的孩子，也不至于画得这般差劲儿。不是，那帮勇猛剽悍的粗人绝对不是艺术家。从弗凯亚来的那些外国人则花样繁多！这就是马萨里亚人的一枚德拉克玛，此钱币正面为弗所的黛安娜的头像，两颊丰腴、胖圆，下半唇厚突，额头扁平，头顶一只凤冠，头发好像瀑布，浓密地散在颈后，耳朵上吊着耳坠，脖颈上围着珍珠项链，肩膀上挎着一张弓。在叙利亚的女信众来看，这一身打扮很适合她们的偶像。

倘若从今天的眼光看，这算不上漂亮。但如果称它为豪华大气的话，倒也能说得过去。不管怎么说，这总要比现在那帮风雅女子给驴子耳朵戴上摆来荡去的玩意儿要强得多。时尚真是一种奇异至极的嗜好，在丑化人以及物方面真是花样繁多！商业神讲到：做买卖就不管什么美不美的，在美与利之间，做买卖即是讲利。这枚德拉克玛的反面是一头爪抓地、口大吼的雄狮。这种用某种猛兽来象征强大的未开化的行径并不是从今天开始，它好像是在说恶是力量的最高展现。钱币的背面时常雕刻着老鹰、雄狮和其他一些凶悍猛兽。仅有现实中的还不够，还要凭空捏造出一些凶恶的怪兽来，比如半人半马的怪兽、凶龙、半马半鹰的带翅怪兽、独角兽、双头鹰等其他什么的。

发明这些怪兽装饰的人们和那些用熊掌、鹰翅以及插在其头发上的豹牙来显示自己勇猛善战的印第安人相比较是不是更加高明呢？我对此不敢认同。我们最近投入使用的银币背面的图像比上面描述的这些面目狰狞的怪兽要招人喜欢千百倍！播种女神在旭日东升时用灵巧的双手把思想的良种撒播在犁沟里，这就是我们现在银币的背面图案。这类图像虽简单但却崇高伟大，令人深省。马赛的德拉克玛的好处就在于它那优美的浮雕。负责雕刻这枚古币头像轮廓的艺术家是一位版画大师，但是他缺少灵性。两颊丰腴的黛安娜好像是个野蛮的荡妇。

这是已沦为尼姆殖民地的沃尔西人的纳马萨特。奥古斯都与其朝臣阿格里帕的脸部侧面相对，奥古斯都眉毛坚挺，脑袋扁平，鹰钩鼻子，不能让我感觉出他的赫赫威名，尽管朴实的诗人维吉尔说他是“成功造就的神”。假如奥古斯都的险恶计划没有实施成功的话，那么奥古斯都就成了人们心目中的恶人屋大维了。

与他相比，我还是喜爱他的朝臣阿格里帕多一些。这位伟大的人喜欢摆弄石头，他以他那泥瓦工程、引水渠、修桥铺路使粗野的沃尔西人稍得开化。在距离我们村庄不远的地方，有一条从埃格河岸边开始的宽阔大路，它一直向远处直直延伸，渐渐往上爬去，越过塞里昂丘陵。这条大道漫长而单调乏味，但却处于一座强大的古罗马要塞的保护之下，该要塞很久之后变成了有名的古堡。这是阿格里帕修建的道路的其中一节，它连接起了马赛和维恩。这条已经经过两千多年岁月的宽阔纽带一直都是车水马龙，非常繁华。在这里古罗马军团的那些身着褐色战袍的步兵已经不存在了，我们现在看见的是那些赶着羊群和不听话的小猪崽前往市集的农民。依我的看法，这样反倒是一种好现象。在这枚铺满铜绿的苏的背面有“尼姆的移民地”的字样。文字说明的旁边有一条锁在一棵棕榈树上的鳄鱼，棕榈树上还挂有一顶王冠，它象征着移民地的“开国元勋们”对埃及的征服。尼罗河的鳄鱼在这棵棕榈树下龇牙咧嘴，它向我们讲述了酒色之徒安东尼；它还给我们描述了克娄巴特尔的故事，说倘若她是塌鼻子的话，本来是会改变世界面貌的。这只背有鳞片的爬行动物——这条鳄鱼引起的回忆，成为我们的一堂非常奇妙的历史课。

这种金属古币学的高级课程异彩纷呈而又不出我们村子周围一带，便如此长期延续着。但还有另一种花费不多但却高深的古币学，它用它的那些纪念章——化石，向我们叙述生命的历史。这就是石头的古币学。我站在窗户边缘和这位久远岁月的知己谈论着一个已经逝去的世界。此处是个实实在在的尸骨掩埋地，它的上面处处都留有已逝生命的印迹。比如海胆的尖头、鱼类的牙齿和脊椎、贝类的残壳、石珊瑚的碎片在此形成了一个墓葬群。倘若将我家住所的砾石挨个观察摸索一番，就能发现这处府邸简直就是一只圣骨箱、一处远古活物的旧义冢。

现在用于建筑材料的岩石层，用它那坚硬的外壳覆盖周围这座高原的大部分。不知从什么时代开始，或许自阿格里帕在此为修建奥朗日剧院的阶梯和面墙而让人切割大青石的那个时期起，采石工就在那儿挖掘了。稀奇古怪的化石每天都会在铁镐的要挟下与我们相遇。最引人注目的是一些牙齿，他们外粗里滑，珐琅质[1]像新牙一般地光亮。除此之外，还可以看见一些相当完好的化石，呈三角形，边缘为轧齿状花边，几乎同手掌一般大。

看，这张装着像耙子一样牙齿的嘴里，耙子排成数列，一层一层地直至喉咙，好大一张血盆大口啊！被利齿撕碎的是何种物体呀！你只要在脑子里复制一下这台可怕的杀人机器，就会感到毛骨悚然了。这个全副武装的凶神恶煞属于角鲨族，古生物学称之为巨噬人鲨。看看今天那称之为海中霸王的鲨鱼，你就会对它有些概念上的了解了，正如看见侏儒你就了解巨人似的。其他的角鲨化石也会存在于同一块石头之中，全部是满嘴利齿。你可以看到利齿如尖刀的尖额鲨，下颚长着弯曲带齿的爪哇顶重器的半锯鳐，嘴里满是弯曲锋利、一面平一面凹的尖刀的鼠鲨，扁平牙齿上有发光锯齿的鳃鲨。

这座尖牙利齿的武器库向我们提供了可以证明古代杀戮的有力证据，它的价值与尼姆的鳄鱼、马赛的黛安娜、维松的奔马一样。这座武器库以其屠杀武器向我描述着这种屠杀是怎样在各个时代消灭泛滥成灾的生命的。它还告诉我："现在你对着石头思考的位置，在先前存在一湾海水，那里居住着成群的凶残的肉食者和温和软弱的被残杀者。现在的罗纳河谷就曾经被这条长长的海湾占据着。那离你家很近的地方，曾经是一番波涛汹涌的壮景。"此处海岸的悬崖峭壁的确保存完好，以致使我在沉思时，总是觉得听见了隆隆的涛声。海胆、石蛏、海笋、住石蛤都在那儿的岩石上面留下了自己的印迹。这是一些半圆形的凹窝，能够放进一只拳头；这是一些洞口狭小的圆形巢室，隐居者在其中接受不停更新且满载着食物的水流。古时候，有古代居民住在其中，已经矿化，直至其条痕和小鳞片如此脆弱的饰物都保存得非常完好。然而更加常见的是，住在这里的古代居民已溶解不见了，住处却填充满了早已变硬的细海泥钙核。在这个安静的小海湾里，被旋涡冲积在一起，并将它们淹没淤泥中成为日后的泥灰岩。这是以一些小丘作为坟冢的软体动物的坟场。我曾经挖掘到一些长约半米重两三公斤的牡蛎。用铁锹在这坟堆里翻找，就会发现扇贝、芋螺、骨螺、锥螺、笔螺以及别的种类繁多的海洋生物。让人惊讶的是，如此一个僻静角落里，想不到竟藏着如此一大堆先前鲜活的生命所留下的圣物。长有贝壳的埋葬虫还向我们证实，时间这个耐心的事物制度的革新者，不仅毁灭了早生早灭的单个生物，还使整个物种消失了。今天，

---

① 又叫牙釉质，是在牙冠表层的半透明的白色硬组织，十分坚硬，洛氏硬度仅次于金刚石。

我们毗邻的大海——地中海中，所有与消失的海湾中的居民相同的东西几乎都已灭绝了。如果想要在现在找寻一些跟古代相似的容貌，那或许就需要到热带海洋里寻觅了。

我家窗户边缘的石头古币学告诉我：气候已经转冷了，太阳在慢慢地熄灭，物种在灭绝。我们先不要离开我那狭窄、矮小却又非常丰富的观察场地，继续向石头讨教，但这一次是要讨教昆虫的问题。在阿普特附近，有一种形状奇特的岩石处处可见，它已经被风化得像书页了，就如同那淡白色的硬纸板。这种岩石用火点燃会冒出黑烟，有一股沥青味儿，它沉积在鳄鱼和巨龟时常出没的大湖湖底。人类从未目睹过这样的大湖，湖盆被山脊所替代，湖泥平静地沉积成一层层的薄地层，变成了又大又硬的礁石。我们将一块石板从这块礁石上分离出来，接着用刀尖把这块石板分成一些薄片，这工作非常简单，就像把重叠在一起的硬纸板一层层地剥开似的。我们这样做就像是在查阅从大山图书馆取出的一部书。我们在浏览一本配有精美插图的书。

这是一部出自大自然的手稿，比起埃及那纸莎草纸手稿来更加妙趣横生。它的每一页差不多都配有插图，更为神奇的是，那是真实的图像。鱼类随意地聚集在这一页上，看上去像用石油煎炸过的鱼，鱼刺、鱼鳍、脊椎架、鱼头小骨已变成黑色小球的晶状眼球等等这些东西全都印在上面，与生前的自然形态一模一样。唯一没有的是流动的血肉，但这也无伤大雅：鲍鱼这道菜让人大饱眼福，使人忍不住想要用指尖去刮擦刮擦，再尝上一口这种保存了数千年的鱼肉罐头。我们来做一番奇妙的想象：让我们放一点这种石油煎炸的矿物鱼在牙齿下面。插图周围没有文字讲解，于是思考代替了文字说明。思考告诉我们：这些成群结队的鱼曾在那儿平静的水里旺盛地繁衍生息着。湖水突然猛涨，它们被夹带着厚厚淤泥的浪涛窒息而死。它们很快就被淤泥掩藏起来，因而逃过了暴风雨的毁灭性打击，从而穿越了时空，并将在裹尸布的保护下永远地继续穿越这时空隧道。这突然暴涨的湖水还夹带来周围被雨水冲刷的泥土以及一大堆一大堆的植物或动物的残肢碎屑，因此这湖泊的沉积物也告诉了我们那些陆地生物的状态。这是当时的生命的总汇，我们再翻过我们的石板或者可以称为我们的画册的一页，里面有长着翅膀的种子、有着褐色印迹的叶子。石头植物集与专业植物集在比试着植物的清楚程度。

这石头植物集向我们讲述这贝壳曾经跟我们讲过的故事：世界处在变化之中，阳光在向敦厚变化。如今的普罗旺斯的植物并非从前的那些植物，如今的普罗旺斯的植物中已看不到棕榈树、散发出樟脑味的月桂树、带羽毛饰的南洋杉和别的种类繁多的现已属于热带植物的树木和灌木。请读者诸君跟着我继续看下去。此刻看到的是昆虫。最普遍的是双翅目昆虫，身量非常小，往往是一些不起眼的小飞虫。大角鲨牙齿的粗糙石灰质外表的中间却非常细滑，让我们看了异常震惊。对这些嵌于泥灰岩圣骨箱中而毫发未伤的娇小飞虫又该说些什么呢？我们无法用力触碰的这种娇小生命居然在崇山峻岭的重压之下躺在其间没有变形！那在石头上的六只细爪是张开着的，那形态、那姿势都完全是休憩时候的样子，稍微一碰触，爪子肯定会断。爪子完好得连指头上的双爪都在。两个翅膀是展开来的，用放大镜对双翅的纤细脉网观察研究，同用大头针把这只昆虫固定住加以研究是异曲同工的。丝毫未失其纤巧漂亮的触角如羽毛饰一般，腹部的体节能够数清，有一排微粒围着，这些微粒便是它的纤毛。

年代久远却依然完整无损的乳齿象的骨架静静地躺在那边的沙床上，这已经非常让我们惊讶了；一只纤弱小巧的飞虫竟然完整无缺地保存于厚厚的岩石中，这简直是让我们瞠目结舌。当然，蚊虫并非来自远方，不是由上涨的湖水卷带而来的。在大水到达之前，涓涓细流本来就会将它化为接近乌有状态的。它在湖边死去了。一个清晨的欢乐杀死了这飞虫，对它而言，一个清晨的时光已然是漫长无边了。它从灯芯草顶端掉下来淹死了，而这个溺水者即刻便消失在淤泥坟地之中。

其他的那些虫子，那些粗短的，长着坚硬的凸状鞘翅的虫子，那些数量仅次于双翅目昆虫的虫子，它们是些什么样的虫子呢？看看它们延伸成喇叭状的狭小的脑袋，我们就一目了然了。它们是长鼻鞘翅目昆虫，是有吻类昆虫，说得稍许文雅些，就是象虫。细小的、中等个儿的、大个头儿的全都有，与它们今天同类的大小一样。它们在石灰质岩片上的姿态没有蚊虫的姿态端正。爪子乱伸，喙或藏在胸下，或向前伸出。它们当中，有的露出喙的侧面，更多的是通过颈部的一绺浓毛把喙歪在一边。

这些肢体残缺、身体扭曲的象虫不是突然地、平静地被埋葬的。虽然有许多象虫是在湖边植物丛中了却一生的，但大部分象虫是来自周围地区，被雨水冲带来的，在途中遇到细枝碎石，把肢体给弄得残缺不全。它们尽管有保护身体完好无损的盔甲，然而肢爪上细小的关节却被弄弯弄残，而污泥这块裹尸布把它们在途中被弄成何种样儿就那么样儿地裹起来。

这些外来的象虫大概来自远方，它们向我们提供了宝贵的资料。它们对我们说，假如说湖边昆虫类的最主要代表是蚊子的话，那么树林中昆虫类的代表则是象虫。我的那些岩石书页除了吻管科昆虫而外，尤其是在鞘翅目昆虫方面的确没再向我展示什么。那么，别的那些陆地昆虫族，如步甲虫、食粪虫、圣金龟等被雨水统统像象虫一样带到湖中来的那些昆虫现在都在哪儿呢？今天繁荣昌盛的昆虫族类没有留下一点儿蛛丝马迹。

水龟虫、豉虫、龙虱这些水中居民都在何处？关于这些湖泊昆虫，很可能在我们发现它们时，它们就已在两块泥炭岩中间变成了木乃伊了。如果当时存在这种昆虫的话，那它们就生活在湖泊中，而湖中的淤泥就很可能把这些带角的昆虫，尤其是比双翅目昆虫更加完整地保存下来的。至于水生鞘翅目昆虫，曾经存留在这世上的痕迹也是荡然无存了。

这些地质圣骨箱中找不到的昆虫，它们究竟去了哪里呢？荆棘丛中的、草丛中的、被虫蛀蚀的树干中的这些昆虫如同钻木的天牛、滚粪球的金龟子、将猎物开膛破肚的步甲虫，去哪儿寻找她们的踪迹呢？它们全部处在正变化中的未成形者。在那个时候还没有它们：将来在等待着它们。假如是我能够确信自己有空儿查查那些内容简单的文字档案的话，那么也许我就可以确定象虫是个高寿的家伙——当然是对鞘翅目昆虫中来说了。

物种在进化的初始，常常会演化出不少形象怪异的生物，那些与大自然很不协调的生物是那么的奇特与迥异。比如蜥蜴，刚开始它们是实实在在的怪兽，身长从十五米至二十米内。你可以发现它们的鼻子以及眼睛上都长着角，背后鳞片丛生，脖子凹陷如袋并且仍骨刺林立，而它们的脑袋还可以缩进这个袋子里——就如同教士把脑袋缩进风帽里似的。它们曾想进化出翅膀来，不过却没有成功。这种让人害怕的进化过程结束了，演化的狂热静下来了，因此我们现在就可以看到讨人喜欢的绿色蜥蜴趴在我们篱笆上了。

在生命创造鸟的时候，它令鸟喙上长有爬行动物的锋锐的牙齿，使得鸟的臀部拖着饰有羽毛的尾巴。这些还没有定型的、狰狞可怕的生物是红喉雀以及鸽子的老祖宗。所有这类原始动物，脑袋都很小、智力特别差。远古时代的野兽只是捕猎的工具，智力在那时候和一只消化食物的胃毫无关联，它们产生关联是未来的事了。

象虫就是在以自己的方式策略在重复着这样的畸变。看看它小脑袋上的那个奇怪的延伸部分，其上面这一块有又厚又短的吻，那一块有非常粗的圆形吻管或者切削成四棱面的吻管。另外，这个延伸部分好像北美印第安人那个形象怪异的长烟袋，它尤其纤细，大小和身长相似，甚至比身长还长。在此奇特工具的末端口里，是上颚那把灵巧的剪刀。它的身体两侧长着两根触角。

这喙，这嘴，这个怪模怪样的鼻子有什么用途呢？象虫是从哪儿寻到这种器官的模型的？它从未去任何地方找模型，它本身就是这类模型的创造者，它拥有这类模型的专利。除了它这一种族外，别的任何鞘翅目昆虫都没有这种奇形怪状的嘴。

我们还需要注意它那特别狭小的脑袋。那是从鼻子底部膨胀起来的一个球球。那球里面会是什么呢？一个惹人怜的神经工具，那是非常有限的本能的标记。在见到这些小脑袋的家伙干活儿之前，没人关注它们智力上的事。它们被和木讷迟钝、没有本领的昆虫归为一列。这类看法以后并没有遭到否定。即使没人夸赞象虫科昆虫的才能，但也不会这样就对它们不屑一顾。就像湖中岩片书页告诉我们的那样，它们是位于长鞘翅的昆虫的前列的。它们早就在预防突发事件上领先于在孵育方面最为灵巧的昆虫。它们向我们展现了一些原始昆虫形态，有时是十分奇怪的形态。它们在自己那小小的世界中就同长着齿形大颚的猛禽和长着有角的眉毛的蜥蜴的情况相同。

它们始终繁荣昌盛，繁衍到今，而在特征上却没有什么变化。我们今天所看到的这种形态便是它们在各大陆的远古年代的形态。这一点由石灰岩书页强烈地证实了。我勇于把其所属，有时甚至是其种的名称标注于岩片书页的那些图像下端。本能的不变性应该是随着形态的恒久性的。经过查阅现代象虫科昆虫的有关资料，我们将就它们祖先的生物单方面写出和其实际情况很相近的一个章节。在它们祖先的那个年代，我们那神圣的普罗旺斯还有棕榈树在掩蔽着鳄鱼出没的辽阔的海域。叙述现代的历史将向我们讲述过去的历史。

朗格多克蝎的家庭

拿科学书籍去解决现实生活中的问题，没有太大的收获。此时，应该一丝不苟地对事实进行探究，这要比有着丰富藏书的书橱有用得多。大多时候，浑浑噩噩反倒是优势，由于拥有了随意思索的空间，便不会变得固执己见，反倒摆脱了“读死书，读书死”的危险处境。对这，我刚刚领悟出这个道理。

我在一篇论文里知道：九月里是朗格多克蝎的繁殖期——这是一篇某大师的解剖学论文。天哪！为何我却偏偏看过这篇论文呢！因为在我所处地区的气候环境里，朗格多克蝎生儿育女的时间可比九月份早得多。幸运的是，我并没有迷信那篇论文，不然的话恐怕我就要傻等九月的到来，并且最终一无所见。我苦苦观察三年，等得差不多失去了所有耐心以及精力，结果最终依旧没有如愿。环境并没有异常，但是我却没有任何理由地丢掉机会，毫无价值地浪费了一年时光，我几乎都想停下对这个问题的研究了。

的确，无知也许更有好处，丢开老路，就能发现新东西。我们的一位有名大师曾经这样教导过我，他就不太相信已知的课本知识。某一天，巴斯德①没有预约，突如其来地按我家的门铃，就是那位不久便将大名鼎鼎的巴斯德本人。我那时候已深知其名，我早已经拜读过这位学者的有关酒石酸不对称结构的作品了，我对他有关纤毛虫纲生殖问题的研究也怀有浓厚的兴趣。

每个时代都有它科学的奇思妙想。我们现今有进化论，但那个时候却有自生论。巴斯德借着自己人为决定其有菌无菌的烧瓶，依照自己那严谨而且简单的绝妙实验，将一个无理的谬论给完全推翻了，腐败物内部的一个冲突性化学反应能够根据这一谬论激发出生命来。

我知道那个被巴斯德成功地予以澄清的有争论的问题，所以我极其热情地欢迎了这位著名的来访者。他跑来找我最主要的是想问我些问题。我能享

---

① 路易斯·巴斯德（1822~1895年），法国微生物学家、化学家。他研究了微生物的类型、习性、营养、繁殖、作用等，奠定了工业微生物学和医学微生物学的基础，并开创了微生物生理学。

受这份实不敢当的荣幸，该归功于我俩是物理和化学上面的同行身份。哎！我只是他一个小小的、默默无名的同行罢了！

巴斯德为了弄明白养蚕业而来巡视阿维尼翁地区。几年以来，每个养蚕场惶恐一片，被一些弄不清的灾害弄得凋敝不堪。蚕宝宝们不知原因地溃烂、变硬，变成了一些石灰膏壳的蚕仁硬皮豆了。蚕农们没有一点办法，眼看着自己主业的收成打了水漂儿，耗费如此多的心血以及钱财，最后却落得个把一屋一屋的蚕扔进肥料堆里的结局。

我们拿猖獗的灾害促膝长谈。话题开门见山："我想看一下蚕茧，"来访者说道，"我从没有见过蚕茧，仅仅知道它的名字罢了。您可以帮我找一些来看看吗？""这非常好办。我的房东就是做蚕茧生意的，我们住对门。请您等一会儿，我去帮您弄一些来。"我三步并作两步地跑去邻居家。我把衣服口袋里满满的蚕茧拿出来给大学者看。他拿起来一个，在指间翻来覆去地看，那阵好奇劲儿，就好像我们在看一件来自天涯海角的奇珍异宝一样。他放在耳边摇了摇。"还响呢，"他非常惊奇地说，"内部有东西。""当然有了。""啥东西呀？""蚕蛹。""啊，是蚕蛹？""是一种木乃伊一样的东西，幼虫在里面渐渐变化，最后化成蝴蝶。""在所有的蚕茧里面都有这个玩意儿吗？""肯定，蚕吐丝结茧就是要保卫蛹的。""呀！"

他没继续说什么，就将蚕茧装进衣兜里去了，大概等到空闲时去探究蚕蛹这个重大的新生物。他这份胸有成竹的非凡自信让我惊讶。巴斯德不清楚蚕、茧、蛹变形的常识，却前来帮蚕谋求新生。远古的体育教师们出场演出时是赤身裸体的。我们的这位同养蚕业灾害作斗争的神奇勇士和他们一样，奔向角斗场时也是一丝不挂的，也即是说他对自己即将拯救的那种昆虫连最起码的常识都没有。我对此惊讶不已，甚至为之叹服。

后来谈到的问题就不能令我惊奇了。那会儿，巴斯德还在研究以加温方式来提高酒水质量的问题。蓦地，他口风一转，对我说："去您的酒窖看看，行吗？"请他参观我的酒窖？那个寒酸简陋的酒窖？教师的那点儿可怜薪俸可买不起酒喝，我只喝得起自酿的劣质苹果酒——就是红糖加苹果丝封进坛子里发酵出来的酸涩液体！本人的酒窖！您要看本人的酒窖！何不看看我的一桶桶陈年佳酿呀！我的酒窖，那也能称作酒窖？

异常窘迫的我只好不停地岔开话题，避免提到酒窖。然而他却坚持到底，对我说："请带我参观你的酒窖。"他的坚持令我无法推脱。我用手指指厨房角落里的一把没有椅垫的椅子，上面放着一只大约十二升容量的大肚坛子。“先生，那就是我的酒窖!”“这就是您的酒窖?”“我没别的酒窖了。”“都在这儿了?”“唉！没错儿，您都看到了。”“啊!”他默然了。学者没有发表任何看法。显而易见，巴斯德并不知道这种平民百姓称之为“疯奶牛”的口味重的菜肴。假如说我的酒窖——那把旧椅子和拍着空空响的大肚坛子——没就利用加热来抑制发酵的问题发表看法的话，但是它却雄辩地谈到了我那位赫赫有名的来访者似乎并不了解的另一件事情。一种微生物逃过了他的眼睛，而且是最可怕的微生物中的一种：扼杀坚强意志的厄运这种微生物。

虽然出现了酒窖这令人扫兴的插曲，不过我还是对他那镇定自若的自信大加叹服。他对昆虫的蜕变丝毫不知，他是生平首次看到蚕茧，并获知这只茧里有点东西，那是未来蝴蝶的雏形。连我们南方农村小学一年级的小学生都清楚的事他却一点儿也不知道。但是，这个问了不少莫名其妙的问题的大专家，很快即将让养蚕场的卫生状况发生了翻天覆地的变化，同样，他也将使医药和公共卫生产生革命性的变革。

不拘泥于细枝末节而凌驾于全局之上的思想是他的武器。于他而言，变形、幼虫、若虫、蚕茧、蛹壳、蛹虫以及昆虫学中数千种的小秘密有什么要紧的！在他思考的问题中，不知道这一切反而更好一些。这样，他的思绪就能更好地保持其独立见解以及大胆的腾飞。其行动摆脱了已知的东西的羁绊，获得了更多的自由。受到巴斯德摇动蚕茧细听后的惊讶神态这绝佳范例的鼓励，我便立下了一个信条，把无知的这种方法运用在我对昆虫本能的研究上。我很少看书。与其我力所不能及的费时耗力地翻阅书本，与其向别人讨教，倒不如自己坚持不懈地与我的研究对象亲密地接触，直到让它们开口说话为止。我什么都不清楚。这样反倒更好，我的探询也就更加自由，可以根据已获知的启迪，今天从这个方面去探索，明天则进行逆向思维。如果我偶尔翻开一本书，我便有意地在自己的思绪中留下一个向怀疑大大敞开的空间，因为我所开垦的土地上长满了蒿草和荆棘。

因为不曾这样做过，我已浪费了将近一年的时间。因为当时过于相信书本，我在九月之前，没想过朗格多克蝎的家庭的出现，但就在七月里我竟无意间发现了这个家庭。实际期与预见期的这段差距，我把它归之于气候差异造成的：我今天是在普罗旺斯进行观察，而曾为我提供信息的雷翁·迪弗尔则是在西班牙进行观察的。就算这位大师是个大权威，我也应该对问题保有疑问。但我并没有这样做，也因此差点错失良机，幸而那普通的黑蝎子以前并不是这么告诉我有关它的家庭的。啊！巴斯德不知蚕蛹是怎么回事真是太好了！

普通黑蝎子比朗格多克蝎小巧、文静。我一直把它们养在一些小的大口瓶中，放在我工作室的桌子上，用作参照的蝎子。这些普通的瓶子不占地方，也便于观察，所以我每天都要看看它们。每天早晨，在开始往记录本上记录情况之前，我总要掀起为它们藏身用的硬纸板，看看前一天晚上是否有什么状况发生。天天这么观察在大玻璃笼子里就难以办到，因为大玻璃笼子里有许多的小格间，必须颇费周折，大动干戈才能逐一地进行检查，而且检查完之后再恢复原状也不容易。而用小的大口瓶装黑蝎，检查起来就易如反掌了。

某日，大约七月二十二日早晨六点钟光景，我眼前一亮，蓦地看到母蝎背着一群小蝎。我拿开了遮盖着大口瓶的硬纸板，这时，出乎意料的，我看见了一群小蝎子，它们趴在母蝎子背上，仿佛给这只蝎子妈妈披上了一件白色短披风似的。一种成就感涌上心头，温馨、甜蜜、而又满足，如此心境难得体会一次，往往是在观察者间隔许久才会偶遇一次。有生以来，这种难得一见的场面我算是亲眼看到了。它刚刚生产完，分娩应该是在头天晚上，上一个白天它还毫无异状呢。

随后，喜讯接踵而至：次日，另一只黑蝎生产了；下一日，同时做了妈妈的是另外两只黑蝎。前后生产的有四只，完全出乎我的意料。有四个黑蝎家庭做伴，再加上数日的安静时光，我可以说是颇觉生活之惬意了。

好事连连，当我一发现小的大口瓶中有了重大收获之后，我便马上想到大玻璃笼子。我在思考朗格多克蝎是否会像黑蝎一样早熟。我顿生感悟，马上跑去查看。笼中的二十五片瓦个个翻开。收获甚丰！我这把老骨头此刻马上觉着硬化的血管里燃烧起了二十岁的年轻人热血。在二十五块瓦片中的三块下面，我看到了带着自己家族的蝎妈妈们，一位蝎妈妈的孩子们已经长到一个星期大了，这是我后来不断观察才弄清楚的。另外两只刚分娩不久，就在头一天的夜里，这从蝎妈妈的大肚子下面依然精心保留着一些残留物就能够看得出来。我们一会儿将要瞅瞅这些残留物是怎么一回事。

七月逝去，八月九月也过去了，我再无所获。所以说，两种蝎子的生育期全部在七月下旬。七月份过去之后，一切都结束了。不过，大玻璃笼子里面养的那些蝎子中，还有一些母蝎同已经给我生过蝎宝宝的母蝎一样，肚子大大的。我原指望它们能给我添丁入口，因为种种迹象给了我这样的期盼。冬天来了，它们中谁也没有满足我的愿望。看上去马上就要实现的事情却拖到了来年，这再次说明妊娠期很漫长，特别是在低等生物中，这种情况十分罕见。

我把每只母蝎及其蝎宝宝移到能够仔细观察的狭小的容器里。早晨我去查看时，发现前一天夜里分娩的那些蝎妈妈肚子下面又藏着一部分小宝宝。我用一根草尖把蝎妈妈拨开来，在那堆尚未爬上母亲脊背的小宝宝中我发现了一些东西，它把我从书本上学到的有关这一问题的那一点点知识彻底地打翻了。据说，蝎子属于胎生，这种说法虽颇具学问但却缺乏准确性。实际上蝎子宝宝并非一生下来就是我们所熟知的样子。

而这一点是可以讲出道理来的。如果小宝宝伸着钳子，张开爪子，蜷起尾巴，你让它怎么进入母蝎的通道呢？这种碍手碍脚的小宝宝永远也通不过母亲那狭窄的通道的。所以它出生时必须紧裹着，少占空间才行。

母蝎腹下发现的残留物确实是一些卵，这些与解剖妊娠很长时间的卵巢所见到的卵一模一样。为节省空间小宝宝紧缩成米状，尾巴贴在肚皮上，双钳回收胸前，足爪紧紧地贴于腰侧，这样椭圆形的小宝宝就可以顺利地滑出来了。它额头上有墨黑的点，那是它的眼睛。小宝宝悬浮于一滴透明的液体中，此刻那液体就是它的天地，它的大气层，外面由一层精巧的薄膜包裹着。

是的，那些残留物就是一些卵。分娩刚结束时，朗格多克蝎有三四十个卵，而黑蝎的卵则要稍微少一些。我去查看时已经太晚了，只赶上一个结尾。但是，所剩无几的卵也足以坚定我的看法。蝎子实际上是卵生的，只不过其卵孵化得非常快，母蝎刚一产下卵来，小宝宝便破卵而出了。

那么，小宝宝是怎样孵出来的呢？我有得天独厚的优势得以目睹这一过程。我发现蝎妈妈用大颚尖异常小心地挑起卵的薄膜，把它撕破，扯下，接着把它吞下。在此过程中母蝎非常慎重，活像爱心拳拳的母羊和母猫在舔食胎衣。虽然它们的器械说不上精良，然而小宝贝的娇嫩身体却毫无损伤，当然更不会残肢断体了。我震惊极了：蝎子的母爱近于人类。回溯进化的开始，当世间第一只蝎子诞生时，酝酿在生命深处的这种对子女的爱心就已经深深镌刻在了灵魂深处。就像尚未从休眠中醒来的种子，就像其时爬行动物与鱼类已拥有的、并很快也被鸟类与差不多所有昆虫所拥有的卵，这种子和卵从某种意义上说已经等同有机体了，也可以视为高等胎生动物的前兆。于是，动物诞生的最后阶段将在相对安全的母腹或腰间进行，而不是充满危机的外部或内部了。

生命的进化并不是循序渐进的，并不是从低级向高级一直向前。进化是跳跃的、迂回的，某些时候是在进步，某些时候却是在倒退。大海时起时落。生命也是一片大海，比有水的大海愈发高深莫测，它也有过潮起潮落。它还将会有潮起潮落吗？谁能说它有？谁又能说它没有？

假如母羊不想法用嘴唇把胎衣剥下并吞食掉，羊羔就永远不能从胎盘中出来。同样，蝎宝宝也需要母亲的帮助。我就曾见过一些蝎宝宝被黏膜粘住，在已经撕破了的卵囊中拼命地挣扎着扭来扭去，却无论如何也挣不出来。只有母亲的那一下牙咬才能让宝宝彻底解放。倘若认为宝宝在解放过程中也发挥了若干作用，那也是错误的。宝宝软弱无力，尽管它出生的袋子宛如洋葱片内壁皮膜般的细薄，然而它就是挣脱不开这层细薄的皮膜。

雏鸡喙尖上有一个临时的硬茧，是供它破壳而出时啄壳用的。而蝎宝宝为了节省空间，是蜷缩成米粒状的。它死死地等待着蝎妈妈的外援。蝎妈妈努力地完成着自己的使命，分娩中附带排出的东西也被它全部清理掉，就连那些随之而出的未受孕的卵也被清理干净了。一点残肢碎片都见不着了，全都回到蝎妈妈的胃里去了，而产卵时占用的那块地方也都干干净净的。

现在，蝎宝宝被收拾得干干净净，欢蹦乱跳的。朗格多克蝎从头至尾长九毫米，通体雪白，而黑蝎长只四毫米。随着产后清洗完毕，蝎宝宝们一个个地往蝎妈妈背脊上爬去。它们沿着妈妈的双钳缓缓地往上爬。蝎妈妈把双钳贴地，以利于宝宝们攀登。宝宝们一个个紧紧挨挤着聚在一起，并无队形，但却在妈妈背上留下了一条覆盖层。它们用自己的小细爪子牢牢地攀附在上面。我用毛笔尖把它们扫下来而又不想碰伤这些细皮嫩肉的小家伙，还颇费一番周折呢！蝎妈妈背着小宝宝们时，双方谁都不动一下，这正是进行实验的最好时机。

值得关注的一景是身披蝎宝宝们组成的白色短披风的蝎妈妈一动不动，尾巴高高地翘卷起来。假如我把一根麦秸移近蝎子一家，蝎妈妈马上恶狠狠地竖起双钳，这种凶相只有在自卫时才显现出来。它竖起双臂做拳击状，钳子大张着，随时准备还击。它的尾巴翘着，挥动着，这在往常是难得一见的。尾巴不能突然放平，要不然会带动背脊把背上的小宝宝们甩下一些来。拳头竖起就足以威胁敌人了，那架势勇猛、威武而又猝不及防。我对此并不觉得好奇。我拨弄下来一个小宝宝，把它移至其母面前，离开有一指宽的距离。蝎妈妈好像并不在意这个事故，它原就一动不动，这会儿仍旧纹丝不动。落下几个小家伙又有什么可惊慌的？小家伙会自己想法摆脱困境的。掉下去的小蝎子举手蹬腿，焦急万分。接着突然发现妈妈的一只钳子就在自己面前，随之，便迅速地爬上去回到兄弟姐妹们的中间。它终于又回到了母亲宽厚的脊背上，不过动作相当的笨拙，与狼蛛的孩子们相去甚远，后者个个都是高空杂技的好手。规模更大的实验再次开始了。这一次我拨弄下来一部分小蝎子，小家伙们散落一地，但相距并不太远。它们犹豫不决了很长时间。正当它们转来转去不知如何是好的时候，蝎妈妈终于担心会发生什么不测了。它伸出胳膊——也就是它的两只钳子一般的触角——合抱成一个半圆，将面前的沙子搂住，于是那些迷路的小蝎子就被它揽了回来。此时它很是“笨手笨脚”，压根儿没想宝宝们可能会被自己压碎的危险。鸡婆咕咕一声叫，鸡崽立马翅膀下面钻，蝎妈妈用耙子耙呀耙，小蝎子就被归拢了回来。还好，所有落地的蝎崽儿全部毫发无损。回到蝎妈妈身前，这些小家伙就争先恐后地爬向妈妈身上，一眨眼就在妈妈背上集合好了。

就算不是自个儿的崽儿，蝎妈妈也不会另眼相待，而是一如己出地爱护它们。我用毛笔尖把一只蝎妈妈背上的蝎宝宝一股脑儿或一小半儿扫下来，弄到另一只蝎妈妈伸手可及的地方，后者也会把它们耙到自己面前，就像对待自己的亲骨肉似的，而且心甘情愿地让这些新来的小宝宝爬到自己的背上去。它似乎是要“收养”它们，假如“收养”一词不算过分野心勃勃的话。“收养”谈不上，那是狼蛛的事，因为它弄不明白哪个是自家的崽儿，因此凡是在自己爪子前面爬动的小狼蛛它都一股脑儿接收下来。

我往往看到在地中海一带的常绿灌木丛中有背驮着小狼蛛们的母狼蛛在遛弯儿，我一直也期盼着能看到母蝎也如此驮着小蝎子们转悠。不过，母蝎并不清楚这种休闲方式。只要做了妈妈，母蝎就会有段时间足不出户了。就算是在晚上，别的都外出嬉戏的时候，它也照样待着不出去。它把自己禁锢在自己的小屋里，不吃不喝，一门心思想着抚养子女。

小宝宝们也的确弱不禁风，可以说它们必须经历第二次出生。它们正一动不动地准备着第二次诞生，它们对此并不陌生，如同由幼虫蜕变为成虫一样。虽然小蝎与成年蝎外貌如此相似，但轮廓线条不够清晰，仿佛是透过雾气看到的似的。我怀疑它们得脱去身上的衣服才能变得矫健，变得威武。

它们这第二次出生必须一动不动地待在母蝎背上一个星期。这时，“弃皮”（我不敢称之为“蜕皮”）完成了。这之所以称之为“弃皮”，是因为这与真正的蜕皮有所不同，真正的蜕皮以后还要经历许多次。真正意义上的那几次蜕皮，是在胸廓上裂开一道缝，成虫从这唯一的一道裂缝中脱颖而出，把原来旧的空壳衣服扔掉。这空壳的形状与刚从中爬出来的蝎子一模一样，二者惟妙惟肖，难分伯仲。

我们现在所看到的完全是另一码事。几只正在弃皮的小蝎子被我放在一块玻璃片上，它们颇受煎熬似的一动不动地待着，几乎支持不下去了。外皮破裂，无特殊的破裂线，是同时在左右前后破裂的；足爪从护腿套中伸出，双钳抛开护手甲，尾巴抽出尾鞘。浑身的碎皮一起落下，像一堆破衣烂衫。这是一种杂乱无章的斑驳脱落。这之后，小蝎才有了蝎子的正常外貌。此外，它们的行动也开始敏捷灵活了。虽然仍旧呈苍白色，但它们已蹦跳自如了，他们迫不及待地跑到蝎妈妈跟前跃动、玩耍。最让人惊讶的进步是它们突然间长大了。朗格多克蝎的小蝎子通常身长是九毫米，可它们现在就已有十四毫米长了。黑蝎的小蝎身长从四毫米达到六七毫米。身长增加了半倍，体积增加了将近两倍。

在吃惊于这种突然增长之余，我就在寻思这种突然增长的原因何在，因为小蝎子尚未吃过任何食物，所以体重并未增长，相反会下降，因为扔掉了一层外皮。体积增大，但质量未增。因此，这是一种产生一定程度的膨胀，与热处理的毛坯物体的膨胀相仿。它体内产生了一种变化，把生命分子聚集成空间更大的结构体，所以虽无新的物质加入，体积却增大了。我想，谁如果有极大的耐心并配备有一套合适的器械，就能够深入地观察到这种急速变化的结构，从而获得某些有价值的材料。我才疏学浅，无此能耐，我把这道难题留给他人吧。

小蝎弃掉的外皮是一些白色条状物，一些上了光似的碎布片，它们并不掉落在地，而是紧贴在蝎妈妈的背部，特别是附着在足爪根部附近，缠成一块柔软的毯子，刚弃皮的小蝎子就在上面栖息。坐骑现在已披上马衣，骑手们坐在马上无须害怕身体摇晃。这层破衣烂衫做得结实，鞍鞯为骑手们提供了把手足镫，任由它们上上下下，动作敏捷灵活。

当我用毛笔轻轻一拨，小蝎子们便纷纷落马，有趣的是它们又非常迅速地纵身上马，稳坐其上。马衣垂条变成了小蝎子的攀缘绳，杆子则由尾巴替代，随之踊身纵跳，小蝎子就骑上了马。小蝎子之所以能飞速上马，靠的就是奇异的马衣，那简直就是如假包换的攀缘绳。它不会破裂、异常结实，几乎在一周之内随便使用，直到小蝎子可以离开蝎妈妈的保护为止。

小蝎子的体色在此时便凸显了出来：金黄的肚腹和尾巴，晶莹剔透的琥珀色钳子。青春即是美丽的象征，全都在青春的照耀下变得光彩夺目。这会儿的小蝎子确实是漂漂亮亮、仪态万千。如果这样儿永不变化，如果那使人毛骨悚然的尾刺毒针不出现，那它们肯定会是人们爱不释手的宠物，罕见、稀奇而又特别招人喜爱。它们心中很快就升起了摆脱母亲监护的强烈欲望。它们激动地爬下母亲的脊背，在周围疯玩乱耍。如果它们跑得太远，蝎妈妈就会呵斥它们，使用双臂耙在沙土上划拉，将它们聚拢起来。

在休息的时候，蝎妈妈和宝宝们的那副姿态好像母鸡带着鸡雏们憩息一样。大部分小蝎子都会待在地上紧贴着蝎妈妈，有几只停留在马衣那舒适的坐垫上。有的小蝎子爬在蝎妈妈尾巴上，爬上螺旋峰的高处，兴趣高涨、居高临下地注意着脚下的小蝎子群。忽然，又有新的杂技演员登场，将它们赶下高峰，取代它们。每个小蝎子都想看看这观景台到底是怎么回事。

大多数家庭成员都会围在蝎妈妈的身边，一个个不断地拱动着，钻到妈妈肚子下面蜷缩着，额头抛在外面，一对小黑眼睛炯炯有神。最爱动弹的小家伙更喜欢妈妈的足爪，那即是它们的体育器材，在其上面做高空杂技训练。静下来的时候，小家伙们就会又往妈妈背脊上爬去，寻好位置，坐下来，再也不动弹，妈妈和孩子们全都不动了。小蝎子成熟和准备离开妈妈监护的这个阶段会持续一个星期，恰好是不进食体积也能扩大两倍的奇特增长期的时间。一窝小蝎子停留在蝎妈妈背上半个来月。母狼蛛背着自己的小宝宝们长达六七个月，而小宝宝们即使不吃不喝，却精神劲儿十足，不停地动弹。蝎妈妈的小宝宝们最少在获得新生与灵活的蜕变之后要吃点什么，蝎妈妈会不会邀请它们共进一餐？它会不会给它们留着自己的美食中更软嫩的佳肴？蝎妈妈任何人都不邀请，它没有留下任何东西。

我放进一只蚱蜢给蝎妈妈，是我从我认为适合小蝎子们稚嫩的胃的小野味中精挑细选出来的。当母蝎毫不在乎自己的子女独自怡然自得地享用这只蚱蜢时，一只小蝎子从它的背上爬下来，探头探脑地往下看，想搞明白妈妈在干什么。它使用爪尖碰到妈妈的下颌，忽然间，它慌忙地跑开了，这是聪明之举。正在津津有味地咀嚼的妈妈根本不会留一口给它，或许反倒会一把抓住它，毫不心疼地将它吃掉。蝎妈妈正在吃蚱蜢脑袋，又有一只小蝎子已经吊在了蚱蜢的尾部。小蝎子正轻咬轻拽蚱蜢，也想吃上一点。最后，它没有如愿以偿，因为这个部位太硬了。

我也看到过这样一些情景：假如蝎妈妈稍加关心，送小宝宝们一点吃的，那样小宝宝们会兴高采烈地尽情享受一番，尤其是给的食物很适合它们那稚小的胃的话，可是，蝎妈妈却只想着自己享福，别的概不问津。哎，我那让我度过美妙时光的漂亮小宝宝们呀，你们该怎么办呢？你们想要离家出走，去遥远的地方寻找一些不起眼的小虫子吧？我从你们慌不择路地乱窜中看出来了这一点。你们要离开自己的母亲，而它也不会再认你们了。你们长得已非常健壮，也该各奔东西了。

假如我很清楚你们适合吃什么样的小活食，假如我时间充足，可以帮你们去寻找的话，我会非常开心地继续喂养你们的，但不是将你们继续养在你们出生时的玻璃笼子里的瓦片下，和大人们混在一起。我知道那些老家伙们，它们容不得别人，哪怕是它们的孩子。那些老妖怪会将你们吃了的，我的乖宝宝们。甚至你们的母亲们也不愿意放过你们的。从此你们的母亲们就视你们为陌路人了。第二年，婚俗季节，你们那妒忌成性的母亲们在干完好事之后，就会将你们吃掉的。该离开了，乖宝宝们，三十六计走为上策。不然，我让你们住哪里？如何喂养你们？我们最好还是分开吧！尽管我心中免不得有点惆怅。过几日，我将你们送到你们的领地撒放出去，就是那个很多石头的山坡地。那里有明媚的温暖的阳光，你们在那儿会找到一些伙伴儿的，它们和你们一样刚刚开始成长，但是它们已经在自己的小石块下独立生活了，那些小石块有时仅有指甲盖儿那么点大。在那个地方，你们将要学会如何面对大自然的残酷挑战，这类学习比待在我身边更有效果。

朗格多克蝎

此类蝎子一直少于言辞，生性使然的它们总带着一种神秘的色彩，与它们交往索然寡味，它们的历史几乎就是空白，仅有的资料是从解剖中得到的。其机体构造在老师们的解剖刀下一览无余，可是，我所了解的是，到现在为止尚无人下定决心对其隐秘习性进行长久的研究。人们对朗格多克蝎的标本非常熟悉，但它的习性却依旧阙如。对节肢动物来说，对别的任何节肢动物的研究都没有它重要。千百年以来，它激起了人们的想象力，以至人们在黄道十二宫中也给它留了一个位置。卢克莱修①曾经说过："恐惧造就圣明。"蝎子通过恐惧被人们神化了，被称为天上的一个星座，并且成为历书上十月的象征。我们尝试使蝎子开口诉说。

在处理蝎子的住宿问题前，我先给它们概括描述一下它们的体貌特征。一般的黑蝎在南欧很多地方都有，大家也都并不陌生。它常常出没于我们住处周围的阴暗角落。到了阴天下雨的秋日它就会钻入我们家中，有时候还钻入我们的被子里。这可恶的昆虫给我们带来的不仅仅有疼痛，并且还有恐惧。虽然我现在的住宅中也有很多黑蝎，不过我观察时倒并未受到意外伤害。这类恶名远扬的可悲昆虫更多的是使人讨厌而非危险。

朗格多克蝎生活于地中海沿岸各省，人们对它更多的是害怕而非了解。它们并不打扰我们的住处，却是躲得远远的，藏在荒僻地区。和黑蝎相比，朗格多克蝎称得上一个巨人，发育完全的时候，身长有八九厘米。它的颜色呈现干麦秸的那种金黄。

其尾巴——也就是它在肚腹上，为五节相连的状如酒桶的棱柱体，相互间由桶底板连接，构成粗细相同、参差错落的棱状条条，宛若一串珍珠。这一样的纹络还遮掩着那举着大钳的大小臂膀，并将臂膀分割成一些条形磨面。尚有一些纹络弯弯曲曲地分布在脊背上，就如同其护胸甲接合部的绲边，并且是轧花绲边。这些凸出的小颗粒显现出了盔甲那粗野厚重的架势，那也即

① 卢克莱修（约公元前99~前55年），古罗马哲学家。

是朗格多克蝎的性格特征。就好像这个昆虫是用锋利的刀削砍出来的一样。

尾部还有一个第六节体，表面上光滑，为泡状，是制作并存放毒汁的小葫芦。蝎毒表面如水、内里却有很强的毒性。毒腔末端是一个弯弯的螫针，色暗、尖锐。针尖不远处有个细小的孔，只有用放大镜方能隐约看见，毒汁从这细孔流出来，渗入被尖头刺破的对方伤口。螫针不仅硬还尖，我使用指头捏住螫针，令它扎一张硬纸片，它就如同缝衣针扎衣服一样容易。

螫针弯曲度非常大，在尾巴平放伸直时，针尖是朝下的。假如想要使用这个兵器，蝎子就必须将它抬起翻转过来，从下往上刺出去。这就是它永久不变的攻击术。蝎尾反蜷在背部，瞬间伸直，攻击被钳子困住的对手。此外，蝎子平常几乎总是保持这种姿态，不管是走动还是歇息，尾巴全卷贴在背上。尾巴平拖在地上的情况非常少见。

蝎钳从口里伸出，好像螯针的大钳子，不仅是战斗的武器，又是取得信息之器官。蝎子向前爬时，就会把钳子前伸，为弄清楚并对付所遇到的东西，它钳上的双指伸展着。假如必须刺杀对手的话，双钳就先镇住对方，把对方吓得不能动弹，然后螫针从背部伸出来袭击。最终，假如需要长时间地和猎物周旋的话，那对钳子就可以当作手来使用，将猎物抓送到嘴里。它们从没有被当作行走、固定或挖掘的工具使用过。

双钳发挥着真正的爪子的作用。它们宛若是被突然截断的指头，指尖生出几只能活动的弯爪尖，其对面还竖着一根细且短的爪尖，几乎可以发挥到拇指的作用。那张小脸上长有一圈粗糙的睫毛。身体各部件组合成一个绝妙的攀缘器，这就充分说明蝎子为何能够在我的钟形罩网纱上爬来爬去，能够长久地仰着身子长时间地停在罩顶上，能够拖着沉重而笨拙的躯体沿着垂直的罩壁攀上爬下。蝎子身下面，紧随爪子之后的是像梳子一样的东西，那是奇异的器官，是蝎子独具的采邑。梳子的名称源于它的结构。那是堆成长长一排的小薄片，彼此密密实实地拥挤着，就如同梳子齿儿似的。它们被解剖学学者们怀疑是一部齿轮机，目的是为了在交配时相互紧密无间地连接在一起。为了查探它们交配时的习性，我将朗格多克蝎搁进放着些大块陶片的大笼子里，玻璃壁板装在大笼子上面，那些陶片就是这十二对朗格多克蝎的新处所。四月天，燕儿飞，布谷叫，一场革命在始终安静生活的蝎子中爆发。在我的花园露天地安置的昆虫小镇子里，许多的蝎子跑出去做夜间朝圣了，而且一去不返。尤为严重的是，我多次看到同一块砖头下待着两只蝎子，其中一只正在大快朵颐——对象是不幸的另一只蝎子。莫非这是蝎子界同类相残的谋杀案？美好季节开始了，生性游荡的蝎子们冒失地闯进邻居家中，由于体力不及对方而被对方当作了美餐，一命呜呼？或许是这个原因吧，由于闯入者被慢慢地吃了一整天，宛若是被捉住的猎物一般。

而值得警惕的是：被吃掉的，无一例外的全是中等个头儿的蝎子。它们体色格外金黄，肚腹稍小，证明是雄蝎，而且被吃的总是雄性。其他的那些肚子滚圆、体形稍大的暗色蝎子死得并没有这样惨。那么，此处所发生的可能绝非邻里之间的斗殴，并非因为太喜欢独处而对任何来访者怀有敌意，于是把它当作了美餐，以此作为解决冒失鬼的彻底的办法，而是婚俗的成规使然，在交尾之后由女方残忍地把男方干掉完事。

春回大地时，我已事先准备好了一个宽敞的玻璃笼子，放了二十五只蝎子，每只蝎子一片瓦。一月到四月中旬，每天晚上七点至九点之间，玻璃宫中便热闹起来。白天仿佛荒漠，这时候却一片欢歌。我们全家一吃完晚饭便奔向玻璃笼子。我们把一盏提灯挂在笼子前面，便可看见事件的整个过程了。

我们经过一天的烦乱之后，此刻有好的消遣了。眼前就是一场好戏。在这出由天生演员表演的戏中，它们一举一动之间趣味盎然，以致刚把提灯点亮，我们全家老少全都在池座就座了，连爱犬汤姆也前来观看。但是，汤姆对蝎子的事全无兴致，施施然地躺在我们面前打起了呼噜，不过却一直睁一只眼、闭一只眼，瞅着它的朋友——我的孩子们。

让我想法给读者们描述一下所发生的事情。靠近玻璃壁板的提灯照得较暗的区域，很快便聚集起不少的蝎子来。到处游荡着的孤独的蝎子，它们被亮光吸引，离开暗处，奔向光明的欢乐处。夜蛾子扑向灯火的场面也没有它们那样兴冲冲的。后来者混入先前的那些蝎子中去了，而另一些因懒于争抢，退到暗处，歇息片刻后激情满怀地回到舞台上去。

这浮华燥热的恐怖场面犹如一场盛大的狂欢舞会，十分引人入胜。有一些从老远跑来，它们端庄严肃地从暗处爬出来，突然像滑行似的迅疾而轻快地冲向亮处的蝎子群。碎步疾走的小耗子一样灵活。蝎子们相互寻找着，但指尖稍一接触便像是彼此都被烫着了似的赶紧逃走。另有一些与同伴稍稍抱滚在一起，又赶紧分开，茫然不知所措，跑到暗处稳一稳神儿，再次卷土重来。

不时地会有一阵激烈的喧闹：爪子相互缠绕，钳子又抓又夹，尾巴你钩我击，谁也弄不清楚这是威吓还是爱抚。在混乱之中，找到一个合适的视角，就可以发现一对对像红宝石一样闪烁的小亮点。你会以为那是闪闪发光的眼睛，实际上那是两个小棱面，像反光镜一样光亮，长在蝎子的头上。蝎子们无论长短胖瘦全都参加了混战，那就像是一场殊死搏斗，一场大屠杀，然而也是一场疯狂的嬉戏。那就像是小猫咪们扭缠在一起一样。不一会儿，大家四散开来，每一只蝎子都在向自己的方向蹿去，没有丝毫的内外伤。

现在，四散而去的逃跑者们又重新聚集到灯光前面来。它们爬过来荡过去，离开了又回来，常常是头撞头、脸碰脸的。最性急的常常从别人的背上爬过去，后者只是动动屁股算是在抗议。现在还没到大打出手的时候，顶多只是两人相遇，扇个小耳光罢了，也就是说用尾巴拍打一下而已。对蝎子而言，这种不下死手用毒针的格斗就是一场普通拳击比赛而已。

当然，比这更精彩的也有：有些偶尔一见的格斗方式特别新颖别致。狭路相逢，脑袋对着脑袋，两双钳子各自收回，竖起后身拿大顶，用力之下，八个呼吸小气囊在胸脯上一一展现。此时，那两只旗杆样儿矗立的尾巴彼此摩擦着，一上一下滑动着，钩刺微微勾连，同时一次次钩住又松开，松开又钩住。蓦地，这貌似友谊的行为停止了，两者匆促离开了，一声招呼也不打。

它们这番举动有何用意？莫非是情敌间的较量？看着不像，原因是它们并没有互相恶狠狠地瞪视对方。我从随后的观察中知道，这二位是在眉目传情，私订终身。蝎子倒立起来是在倾吐着自己的浓情蜜意。假如继续如我先前所为，逐日观察、逐日积累，并将材料汇集在一起，这会是十分有益处的，而且叙述起来也比较快，不过，如此一来，那各有特色且难以融会贯通的一幕幕细节就被省略掉了，叙述的趣味性也因而丧失了。在介绍这么奇特同时又鲜为人知的昆虫习性时，一切都不应该忽略不提。最好是参照编年法，并把观察到的新情况分段叙述出来，虽然这样做有重复累赘之嫌。但是这种无序必然产生有序，由于每天晚上的那些引人入胜的情况都能提供一种联系，对先前的情况予以验证与补充。我现在就进行举例叙述。

一九〇四年四月二十五日

啊！这是怎么了？我从未放松过警惕，不过这样的情形我尚属第一次亲眼看见。两只蝎子面对面将钳子伸出，钳指互夹。这是友好的握手，而非搏杀的前奏，因为双方都以最平和友善的态度对待对方。这是一雌一雄的两只蝎子。一个是雌蝎，肚大色暗；另一只是雄蝎，苍白瘦小。它俩都把长尾卷成漂亮的螺旋花形，步子有板有眼地在沿着玻璃墙边踱着。雄蝎在前四平八稳地倒退着走，根本不像是拖不动对方的样子。雌蝎被抓住爪尖，与雄蝎面对面，驯服地跟着走。

它们停停走走，却始终绞在一起。它们歇一会儿又走起来，没有章法地四处乱逛，从围墙的一头转到另一头。看不出它们到底要去向何方，它们就这么闲逛着，开始眉来眼去的发情。此情此景让我想到在我们村镇，每个星期日晚祷之后，年轻人一对一对地手挽手，肩搂肩地沿着藩篱墙散步。它们常常掉转回头，总是由雄蝎决定往哪个方向走。雄蝎一直没有松开对方的手，亲切地转个半圆，与雌蝎肩并着肩。这时候，雄蝎展开尾巴轻轻抚摸雌蝎片刻，雌蝎则不动声色。

我一直饶有兴趣地观察着这出没完没了的爱情大戏，足足有一个钟头。家中有人帮我一起观察这番奇情妙景，世上还没有人见过这种场面，至少是没有以善于观察的目光看过这种表演。尽管天色已晚我们又习惯早睡，但是我们却始终保持高度集中的注意力，不放过一点重要情节。

最后，十点钟光景，雌雄要有结果了。雄蝎爬到一片它觉得合适的瓦片上，松开雌蝎的一只手，只松了一只手，另一只手仍旧紧攥着不放，用松开的一只手扒一扒，用尾巴扫一扫。一个洞口张开来了。雄蝎钻了进去，然后，小心翼翼、轻手轻脚地把在耐心等待着的雌蝎拉进洞内。不一会儿，它们便不见了踪影。一块沙土垫子把洞门封上。这对情侣入了洞房。

打扰它俩的好事是愚蠢的，我如果想要马上看到洞内所发生的情况的话，可能就操之过急、不合时宜了。耳鬓厮磨，准备入港也许就要持续个大半夜，而我已年近八旬，熬长夜已开始让我力不能支。腿脚酸麻疼痛，两眼直愣愣地涨涩，还是先去睡一觉的好。

蝎子占据了我的整个梦境。梦里，它们到处乱爬，被窝里，脸上，不过我并不为此忧虑，原因是我心里一直在思考着关于蝎子的令人惊奇的事儿。次日，天刚放亮，我就去将那块瓦片揭开了。那里，只有一只孤零零的雌蝎子。雄蝎则杳无音信了，既不在那个洞里待着，也不在附近游荡。这是我的第一个失望，后面的失望大概会接踵而至。

五月十日

将近晚上七点的时候，天上乌云翻滚，大雨将至。在玻璃笼子的一块瓦片下面，有一对蝎子正脸朝脸，手指钩住手指，一动不动地待着。我小心翼翼地揭开瓦片，让这对居民暴露出来，我好随意观察它俩这种脸对脸后的一举一动。天渐渐地黑下来，我觉得不会有什么去搅扰没了屋顶的住所的安宁的。倾盆大雨哗哗泻下，我不得不抽身回屋避雨。蝎子们有玻璃笼子防护，不害怕雨的袭击。它们的凹室被揭去华盖，就这么被弃之于那儿干其好事，那它们将怎样操作呢？

一小时后雨停了，我再次回到蝎子笼前，它俩离开了。它俩选了旁边的一所有瓦顶的屋子住下了。雌蝎在外面等待着，而雄蝎则在里面布置新房，不过指头依然钩着。家中人每十分钟替换一次，以免错过我觉得随时都会进行的交尾。不过这么紧张毫无用处。近八点时天已完全黑了，这对蝎子由于不满意所选的新房，开始踏上朝圣之路，依然是手钩着手，到处寻觅。雄蝎倒退着引导方向，选择自己合意的住所，雌蝎则跟随着，温驯服帖。这和我四月二十五日所看到的一般无二。

终于找到了它们双方都满意的瓦屋。雄蝎先闯进去，但这一次它没放开自己的情侣一分一刻。它用尾巴三下五除二地划拉，新房便准备停当。雌蝎被雄蝎轻柔和缓地拉着，随其向导之后进了洞房。

两个钟头过去了，我满以为已经给了它俩足够的时间完成准备，干成好事，便前去查看。我揭开瓦片。它俩就在里面，仍旧保持着原先的姿势，脸对脸，手拉手。看上去今天是没再多的花样儿可看的了。

第二天，依然未见新鲜玩意儿。一个面对另一个，都若有所思的样子，爪子全都没有动弹，手指仍旧钩住，在瓦顶下继续那没完没了的脉脉含情。夕阳西下、暮色迫近，经过二十四小时的你我紧密相连之后，这对情侣总算分手了。雄蝎离开了瓦屋，雌蝎仍留在其中，好事未见一丝进展。

这场戏中有两个情况必须记住。其一，一对情侣相亲相爱地散步之后，必须有一个隐蔽而安静的住所。在露天地里，在熙熙攘攘的环境中，在众目睽睽之下，这等好事是永远做不成的。屋瓦揭去，无论白天还是黑夜，无论如何小心谨慎，情侣们还是会思虑良久，离开原地、另觅新居。其二，在瓦屋中停留的时间是很漫长的，我们刚才已经看到，都等了二十四个小时了，仍未见到决定的一幕。

五月十二日

今晚这一幕将告诉我们些什么？闷热无风的天气，很适合夜间幽会发情。两只蝎子已经成双配对，但我并未看见它俩是如何亲热上的。这一次，雄蝎体形要比肚大腰圆的雌蝎小得多，但雄蝎却是雄风不减。像约定俗成似的，雄蝎倒退着，尾巴卷成喇叭状，领着胖雌蝎在玻璃墙边悠闲地漫步。它们就这么一圈接一圈地走着，一会儿是在一个方向上，一会儿又返回头去接着转圈。

它们时常会停下休息。停下时，二人头碰头，一个微微偏左，另一个微微偏右，好像是在交头接耳，窃窃私语。前端的小爪子磨蹭着，想轻抚对方。它俩在嘀咕些什么？那无言的海誓山盟如何才能翻译出来？

最后全家人都为欣赏这奇妙的恋爱景观跑来了，并且，我们的亲临对它们似乎没有一点影响。那景象让人颇感情趣，如此讲毫不夸张。在提灯的光亮下，它俩仿佛嵌在一块黄色琥珀之中的半透明的、光亮的东西。它们长臂前伸，长尾卷成可爱的螺旋形，动作轻柔，一步一步地开始漫长征程了。

所有的一切事情都没有打扰到它俩。假如有一个夜晚乘凉的流浪汉，正如同它俩那样子也在顺着墙根散步，与它俩途中相遇，它了解它俩是在准备做一些秘密的事情，便会闪在一边，让它俩过去。最后，一处瓦片隐藏地收留了它俩，于是，不言而喻，雄蝎首先倒退着走进去。这时已是晚上九点钟了。

跟着是晚间在田园诗之后的惨不忍睹的悲剧。第二日天亮后，雌蝎依然在昨天夜里的瓦片那里，可是瘦弱的雄蝎的身体有一部分已到了雌蝎的肚子里了。它的头、一只钳子、一对爪子没有了。我把这具残尸放在瓦屋门口。整整一个白天，隐居的雌蝎未对它下手。夜深人静时，雌蝎出现了，在门口遇上死者，把死者拖至远处，在此为它举行隆重的葬礼，也就是将死者消灭干净。

现在看到的这同类相食的情形跟去年我在昆虫小镇上所看到的情景完全一样。当时，我随时都能目睹一只胖乎乎的雌蝎在石块下面津津有味地吃着自己晚上的伴侣这道大餐。当时我就在猜想，雄蝎一旦干完好事来不及抽身的话，必然会被雌蝎全部或部分地吃掉，这要看雌蝎那会儿的食欲怎样。现在，真相就摆在我的眼前，我的猜想一语成谶。昨天我目睹这对恋人在漫步中做完充足的准备工作后才一起走进了洞房，可是到了今天早上，我跑去看时，在同一块瓦片下面，新娘正在享受自己的新郎哩。毫无疑问，那不幸的雄蝎已经一命呜呼了。然而，由于种的繁衍需要，雌蝎不会把雄蝎全吃掉的。昨夜的这对情侣做事干净利落，可我看见别的一些情侣时针都转了两圈了，可它们仍在耳鬓厮磨，卿卿我我的。一些没法掌握的外在因素，例如气压、气温、个体激情的差异等等，会大大地加速或延缓交尾高潮的来临。而这也正是巨大困难之所在，使得一心想要了解而目前仍未能为人所知的观察者，难以精确无误地捕捉时机。

五月十四日

一定不是由于饥饿才使我的蝎子们每天晚上都兴奋不已的。它们每晚的狂欢劲舞与寻觅食物毫无关系。我刚往那些忙忙碌碌的蝎群中扔进去的各种各样的食物，都是从它们看样子很合其胃口的食物中挑选的，其中有幼蝗虫的嫩肉段、有比一般蝗虫肉厚肥美的小飞蝗、有翅膀被截的尺蛾。天逐渐变暖时，我还捉一些蜻蜓来喂它们，那是蝎子非常爱吃的食物，我还把蚁蛉捉来给它们吃，也一样得到了它们的欢迎。以前我曾在蝎子窝里发现过蚁蛉的残骸、翅膀。

蝎子对这么多高级野味不感兴趣，不论哪只蝎子都对此不屑一顾。在混乱的笼子里，小飞蝗在蹦跳，尺蛾以残翅拍打地面，蜻蜓在瑟瑟发抖，可是蝎子们从这些野味身旁走过时却并不注意它们。蝎子们从它们身上踩过，撞倒它们，用自己的尾巴将它们归来拢去，总的来说，反正蝎子们就是不想要它们，完全不想要，它们有其他事情要忙。

差不多所有的蝎子都在沿着玻璃墙行走。有些固执者还试着往高处爬，它们用尾巴支撑身子，一滑便溜下来，然后又在别处试着往上爬。它们伸出拳头击打玻璃墙并拼命地非要抢在前头。但是，这个玻璃公园挺宽阔的，人人都有容身之处；小径有好多条，足可供大家持久地散步。这些它们都顾不上，它们要向远的地方跑。倘若它们有了自由身，那么周围所有地方都有自己的身影。去年，也是这个季节，笼中的蝎子离开昆虫小镇后，我就再没有看见过它们了。

出游是它们春天交配期的需要。此前一直孤单地生活着的它们现在要远离自己的囚牢，去朝圣优美的爱情，它们对饮食方面不在意，满脑子就想着去寻觅自己的伴侣。在它们活动范围的砖石堆里，或许也会有一些可以幽会、聚集的优选之所。倘若我不怕在大晚上走在它们这里的乱石丛中摔断腿，我还真盼着能去那里仔细观察下它们自由、温馨甜蜜的男欢女爱哩。它们在光秃的山坡上做些啥呢？看上去与在玻璃笼内干的没什么不一样。雄蝎选好一位新娘之后，便手牵手地领着新娘穿行于薰衣草丛中，悠闲散步。假如说它们在那儿无法享受得到我昏暗小灯的暗光的话，它们却有月光那无可替代的提灯为之照亮。

五月二十日

并非每个夜晚都有幸目睹雄蝎邀雌蝎一起漫步的场景。一大部分蝎子从它们自己的瓦屋里走出来时都已经出双入对的了。它们就这般手牵着手地度过了整个的白昼，面面相觑、沉思默想、一动不动。夜幕降临，它们依旧不会分手，顺着玻璃墙边，又要重复昨天夜里，或许是更早些时候就开始的漫步。我不知道它们是何时又是如何结合在一起的。有一些是在偏僻小道上邂逅的，而我们又很难观察到这一点。当我隐约发现它们时，为时已晚，它们已相约而行了。

今天，我的好运来了。在我的眼前，提灯照得最亮的地方，一对情侣已结合成了。一只雄蝎喜形于色、生龙活虎地在蝎群中横冲直撞，一下子便同一个它喜欢的过路的雌蝎碰面了。后者没有拒绝，好事自然也就成了。它俩头碰头，钳子撑着地，尾巴在大幅度地摆动着，接着，尾巴竖直，尾梢彼此钩住，温柔亲切地相互抚摸。这对情侣在拿大顶，其方法我们之前已经讲述过了。不一会儿，竖起的尾巴架拆散了，它们的钳指依然钩着，没翻其他花样，就这么上路了。金字塔形姿势完全是双双出行的前奏曲。这种姿势其实不难见到，即使是两只同性蝎子相遇也会这样，但异性间这种姿势会比同性间的正规。同性间并没有如此郑重其事。同性搭建金字塔时动作急躁，并非友爱的撩拨，它们之间是相互攻击而非爱抚。

我们对那只雄蝎稍微做了一下跟踪。它急忙后退，对征服了对方扬扬得意。它遇到的别的雌蝎都好奇地，或许是嫉妒地列在两旁，看着这对情侣走过。其中有一只雌蝎猛地扑向被牵拉着的新娘，用爪子箍紧它，想竭力地拆散这对鸳鸯。那雄蝎拼命地抵抗那个进攻者的巨大拖拽力，它使劲儿地摇晃，拼命地拉拽，但都未能奏效。到后来它放弃了，这个意外事件并不能令人感到遗憾。旁边就有一只雌蝎等着。这一次，它随便商谈几句，三下五除二地就把事情办妥了，它拉住这个新雌蝎的手，邀它一起散步。后者不愿意，挣脱开来，逃之夭夭。

这会儿雄蝎又中意上那队的另外一只雌蝎，然后它又采用了单刀直入的方式。这次，雌蝎同意了，可是这并不能说明它中途不会离开这只雄性引诱者。然而这对年轻的雄蝎也算不上什么！一个离开了，还有无数别的雌蝎在某处等待着它。那它究竟要什么样的呢？要第一个投入怀抱的。

这第一个投入怀抱者，它找到了，它正领着它的被征服者漫步哩。雄蝎走到了光亮地方。倘若对方拒绝跟它继续往前，那它就会死命拖拽；倘若对方对它言听计从，那它也温柔对待。途中它时常会停下来休息，有些时候歇息的时间还不短。这会儿的雄性会进行一些看起来怪异的动作。它把双钳——更准确地说是双臂收回，然后又直伸出去，强迫雌蝎也轮番地做这种动作。它俩变成了一个节肢拉杆机械，形成不断启合的形态。这种灵活性训练完成之后，机械拉杆便静止不动，处于僵持状态了。

现在，它俩额头相触，两张嘴彼此贴在一起，耳鬓厮磨。这种爱抚亲密就如同我们的接吻和拥抱。只是我不敢唐突地这样说，因为它们没有头、脸、嘴唇、面颊。好像被截肢剪一刀剪去了似的，蝎子甚至都没有鼻子尖。这个应该是面部的部位，它们却长了一些丑陋的颌骨平板。

但此时此刻却是蝎子最美好的时刻！它用自己那比别的爪子更敏感、更娇嫩的前爪轻拍着雌蝎的丑脸，可在雄蝎眼里，这可是无比娇俏、无比甜美的面容啊。它心痒难耐地轻轻咬着，用下颌搔弄对方那同样奇丑无比的嘴。这是温情与纯真的最高境界。据说亲吻的创造者是鸽子，可却获悉原来这蝎子是比鸽子更早的发明者。

雌蝎任由雄蝎轻薄，它没有丝毫主动权，心里暗藏着伺机逃跑的计划。可是怎样才能成功逃脱呢？很简单。雌蝎以尾做棒，朝着忘乎所以的雄蝎腕子猛然一击，后者马上松开了手。于是，两蝎分开。第二天，气消之后，好事又重新上演了。

五月二十五日

这雌蝎的当头一棒向我们表明，起先研究看到的温柔的雌蝎伴侣也会耍自己的小性子，会固执地拒绝对方，说翻脸便翻脸。我们可以举一个例子。

这天晚上，一对漂亮的雌雄二蝎正在散步。它俩找到一处很合心意的居室。雄蝎就松开一只钳子，只有松开一只，才能够活动自如点。它使用爪子和尾巴开始清扫入口，以后便钻了进去。伴随着洞穴渐渐扩展、深入，雌蝎便同样跟着钻了进去，看来是自愿的。

过了一会儿，也许是空间也许是时间不对，雌蝎在洞口现身了，半个身子退到洞外，它在尽力摆脱雄蝎。后者身在洞里，拼命地在往内拉拽雌蝎。纠缠十分激烈，一个在里面使劲儿拽，另一个在外面用力挣。双方进进退退、胜负难分。最终，雌蝎猛一使劲，反而将雄蝎给拽了出来。

两人并未就此分开，仅是来到室外散起步来。足有一个小时，它俩绕着玻璃笼墙根转来转去，最后又回到了从前那片瓦前。穴道本已开放，雄蝎便钻了进去，接着便疯了似的拉拽雌蝎。雌蝎身在洞外，奋力地抵挡着。它挺直了足爪，踩紧地面，将尾巴拱起，顶紧屋门，怎么都不肯进入室内。我觉得它的反抗并不使人扫兴。倘若没有前奏曲当作铺垫，那交尾还有什么吸引人的呢？

此时，瓦片内的雄蝎用尽浑身解数引诱劝导，雌蝎最终顺从地进入洞里。钟刚刚敲十点。我即使要熬上一整夜，也一定要看完此剧。我会在适当的时候揭开瓦片，看看下面有什么发生。时机不容错过，既然有如此机会，我怎会怠慢！我将看到什么呢？

最终毫无收获。才刚过不到半小时的时间，雌蝎便抵抗胜利，摆脱雄蝎的束缚，自洞里爬出来逃之夭夭了。雄蝎马上从瓦片下深处追了出来，到了门口左顾右盼却不见伊人靓影。它便只有灰溜溜地回到瓦片下。它被骗了，我也同样受了蒙蔽。

六月份刚到。由于害怕这太强的光会惊扰到蝎子，我先前总是把提灯挂玻璃笼子外头，且离它有段距离。因为光线不足，我无法清楚看到在散步的蝎子情侣你牵我拽的某些具体细节。它们手挽手时是否为你情我愿？它们的钳指是否相互咬合着？或者仅一个采取主动？那又是哪一个呢？这一点十分重要，我想将其搞明白。提灯被我放在笼子中间，这样便可以将笼子照亮堂了。蝎子们不但不怕亮光，并且还十分乐意。它们围着提灯爬来爬去。有的为了能够更加接近光源甚至还企图爬上提灯，它们借助玻璃灯罩竟然真爬上去了。其抓住的铁片的边缘，持续地滑落、爬上，最终凭借坚忍不拔的毅力爬到了顶上。它们停在上面一动不动，肚子部分贴紧玻璃罩，部分贴紧金属框架，整个夜晚都没看够，为这灯的灿烂而叹服。它们使我回想起以前的大孔雀蝶在灯罩上扬扬自得的情形来。

在灯下的一片亮光处，一对情侣正紧张地在拿大顶。它俩使用尾巴温存地抚弄一番，然后便向前走去。仅有雄蝎在采取主动，它使用每把钳子的双指夹紧雌蝎与之相对应的双指。这里的全部均处于雄蝎的掌控之中，它想夹紧便可夹紧，想松开便可松开，松开它的双钳，套便随之开了。雌蝎就无法这样，它是俘虏，勾引者早就为它戴上了拇指铐。

在某些较罕见的场景中，我们还可以观察得更清楚点。我曾有一次无意中看到过一只雄蝎抓住伊人的两只爪往前拉它。我还曾见过这样的事：雄蝎使劲拉扯被自己抓住尾巴和一只后爪的雌蝎。雌蝎拼命地摆脱雄蝎伸出的爪子，却被用尽全力的雄蝎推翻在地，雄蝎顺势伸爪抓紧对方。一切是明显的：这是实实在在的劫持，是赤裸裸的强制施暴，就如同罗慕鲁斯王的部下掠夺萨宾妇女一样。

附录　法布尔一生大事记

小时候的法布尔

1823 年 12 月 21 日出生于法国南部鲁那格山区的古老村落——撒·雷旺，村中的利卡尔老师为他取名为约翰·安利。父亲安杜瓦纳（生于 1800 年），母亲费克瓦尔（生于 1805 年）。

1825 年（2 岁）弟弟弗朗提力克出生。

1827 年（4 岁）由于母亲要照顾年幼的弟弟，所以他从 3 岁一直到 6 岁，都寄养在玛拉邦村的祖父母家；这里是个大农家，有许多比他年长的小孩。他是个好奇心重，记忆力强的孩子，曾自我证实光是由眼睛看到的，并追查出树叶里的鸣虫是露螽。睡前最喜欢听祖母讲故事，而寒冷的冬夜里则常抱着绵羊睡觉。

1830年（7岁）回到撒·雷旺村，进入利卡尔老师开办的私塾就读，上课中，常有小猪、小鸡会跑进教室觅食。由动物图书记下A、B、C……字母，对昆虫和草类产生兴趣，发现黑喉鸲的巢，取得巢中青蓝色的蛋，经神父劝说，把鸟蛋归还原处，为增加家庭收入，帮忙照看小鸭，负责赶到沼泽放养，因而发现沼泽中的生物和水晶、云母等矿石。

1833年（10岁）全家搬到罗德斯镇，父亲以经营咖啡店为生，进入国立学院，担任望弥撒仪式助手而免交学费。在学校期间，学习拉丁语和希腊语，喜欢读古罗马诗人维尔基里斯的诗。

1837年（14岁）父亲经营咖啡店失败，举家迁往托尔斯，进入埃斯基尔神学院。

1838年（15岁）父亲的生意再度失败，搬到蒙贝利市，又开了一间店，独自离家，以卖柠檬、做铁路工人等自力更生。曾用超过一日工资所得购买《鲁布尔诗集》，携至原野上阅读，以认识各种昆虫为最大乐事，第一次抓到欧洲云鳃金龟时，感到特别高兴。

卡尔班托拉时代

1839年（16岁）以公费生第一名考进亚威农师范学校，在学校住宿。由于上课内容太枯燥，常乘自习时间观察胡蜂的螫针、植物的果实或写诗，在雷·撒格尔的山丘上，第一次看到神圣粪金龟努力推粪的情景，内心感动不已。

1840年（17岁）因成绩退步被师长责骂而发愤图强，在两年内修完三年的学分，剩下的一年自由学习博物学、拉丁语和希腊语。

1842年（19岁）师范学校毕业后，成为卡尔班托拉小学的老师，年薪700法郎，因热心教学，深获好评。父亲经商失败，由蒙贝利市搬到波尔多镇。

1843年（20岁）上野外测量实习课时，由学生处得知涂壁花蜂。也由于这种蜂而开始阅读布兰歇、雷欧米尔等人著的《节肢动物志》，从此倾心“昆虫学”。

1844 年（21 岁）和同事玛利·凡雅尔（23 岁）结婚。自己进修数学、物理、化学等。父亲的咖啡店又关闭，暂时在卡尔班托拉税务署工作。

1845 年（22 岁）长女艾莉莎贝特诞生。

1846 年（23 岁）艾莉莎贝特夭折。通过蒙贝利大学数学的入学资格考试。弟弟弗郎提力克成为小学老师。

1847 年（24 岁）取得蒙贝利大学数学学士。长男约翰诞生。

1848 年（25 岁）取得蒙贝利大学物理学学士。

长男约翰夭折。十分欣赏托斯内尔（法国文学家）有关鸟类的著述，希望能到大学教书，但苦无机会。

科西嘉时代

1849 年（26 岁）任职科西嘉阿杰格希欧国立高级中学的物理教师，年薪 1800 法郎。面对科西嘉丰富的大自然，开始研究动植物。此外，他也十分热衷于数学。与植物学家鲁基亚一起攀登科西嘉的每座山采集植物。

1850 年（27 岁）次女安得蕾诞生。

1851 年（28 岁）托尔斯大学的博物学教授蒙肯·塔顿来到科西嘉，塔顿解剖蜗牛给法布尔看，发现他资质优异而力劝他朝博物学努力，从此兴趣由数学转向博物学，立志成为博物学家。年底，因感染热病回到亚威农静养。鲁基亚在科西嘉因病猝逝。

1852 年（29 岁）恢复健康，回到阿杰格希欧中学。

亚威农时代

1853 年（30 岁）成为亚威农师范学校（日后改制为利塞·阿贝纽国立高级中学）物理助教，年薪 1600 法郎。三女阿莱亚诞生。

1854 年（31 岁）取得托尔斯大学博物学学士。

阅读雷恩·杜夫尔写的有关狩猎蜂——黄腰土栖蜂的论文后，决心研究昆虫生态，他的潜能像被点燃的薪柴，熊熊燃烧起来，在卡尔班托拉的悬崖上，研究狩猎象鼻虫的瘤土栖蜂，并更正杜夫尔的错误，发表更深入的论文。

1855 年（32 岁）四女克蕾儿诞生，陆续在科学杂志上发表《观察豌豆蜀植物的花和果实》等与植物有关的论文。

1856 年（33 岁）以研究瘤土栖蜂而获得法国学士院的实验生理学奖。继续研究高鼻蜂、短翅芫菁等昆虫，但因生活困苦，研究时间不多。兼任课外辅导、家庭教师等职，开始研究由茜草提炼染料。

1857 年（34 岁）5 月 21 日，在条纹蜂的巢中发现短翅芫菁的幼虫，并发表《芫菁科昆虫的变态》论文，另外还发表了有关植物的论文。

1858 年（35 岁）得知没有财产就不可能成为大学教授后，全心投入茜草染料的研究。

1859 年（36 岁）达尔文在《物种起源》一书中，赞誉法布尔是一位“罕见的观察者”。

次男朱尔诞生。担任鲁基亚博物馆馆长。督察德留依到访，与植物学家杜拉寇尔结识，之后，又与住在亚威农的英国经济学家米勒相知，成为同好。

1862 年（39 岁）由安谢特出版小学用图书。认识巴黎出版社社长得拉克拉普，受到他的鼓肋，立志著述浅显易懂的科学读物。

1863 年（40 岁）三男爱弥尔诞生，德留依当上教育部部长。

1865 年（42 岁）登班杜山遇险，细菌学家巴斯德来访，交由得拉克拉普出版《天空》《大地》等科学读物。

1866 年（43 岁）成功地由茜草直接抽取染料色素，受聘为亚威农师范学校物理学教授。

1867 年（44 岁）对亚威农的贡献受肯定，获卡尼耶奖的奖金 9000 法郎。

1868 年（45 岁）由于教育部长德留依的推荐，获雷自旺 · 得努尔勋章，并拜谒拿破仑三世。担任夜间公开讲座的博物学、物理学讲师。将研究成功的茜草染料工业化。工厂成立不久，德国完成蒜硫胺的化学合成染料，茜草染料工业化的梦想因而破灭。公开讲座的授课方式遭保守的教育者、教会反对，遂辞退师范学校教职。

1869 年（46 岁）在保守派的策动下，德留依辞去教育部部长职位。

欧兰旧时代

1870 年（47 岁）向米勒借贷，搬到欧兰就。抚养一家七口，负担沉重。幸好科学读物陆续出版，能一点一点还钱。

1871 年（48 岁）过着著书、观察昆虫的生活。这一年，因为发生德法战争，无法按时取得版税和稿费，生活更加困苦。

1872 年（49 岁）由于德留依的介绍，化学家提马致赠显微镜。

1873 年（50 岁）米勒去世。被迫辞去鲁基亚博物馆馆长一职，向市长抗议。获巴黎爱护动物协会颁发银牌，有关数学、植物、物理的著作相继问市。

1877 年（54 岁）次男朱尔去世，把发现的三种蜂以“朱尔”的拉丁语“伏利渥司”分别命名为伏利渥司土栖蜂、伏利渥司高鼻蜂、伏利渥司穴蜂。

1878 年（55）因朱尔的死，深受打击，身体也大不如前。感染肺炎几乎死去，幸以坚强的意志力渡过难关。

完成《昆虫记》第 1 册（原稿内容包括：推粪球的神圣粪金龟、捕象鼻虫的瘤土栖蜂、捉短翅螽斯的兰格道格穴蜂等）。

阿兰玛斯时代

1879 年（56 岁）因房东将欧兰就家门前的两排悬铃木砍掉，愤而搬家。在隆里尼村外找到理想中的家园，取名为“阿尔玛斯”（荒地的意思），阿尔玛斯的庭院中有很多耐旱、多刺的植物，是各种昆虫的乐园。4 月 3 日由得拉克拉普的出版社发行《昆虫记》第 1 册。往后，大约每三年出版一册。

1880 年（57 岁）科学读物十分畅销，部分被指定为教科书。在阿尔斯庭院的枯叶堆里，发现大量的花潜金龟幼虫，于是开始研究观察他们的生活，退役军人法比那担任他的助手。

1881 年（58 岁）被指定为巴黎学士院的通讯会员（本地会员）。

1882 年（59 岁）《昆虫记》第 2 册出版。年迈的父亲搬来同住。

1885 年（62 岁）妻子玛莉去世（64 岁）。三女阿莱亚女代母职，处理家务。开始以水彩描绘“蘑菇”图。

1887 年（64 岁）与出生于隆里尼村的约瑟芬 · 都提尔（23 岁）结婚。

成为法国昆虫学会的通讯会员，并获赠同学会的得尔费斯奖。

1888 年（65 岁）约瑟芬产下四男波尔。

1889 年（66 岁）获法国学士院最高荣誉的布其·得尔蒙奖，获金 10000 法郎。

1890 年（67 岁）五女波丽奴诞生。

1891 年（68 岁）四女克蕾儿去世。

1892 年（69 岁）荣膺比利时昆虫学会荣誉会员。

1893 年（70 岁）父亲安杜瓦纳去世（93 岁）。开始研究大天蛾不可思议的能力，发现雄蛾能从遥远的地方找到雌蛾，是因雌蛾发出的一种“讯息发散物”，亦即类似今日所谓的“荷尔蒙”，法布尔称蛾群聚集家中的 5 月 6 日为“大天蛾之夜”，曾将天牛的幼虫烤来吃，并发射大炮来测试蝉的听力。

1894 年（71 岁）荣膺法国昆虫学会荣誉会员。开始观察粪金龟、半人小粪金龟、鸟喙象鼻虫和大毒蝎的习性。

1895 年（72 岁）幺女安娜诞生。

1897 年（74 岁）在阿尔玛斯家中自行教育三个年幼的孩子，妻子约瑟芬也一起听课。

1898 年（75 岁）次女安得蕾去世。

1899 年（76 岁）由于市面出现许多仿作，他写的科学读物不再被指定为教科书，版税因此减少，生活再度陷于困境。

1902 年（79 岁）为了抚养三个稚子，开始取出存放在出版社的版税和稿费，荣膺俄罗斯昆虫学会荣誉会员。

1905 年（82 岁）法国学士院颁发吉尼尔奖，获赠养老金 3000 法郎。

1907 年（84 岁）《昆虫记》第 10 册发行，可是销路不佳。学生勒格罗博士提出举办《昆虫记》出版 30 周年庆祝仪式，并发现法布尔老师的生活比他想象中还要清苦。

1908 年（85 岁）在布罗班斯诗人米斯托拉的努力下，法布尔的贡献受到肯定，获赠养老金 1500 法郎。

1909 年（86 岁）著《昆虫记》第 11 册（关于萤火虫、甘蓝菜上的青虫等的研究），身体已十分衰弱，出版诗集。获阿尔布“布罗班斯诗人”的荣衔。

1910 年（87 岁）4 月 3 日，在米斯托拉的呼吁下，召集学生、友人、读者，举办庆祝仪式，订为“法布尔日”，《昆虫记》由此扬名于世，再度荣获雷自旺·得努尔勋章（比上一回更晋一级）和养老金2000法郎。获斯特克荷尔姆学士院所颁林内奖，收到由国内外寄来的许多捐款，除了地址不明的转赠贫苦人家外，其他全部致谢函退回。

1912年（89岁）妻子约瑟芬去世（48岁），由阿莱亚和修道院护士安东尼埃奴照顾。公共事业大臣提埃利来访。

1913年（90岁）波安卡雷总统来访，代表法国国民向法布尔致意。

1914年（91岁）三男爱弥尔和弟弟弗朗提力克相继去世。

1915年（92岁）5月，在家人扶持下，坐在椅子上绕庭院一周，最后一次巡视阿尔玛斯。10月7日，尿毒症加重。10月11日与世长辞。16日，葬于隆里尼墓园，有螳螂、蜗牛等前来送行。

1921年在鲁格罗国会议员的奔走努力下，政府买下阿尔玛斯，以巴黎自然史博物馆分馆——“阿尔玛斯·法布尔”名义保存下来，并聘请阿莱亚、波尔管理。

法布尔出生的家在撒·雷旺小学老师——卡巴尔达夫人的鼓吹下，也以博物馆形式保存至今。